U0341055

新博物学译丛

NEW NATURALISTS
新博物学家

[英]彼得·马伦○著　周琼○译

长江出版传媒
湖北科学技术出版社

总　　序

经济基础发展到一定程度，人们对博物学的需求自然会增强。现在世界上经济发达的国家中，博物学无一例外均很流行，博物类图书品种多样、定价不高（印数大，成本就降下来了）。中国也正在向小康社会迈进，理论上博物学和博物类图书也会有不俗的表现。但博物学在中国的“复兴”不会自动到来，需要大家做细致的工作。多策划出版与博物相关的著作，是延续历史、引导公众博物实践的好办法。一阶博物需要与二阶博物配合起来，后者需要学者做出贡献，从理论、历史、文化甚至社会组织的角度阐发博物学文化，从而更好地引导一阶博物实践。打个比方，简单地讲，一阶工作相当于场下踢球，二阶工作相当于场外评球和教练指导。

译名与辨义

博物学属最古老的学问，世界各地都有，它包含大量本土知识及未编码的知识。前面用到“复兴”两字，也是暗示中国古代并不缺少博物的实践和文本。相反，我理解的中国国学应当包含大量的博物内容。中国古代的学问，绝大部分属于博物的范畴。这有不好的、无用的一面，也有好的、有用的一面。长期以来学者更多地看到了其不好的、无用的一面。

现在讨论国外的博物学，少不了要考虑名词的对照。对应于“博物学”的英文是 natural history，它来自一个拉丁语词组，又可追溯到一个古希腊语词组。其中 history 依然与古希腊时的古老用法一样，是描述、探究的意思，没有

"历史"的含义。亚里士多德的《动物志》(*Historia Animalium*),其大弟子特奥弗拉斯特(Theophrastus)的《植物研究》(*Historia Plantarum*)均如此。直到今天,英语单词 history 也仍然保留了"探究"的意项,也就是说不能见了这个词就顺手译成"历史"。

在培根(Francis Bacon,1561 — 1626)的年代,情况更如此,比如培根用过这样的短语 natural and experimental history,意思是自然状况下的探究(即博物层面的研究)和实验探究(大致对应于后来的控制实验研究)。在这两类探究的基础上,培根设想的 natural philosophy 才能建立起来。而 natural philosophy 大致相当于他心目中真正的学问或者科学,严格讲也不能字面译成"自然哲学"。在培根的《新工具》中 natural history 共出现 19 次,natural and experimental history 共 3 次,natural philosophy 共 23 次,natural philosopher 共 1 次,natural magic 共 5 次,science 共 102 次。如今个别人把 natural history 翻译成"自然史",不能算错,但有问题。一是没有遵照约定俗成的原则,在民国时期这个词组就被普遍译作博物学了。二是涉及上面提到的问题,即其中 history 并不是"历史"的意思。北京自然博物馆(Beijing Museum of Natural History)不能叫作北京自然史博物馆;上海自然博物馆(Shanghai Natural History Museum)不能叫作上海自然史博物馆;伦敦自然博物馆(Natural History Museum,London)不能译作伦敦自然史博物馆,但可以译作伦敦自然探究博物馆,只是啰嗦了点。

当然,并非只有中国人对这个词组有望文生义的问题。斯密特里(David J. Schmidly)在《哺乳动物学》杂志上撰文指出:"人们接触 natural history 的定义时,马上就碰到一个问题。这个问题是,natural history 中的 history 与我们通常设想的或日常使用的与'过去'相联的这个词,很少或者根本不搭界。当初用这个词时,history 意味着'描写' (即系统的描述)。以此观点看,natural history 是对大自然的一种描写,而 naturalist 则是那些探究大自然的人。这恰好是历史上人们对博物学的理解,本质上它是一种描述性的、解说性的科学。"(*Journal of Mammalogy*,2005,86(03):449—456)

此外，又有国人指出，博物学是日本人的译法，所以最好不用。日本人的确这样翻译，但这并不构成拒斥它的重要理由。现代汉语从日本人的西文译名中借鉴了大量词语，如伦理、科学、社会、计划、经济、条件、投机、投影、营养、保险、饱和、歌剧、登记等，其中许多甚至是今日中文媒体上的高频词。谁有本事，不用“科学”和“社会”这样的词，我就同意放弃“博物学”这样的词！

说到底，翻译常常是从本地文化中寻找意思相近的词语略加变化来指代外来词语。中外名词对照是约定的，只有相对意义，翻译是近似“可通约的”。我并非主张 natural history 只能硬译成博物学，根据上下文也可以译作博物志、自然志、自然探索、自然研究等，甚至译成“自然史”也没什么大不了的，只要明白其中的道理即可。

动机与策略

我关注博物学有科学哲学的考虑（涉及改进波普尔的“客观知识”科学观、博物致知、波兰尼意义上的个人知识等）、现象学的考虑（涉及胡塞尔生活世界现象学与梅洛一庞蒂身体现象学）、科学史编史学的考虑（涉及博物学纲史纲领），也有生态文明建设（涉及人类个体与大自然的对话、伦理上和认知上认同共生理念等）的考虑。别人关注博物学，可能有其他的考虑。博物学具有相当的多样性，人们对博物学的看法也千差万别。这都很正常，不妨碍反而有利于当下博物学的复兴。

博物学与科学显然有交集。历史上大量例子可以印证这一点。但是，博物学与科学的指称、含义、范围，从来不是固定的。不同研究者，依据不同的理念、编史纲领，可以有不同的界定和划分方案。有人认为博物学只是科学的初级阶段；发展到后来，博物学成为科学的一部分，当然是不很重要的一部分。我无意完全否定这些想法、方案，但我不愿意用这套思路看问题。

在我看来，博物学与科学的确有密切关系，但从来没有完全重合过，过去、现在如此，将来也不可能。博物学也不是科学的真子集，实际上不是、理论上也不是。人们可能喜欢把一些博物的内容算在科学的大旗下，这不过是科技强势后人们的一种本能习惯。这与把科学视为博物名号下的活动一样，有缺陷、令人难以接受。就当下的形势而论，博物学与科学相比，显然前者无用、弱小、肤浅，我更愿意把博物学大致定位在“科学边缘的一堆东西”。用词不雅，并不意味着我不看重它，相反我认为它非常重要、想做各种努力复兴它。博物学处于边缘，那是因为科技与现代性为伍、相互建构，边缘不可能与主流争宠。如果博物学在今天已经是主流，我犯不着再积极为之呐喊。还有人喜欢把博物算作“科普”的一种形式，我更是不以为然。两者的动机、目标差别较大。但我不反对从博物的眼光改进疲惫的科普，甚至认为主流博物类科学应当优先传播(因为它们与百姓日常生活关系密切)。科普在当下政治上正确，在年轻人看来却可能与时尚无缘。而博物却越来越可能成为一种时尚！这种大格局不是某些人能够完全改变的，当然在细节上可以做点花样，稍稍改变一下速度。

我主张博物学与科学适当切割。这一主张曾在一些场合报告过，有反对者也有支持者。反对者认定我拒斥科学、与科学对着干，其实是误解了我的动机。我讲得非常清楚，博物学的发展必须广泛吸收自然科学的成果，对新技术也要多加利用，比如因特网和无人机。但是，运用科技成果，并不意味着要成为科技的一部分，不意味着要受人辖制。比如，文学、美术也要用到科技，但它们没必要成为科学门类下的东西。博物学涉及的自然知识相对多些，但也没必要成为人家的仆役、偏房。博物学要运用科技，同时也要批判科技！这不矛盾吗?的确有矛盾，但是这样做是合理的、必须地!

适当切割的好处是，切割可以保护弱者。阿米什人如果不采取与“外界”适当分离的策略，他们独特的文化早就灭亡了。博物学与科技关系更密切些，如果不适当强调自己的独特性，就会被同化、取代或是消灭。就获取知识而言，科技被认为最有效、最有组织性，依据向下兼容的推测，博物学就没有独立存在的必要了。而我们的看法并非如此。博物学中相当多的部分不可能划归为科技，一方面是科技不喜欢它们，另一方面博物学家也可能不愿意凑热闹、与狼共舞。哪些部分不能划归？太多了，无法一一列举。博物学很在乎的一些主观性较强、情感上的东西，而它们不大可能被科技认可。博物学非标准化的致知方式（ways of knowing）也与科学方法论相去甚远。博物学的动机、目标与当代科技差别很大。

切割也能降低准入门槛。在现代社会，科技是一类特殊的职业，从业者需要接受专业训练，通常要有博士学位。而博物学不可能也不需要这样。郊游、垂钓、种菜、逛集市、观鸟、看花、记录花开花落、“多识于鸟兽草木之名”等都是博物学活动，人们非常在乎其中的情感与体验。一般不能说这些是科学活动。大致说来博物学家可分为职业和非职业两大类。前者更专业些，靠博物类工作吃饭，后者则不是这样。前者与科学家身份较接近，甚至就可能是科学家，也有不是的（比如从事自然教育的专业人士）；后者大部分是普通百姓。普通百姓从事博物学，不一定就不专业，也可以非常专业，甚至比职业科学家还专业。普通人可能舍得花时间，仔细琢磨自己喜欢的东西，而且心态平和，不必总想着弄经费、用洋文发论文。

适当切割后，博物学成为普通公众了解世界的一个窗口，强调这一点非常重要。人们不能把赌注都压在某一绩优股上。这样讲并不是说普通公众可以不理科技了，只相信自己那一点可怜的东西。不是这样。而是在兼听各种声音（包括科技）的基础上，公民修炼博物学自己可以有感受、理解大自然和社会的另类（也可以说是特别的）进路。公民在综合了这些信息后有可能对事态、事件作出一个行为主体（agent）的独立判断，而不是事事、处处只听权威的。

降低门槛后，博物学将成为普通公民的一种重要的娱乐方式、认知方式、生活方式、存在方式。笛卡儿说“我思故我在”。仿此，可以讲“博物自在”：通过日常博物，“我”知道自己存在，“我”设法“好在”。

最近国内许多出版社开始对博物题材感兴趣，这是好事。但也不宜一窝蜂上马，一定要讲究速度和节奏。湖北科学技术出版社何龙社长跟我谈起出版博物学图书之事，我曾建议先从英国柯林斯出版公司的“新博物学家文库”（*The*

New Naturalist Library 也称 *The New Naturalists*）选择一部分引进，这是一种简便的方法。毕竟人家坚持了半个多世纪才出版了一百来部精品博物学图书，原作的质量是有保障的。当年许多读者如今已经成为世界上知名的科学家，这套图书影响的自然爱好者不可胜数。条件成熟时，中国的出版社一定要推出国内原创的、中国本土博物学著作。

刘华杰

2015 年 11 月 10 日于北京大学哲学系

再版自序

值此“新博物学家”丛书出版60周年之际，“新博物学家”丛书再添“新”作。本书首版于1995年，仅仅2年便售罄，同近来绝版的大部分书一样，即便是二手的，也是一书难求。新版中我对书的内容做了大量修改和增加，新增一章主要记载了过去十年间发生的大事，还有更多内容正在筹备中。过去十年中所发现的错误无论巨细我都做出了修改（参考书目和任何一门科学一样，都需要精确），并在原版内容的基础上添加了许多注解。附录内容也做出了大量更新，部分还进行了重写，包括丛书近十年来涌现出的所有作者的传记。再版后记是约翰·赛克斯写的一篇简短诙谐的故事，首次刊载于“新博物学家”读书俱乐部新闻通讯，经编辑罗伯特·伯罗授权，作为本书再版的后记。原版的彩色封面也已更换，采用了罗伯特·吉尔默设计的封面，他从1986年便开始为精装本设计封面。对我而言，修订本书是一个非常愉悦的过程，希望它也能给各位读者带来同样的快乐。

在此，我仍然要感谢很多人。首先，我想感谢新加入丛书的作者，感谢他们愿意将自己多年辛苦研究的成果凝练为我笔端简略的数行，感谢他们乐于分享自身经验，为丛书再添新作，他们是约翰·阿特宁阿姆、特雷弗·毕比、大卫·卡伯特、奥利弗·吉尔伯特、理查德·格里菲思、彼得·海伍德、大卫·英格拉姆、安德鲁·拉克、约翰·米切尔、布赖恩·莫斯、德里克·拉特克利夫。感谢以下诸位，在他们热情的帮助下，首版中漏掉的部分丛书作者在此得以填补，他们是简·布赖特女士（补充德里克·弗雷泽）、吉米·丘伯博士（补充J. W. 琼斯）、卡洛琳·金博士（补充哈里·汤普森）。鲍勃·伯罗是泽西新博物学家书店的负责人，他就再版书价问题向我提出了一些建议。经约翰·赛克斯允许，我对他生动有趣、想象力十足的小故事做了少许修改。撒克逊有限公司的西蒙·阿普尔顿耐心细致地向我解释了彩印会遇到的各种问题。迈克尔·马耶鲁斯则在百忙之中抽出时间撰文维护埃德蒙·布里斯科·福特，近来后者因一本大幅修订的书而饱受诟病。除了重新设计精美的封面，罗伯特·吉尔默对于本书再版做出了大量贡献。斯蒂芬·布克扎基本人的书作即将收入“新博物学家”，“新博物学家”丛书，同时也是丛书一直以来的忠实粉丝，欣然为本书作序。最后，我还要感谢迈尔斯·阿奇博尔德同意再版并审定修订后的书稿；我还要感谢我的编辑海伦·布洛克赫斯特一直关注本书直到其面世。尽管面临种种困难，“新博物学家”丛书始终不忘初心——再版一定会更上一层楼。毕竟，科学的思想是不朽的。

彼得·马伦

拉姆斯布里

2004年9月

目　录

1　新博物学

大概14岁的时候，我在学校图书馆里找到了一本被翻到卷了页角的《蝴蝶》，这是我拜读的第一本“新博物学家”。尽管书的封面被摸得皱巴巴、脏兮兮，但封面的图片却让我眼前一亮，它跟我读过的其他任何博物学书的封面都不一样。书中的内容则更有意思：彩色插图处处可见，文段读起来津津有味，详细记载了各种蝴蝶的变种和畸变，这都是大自然的杰作。但是，除了那些有意思的内容外，书中还有一些关于繁殖的章节，其中涉及的均质结合体、对偶基因和多态性等概念颇令人费解。对于类似章节，我就跳过去了。

一两年后，我又得到了一本萨默海斯的馆藏版《英国野生兰花》，对我而言，这本书简直是完美至极。后来我努力攒钱希望能买一部单反相机，一心想着拿它模仿罗伯特·阿特金森去拍摄兰花。更妙的是，乔布·爱德华·劳斯利的《白垩及石灰岩上的野花》绝版多年之后，重又再版，依然广受欢迎。为了追寻劳斯利的足迹，我带着相机遍访多佛白崖、佩恩斯威克灯塔、埃文河峡谷和贝里海角，那一两年我对拍摄野生花卉近乎痴迷。直到现在我才意识到，当时那个年龄我应该喝喝小酒、追追漂亮姑娘，但我并不后悔，也不觉得这是萨默海斯和劳斯利的不是。是他们的书带给了我从别处无法找寻到的灵感，书中描绘的都是我喜爱的东西，有四季更替的乡村风光，有隐匿在田间地头的村落，还有一些离奇又有趣的自然现象：找不到配偶的黄蜂寂寞难耐，硬是和兰花凑成了一对；白色岩蔷薇的花蕊却是黄色的，稍一触碰便展开好似风扇；还有那神秘的虎舌兰，终其一生或许也只会盛开一次。

书尾清单中列举了卷帙浩繁的丛书中不可缺少的一部分，及至毕业，我拥有了清单中至少三分之一的书。其中有好些书我一直没能读懂，但大部分同大学教科书、指南之类的书比起来让人耳目一新，有时不禁会想为什么其他的书不能如此。

25年后，我仍在思考这个问题，但我已经明白为何世上只有一套“新博物学家”。一般人未必愿意去冒险编撰这类大部头丛书，即使他愿意，时机也不见得合适。“新博物学家”丛书的出现是因为其创始人希望汇编一套与众不同的书，为博物学书籍出版设定一个全新的标准。“新博物学家”之所以能顺利发展至今，其原因有二：首先，作为相对较新的学科，生态学走向“成熟”，这不仅让一直以来杂乱无章的实地研究形成了体系，还催生了观察理解自然的全新途径。生态学是一门关于生物同其所在的不同环境（食物、避难所、洞穴、巢、空气、水和岩石）之间关系的学科，是实地研究让生态学变成了一门可以量化的学科，生态学也因此备受推崇。其次，摄影技术在这一时期取得了革命性的发展。美国柯达公司引领的这次革新，让摄影技术娴熟的博物学家能够首次使用彩色图像记录大自然，也改变了博物学家及出版商承袭多年的习惯。他们无需再用针插、填塞、按压等方式将蝴蝶、鸟或花制作成标本，只需在其生活的自然环境中去记录它们。

时代背景或许有利，但没有合适的专家乐意组织编写“新博物学家”并四处拍照，这一丛书的存在或许不会超过五年，更别说到目前为止已发展了50年。“新博物学家”最大的财富莫过于此。1945年，众多的专职及业余博物学家不仅精于某个学科，还能够从其他学科的角度思考问题，并将自己的想法写出来，任何受过较好教育的人都能够读懂。其中部分人已经出过很受欢迎的书，或通过接受广播、采访、撰写报纸自然专栏而为公众熟知。有一个人特别要提到，那就是朱利安·赫胥黎，他不仅是一位才华卓著的科学普及者，还是一位极具影响力的人物。出版商W. A. R. 柯林斯的商业资源同赫胥黎的才华相结合，奠定了“新博物学家”成功的基石。柯林斯能将书推向市场，赫胥黎则能找到适当的作者。此时，恰好这一领域学术水平最高的作者愿意而且有能力写出让他们两人都满意的书。

但是，这样的书会有市场吗？“新博物学家”丛书涉足了出版界的未知领域。其他的出版社似乎确信这是一趟浑水，而柯林斯也一定认识到了此举的商业风险，尤其是在摄影和编辑上投资不菲的情况下，风险越发难以预测。然而，第一批书的销量却让他喜出望外。1945 年的读者有些独特的共性。即使在战争期间，书籍的出版也能满足他们的阅读期待。但是，当时鲜有书籍使用彩印(柯林斯出版社推出的《图说英国》除外)，而且对于大部分人来说，在乡村漫步，欣赏花鸟的机会也实在有限。“新博物学家”丛书给战后英国的书店带去了色彩。那时的人们对自然的兴趣极高，而且那时也没有电视机来帮他们打发时间，因此，他们选择读书。他们读书时注意力更为持久，对成人教育兴趣浓厚。社会上也设置有专项基金鼓励退役军人通过自学成为学校教员。科学知识的普及在这一阶段已达到了巅峰，试想谁不曾被先进的战争武器把生活搅得天翻地覆，被可怕的原子弹夺去一切？所以，人们对于和平未来的期望也前所未有的强烈，他们希望未来城镇有更多绿色的空间，山间有更多的国家公园。从书的成功，一定获益于这种期待。二战后，“新博物学家”和实地研究及自然保护的同步发展绝非偶然，二者都是大众切身需要的产物。“新博物学家”的成功是“天时”的结果，由于丛书的市场定位的关键在于其收藏价值，第一批图书的大获成功为后一批图书的成功奠定了基础。

W. A. R 通常被人称作比利·柯林斯，他是个什么样的人呢？从体型来讲他高大健壮，他言辞诙谐、眼光敏锐、眉毛浓密，他豪放不羁、性格直率，可以说是个急性子。三个无与伦比的特质让他成为一位伟大的出版商：首先，他是一名狂热分子；其次，他对于细节的注意几近痴迷；最后，他对自己和同事都极为严厉。据说，即便是在周末，他也会忙于农艺、狩猎和园艺，最重要的是，即使是周末，他还坚持阅读书稿。作为那种墨守成规似的老派出版商，他会毫不含糊地去读书。

他是比利·柯林斯家族第五代传人，柯林斯家族的第一代先祖是格拉斯哥的一位校长，于 1819 年创立了一家宗教及教育书籍印刷厂。20 世纪 30 年代，当他的玄孙接手家族企业时，柯林斯公司仍旧是一家印刷信纸、日记簿和圣经的公司，而非出版社。公司因出版博物学方面的著作和小说而声名鹊起，这主要归功于比利·柯林斯。比利·柯林斯于 20 世纪 20 年代进入公司，他的兴趣完全不在印刷方面，反倒是对伦敦极具诱惑力的出版业兴致盎然。他是个精明的生意人，熟谙国际图书市场的运作之道。英国人物传记辞典中给予了他这样的评价“世界图书

W. A. R. 柯林斯(1900—1976),埃里克·霍斯金 摄于 1966 年

行业的领头羊订购了什么书,什么时候续定,什么时候库存积压,他都了然于心”。他和他的夫人经常去美国,有一次旅行归来,带回了詹姆斯·琼斯《从这里到永恒》的手稿。比利·柯林斯还培养起了一批忠心耿耿、尽职尽责的员工,包括罗纳德·波利策,他是在职期间最伟大的销售员;F. T. 史密斯,他创立了柯林斯读书俱乐部,多年来一直是柯林斯推广“新博物学家”系列的得力助手。比利·柯林斯还在 20 世纪 30 年代中叶引入了清晰美观的“Fontana”字体,该字体是由 18 世纪的书写文字演化而来。尽管由于二战,国内四处征兵,还一度遭受德军空袭,柯林斯依旧创造出了不错的业绩,将众多小说家和历史学家作品的版权收入囊中,其中包括亚瑟·布莱恩特的《英伦传说》。

1944 年,柯林斯出版社的伦敦分部被德军轰炸,公司迁至圣詹姆斯宫直至 20 世纪 80 年代。在这里的两栋乔治国王时代小楼里,一栋是红砖建造,另一栋则被涂成了米黄色。“新博物学家”编委会成员常常围坐在一张宽大气派的会议桌旁开会，桌面擦得铮亮。对于一家家族企业来说，那已算是个不错的办公室，有着优雅的螺旋式楼梯和镶护墙板的房间，出版商和作者们可以一边品尝马德拉酒，一边畅聊书稿的事情。嘈杂的印刷厂远在格拉斯哥，共有 2500 名员工，包括排字工、印刷工、电子铸版工及铸版工、石版家、装订工、大理石工、切割工、裁缝师、通讯工、捆包工、药剂师和机械师，工厂占地面积超过 5.2 公顷。“新博物学家”丛书就是在那里付梓成册的，印刷 15000 册图书只要一个小时。

战乱的时候，比利·柯林斯一心盼望着和平。作为一个英国人，一名业余博物学家，他一心想要把公司打造成博物学界内主要的出版商之一。《柯林斯家族》(1952)一书中说道：“长期以来，他一直想着出版一套带有插图的自然丛书，丛书不仅会充实博物学文库，而且能经受住最严格的科学考验”。柯林斯公司旨在将“新博物学家”丛书打造成旗舰出版物，该系列的声望远远超过了随后出版的其他知名博物学书籍，如《袖针指南》、系列《野外指南》系列和《新生代指南》系列等。据说比利·柯林斯将“新博物学家”视为他最重要的成就，即便在外人看来，柯林斯其他的成就已然不凡。

后面两个章节将介绍比利·柯林斯采取了哪些及时有效的措施来筹备推出“新博物学家”丛书。用他自己的话来说，他希望看到的是“关于英国博物学的新调查，如书籍在价格、内容、外观方面都能让人满意，这样，普通大众就能够接触到在过去一个世纪中人类所掌握的新的科学知识”。他认为这对于任何一家出版社来说，都是最大的风险，当时人们都以为“新博物学家”系列只有 50 本出版不到 6 年的书，而现如今它被视为有史以来最重要的博物学丛书。尽管和所有最美妙的故事一样，它的讲述方式在不断成熟，但说到底它是时代的产物。其实，“新博物学家”抓住了一个大好时机，正是这时英国博物学实地研究的传统开始与尖端科学完美融合，并随着一批研究机构的成立，正式登堂入室与理论研究接轨。这是一个稍纵即逝的时刻，不过“新博物学家”丛书的精神在不断涌现的新著中得以延续，而新的博物学家们却仍然不断地从皮尔索尔、福特等人的经典著作汲取灵感。这本书讲述的就是这种精神以及拥有这种精神的人们的故事。

2　一顿午餐的收获

“大部分人都记得20世纪20年代初期的那场灾难，但一战后，时势造英雄的时代并未如约而至，这让人非常沮丧。整个二战期间，人们都渴望和平。”

“对于疲惫不堪的探寻者来说，“新博物学家”丛书犹如上帝的恩赐，缓解了公众对和平的渴望，淡化了战争造成的伤害。对《新博物学家》而言，来得早不如来得巧。”

摘自L.达德利·斯坦普《英国的自然保护》作者前言(1969)

“新博物学家”丛书的出版商、制作人及编辑，在1942年6月举行了首次非正式会议，比利·柯林斯在提到这次会议的召开背景时说：“英国已经到了最危难的时刻。”当时纳粹元帅隆美尔已攻下托布鲁克，逼迫英国第八集团军退至埃及境内的阿拉曼地区。英国在大西洋战役中也是节节败退。那时，德国的三艘主力战舰甚至可以在不受任何损伤的情况下横穿英吉利海峡，并且击落了大量英国鱼雷轰炸机。虽说此种局面对英国并未构成最直接的威胁，但从军事层面上来说，这无疑是二战中英国面临的非常不利的局面之一。早期的“新博物学家”丛书编辑工作会议上充满了乐观情绪，但达德利·斯坦普称这是一种逃避主义，因为若德国赢下了二战，英国民众将会面临更为紧迫的事务，根本无暇顾及博物学。

为了出版“新博物学家”丛书，比利·柯林斯找到了爱德普林特出版社的主管沃尔夫冈·弗格斯，为了逃离希特勒第三帝国的统治，弗格斯从匈牙利前往英国避难。他们刚刚合作完成了《图说英国》系列(见第三章)。弗格斯专门研究彩色照片冲印，他相信照相机在不久的将来会给博物学书籍的出版带来革命性的改变。他的职责是根据作者的草图制作彩色照片、图表与地图。正是因为有了弗格斯和爱德普林特出版社的帮助，我们才能在早期的"新博物学家"丛书中欣赏到制作精美的注释地图。

就在首次会议前，不过肯定是在 1942 年 4 月之后，柯林斯与弗格斯登门拜访了朱利安·赫胥黎，想再次获得赫胥黎对出版"新博物学家"丛书一事的积极支持。因为柯林斯与弗格斯知道，赫胥黎的专长就是将生态学与动物行为学的新见解与英国传统的博物学研究相结合，并以合适的方式将研究成果展示在公众面前。当时已 54 岁的赫胥黎其实在某种程度上已放弃了学术生涯，转而积极投身于宣传普及科学的事业当中。从多方面来看，他都是新博物学家的典范。在研究生涯的早期，赫胥黎就已将他在实验室对基因与胚胎发展的研究与他更为著名的鹏鹛与潜鸟实地研究相结合，更为重要的是，他还将此研究成果写进了自己关于进化、动物语言以及群居昆虫的文章中。在成功向公众介绍了实地科学取得的最新成果后，赫胥黎在帮助博物学研究起死回生方面比任何人的功劳都要大。人们认为，赫胥黎几乎是凭一己之力让博物学在科学界重获尊严。在他已故好友 W. H. 索普的眼中，他几乎是英国在二战期间唯一认识到生态学和动物行为学重要性的资深动物学家。赫胥黎成功地将实地研究的两大重点领域结合起来，成为了继达尔文后最具影响力的博物学家。

赫胥黎能取得如此大的成就，一部分原因要归功于优良的家族基因。同其他家庭成员一样，他文笔出色，睿智优雅，才干出众，而这些正是所有人都想从祖先那继承来的优良品质。他的祖父 T. H. 赫胥黎是一位优秀的达尔文主义者，让他从小就对进化论研究产生了兴趣，他的父亲是一名传记作家和杂志编辑，弟弟则是一位出名的小说家和评论家。在母亲家族这边，他继承了托马斯·阿诺德卓越的组织能力，阿诺德是著名拉格比公学的校长，也是一位教育改革家。其子马修·阿诺德是赫胥黎的舅姥爷；赫胥黎的姨妈汉弗莱·沃德也是一位出色的小说家。但是，在阿诺德家族优良的基因背后却隐藏着一个致命弱点，那就是阿诺德家族有着不可控制的抑郁症倾向，赫胥黎的弟弟特里维廉就是因为抑郁症自杀身亡的。他本人也深受抑郁症的折磨，当他感觉自己无法正常工作时，就会断绝

朱利安·赫胥黎(1887—1975),埃里克·霍斯金摄于1966年

所有与外界的联系,只让妻子陪在身边,有时在乡间散步,有时埋头研究。

1925年,赫胥黎离开牛津大学,担任伦敦大学国王学院动物学系的主任。也许感到自己并不太适合教授职位,两年后他就辞职了,与H. G. 威尔斯一道为著名的双周刊杂志《生命科学》工作。威尔斯希望将这本书打造成"总结当代有关生命及其可能性的科学杂志"。1935年,赫胥黎被任命为伦敦动物学会秘书,这也意味着他将负责伦敦动物园的日常运行。接下来的几年,他主编了两本十分重要的书籍——《新分类学》(1940)与《进化论之现代综合论》(1942),并被选为皇家学会会员。当柯林斯登门拜访时,赫胥黎刚刚结束在美国的巡讲,并打算回国后立即辞去动物学会的秘书职位，重新专注于写作与新闻工作。

赫胥黎的名气在20世纪40年代早期达到顶峰。虽然柯林斯并未出版过赫胥黎的任何书籍，但他俩显然还是相互认识的。在这种情况下，柯林斯的拜访时机真可谓恰到好处。赫胥黎对出版一套有分量的博物学丛书一事表现出了兴趣，邀请柯林斯一边吃午餐，“一边讨论这项可行的计划”。

当天共进午餐的有4个人，除了柯林斯与赫胥黎外，还有弗格斯和赫胥黎的学生詹姆斯·费舍尔。费舍尔是“新博物学家”丛书团队中最具活力的一员，关于他，还有一段传奇故事，我相信许多读者都听说过。在德国对伦敦的一次空袭中，费舍尔与柯林斯在防空洞内偶遇，当时费舍尔对柯林斯说：“英国当前需要一套关于博物学的优秀丛书来转移民众对屠杀的注意力。”柯林斯对此表示同意，并答道：“此言极是，我们需要成立一个编辑部，如果你下定决心要这么做，我将会提供资金支持。”这故事讲起来挺精彩，但是否真有其事呢？40年后，费舍尔的儿子在一封信中对此故事的描述令人确信此事的真实性。但1946年，柯林斯在发表于《书商》上的一篇文章中对这个故事只是一笔带过：“当时“新博物学家”丛书的出版商与摄影师(即柯林斯与弗格斯)一起拜访了赫胥黎，他对丛书一事很感兴趣，是他将鸟类学家费舍尔介绍给了他们。”这不免令人感到柯林斯与费舍尔直到那时才见着面。不过，也许此句只是柯林斯正式的写作风格的一种体现而已，很可能他俩此前就有过交流，只是并未深谈。

虽说无从考证费舍尔是否在防空洞内说过那句话，但不管怎样，这句话至少非常符合他的性格。他是平民化的“朱利安·赫胥黎”，是“新博物学家”丛书的代表人物。受邀出席那顿非同寻常的午餐时，他仅29岁，却已是英国鸟类学基金会秘书，并且出版了畅销书《观鸟》。更为重要的是，他对鸟类研究有着超乎寻常的热情和坚韧的意志力，因而成为当时英国最具盛名的鸟类学家之一。同赫胥黎一样，费舍尔家族也有着优良的基因。他的父亲肯尼斯·费舍尔是英国顶尖的寄宿中学奥多中学的校长，从这个学校曾走出了彼得·斯科特与莱斯利·布朗等著名人物。肯尼斯·费舍尔是个非常狂热的观鸟者，但是在博物学方面，对年轻的费舍尔影响最大的却不是他的父亲，而是他舅舅阿诺德·博伊德，一位来自英国柴

詹姆斯・费舍尔(1912—1970),埃里克霍斯金摄于 1970 年

郡的博物学家(此人我们应多加了解)。詹姆斯凭借自身的聪明才智进入伊顿公学,并获得了英国皇家奖学金。完成学业后,费舍尔于 1931 年进入牛津大学莫德林学院学习医学。但不久之后,他便转入动物学系,自那以后,鸟类成了他一生的挚爱。1933 年,费舍尔以鸟类学家的身份加入了牛津大学北极探险队,此次经历让他写下了人生第一篇学术论文,并开启了他对管鼻藿长达 20 年的迷恋。1936 年,费舍尔与儿童文学作家、评论家玛杰里・莉莲・伊迪丝・特纳喜结连理,两人一同完成了探险家欧内斯特・沙克尔顿的传记。他们在费尔岛度的蜜月,两人经常一起观鸟。对海鸟的追寻不仅满足了费舍尔本人对旅游的热爱,同时也让他尽情享受了划船与爬山(费舍尔身高肩宽,是进行这两项运动的理想体格)。每每读到介绍费舍尔的文章时,我们总能感到他在进行每项研究时总是充满活力,激情满满。那时,他甚至可以说了解鸟类学界的一切事物,认识界内所有的人。即便

有人认为同他交往令人疲倦,但他依然是一个广受欢迎的人。与其他做学问的人不同,费舍尔性格外向,平易近人,富有幽默感,因此也能分清事情的轻重缓急。人们都说,费舍尔的交际能力十分出色,不论是在伦敦的萨维尔俱乐部,还是在北安普敦郡博物学家基金会的会议上,他的交际能力都受到了众人的赞扬。费舍尔还是一位非常懂得享受生活的人。1950 年前后的一天晚上,费舍尔与尼尔·坎贝尔在一艘停泊于圣基尔达岛海边的游轮上度过了一晚,坎贝尔曾如此回忆那次的经历:"那天晚上我们聊得非常开心,之后,我又不得不怀着十分沮丧的心情回到我那狭窄的充气船内,回到岸上的军队宿舍。我真希望今后可以多多与他碰面。"

从牛津毕业时,费舍尔只拿到了令人失望的二等学位(因为他大部分时间都用在了观鸟上),结束了在彼谢普斯托夫学院短暂的执教生涯之后,他便在伦敦动物园谋了一份园长助理的工作,负责组织大众参与鸟类研究。工作期间,他经常在英国动物行为研究学会和英国鸟类学基金会里与赫胥黎见面。费舍尔将"新博物学家"丛书中的《观鸟》一书敬献给赫胥黎,是为了感激他对自己的指导与鼓励以及在一同观鸟时留给自己的许多美好时光。1939 年,赫胥黎与费舍尔参加了圣基尔达岛探险队,这次探险的目的是调查塘鹅与其他海鸟的生存情况。从此,圣基尔达岛便成了费舍尔的精神家园,要不是二战的爆发,他肯定会经常故地重游,也许还将写下《塘鹅》和《管鼻藿》这两本书。

二战中,费舍尔受英国农业部委托研究白嘴鸦。但他还是挤出时间完成了《观鸟》一书,这本书被视为博物学的经典著作,同时,在使观鸟成为一种科学性爱好上,此书的贡献比其他任何一本都要大。其实,《观鸟》一书放在那个时代比现今更为适合,因为在 1940 年,许多人倾向捕杀鸟类而非观赏它们。书中有多个章节着力介绍了当时对普通博物学家依旧较为陌生的课题,如鸟类迁移、鸟类栖息地、鸟类语言与行为等,此外,本书还保留了其他许多受赫胥黎影响的印记。与此同时,此书采用了新颖的写作手法向读者陈述鸟类研究的最新发现,语言朴实易懂,文字间充满自信与激情。《观鸟》虽说是一本向大众普及鹈鹕知识、价格便宜的平装本,但却大受欢迎,十分畅销。此书背面上的订阅单让英国鸟类学基金会的会员数量在1940—1944年增加了一倍。《观鸟》一书中还有一个特别的地方，那就是作者前言，这个部分可以让我们很好地了解费舍尔为何对“新博物学家”兴趣浓厚，以下就是本书的前言部分节选：

> “也许有人认为，在英国奋力捍卫自身国民与他国国民生命的大环境，出版一本有关鸟类的书籍是非常不妥的，此书作者应向大众道歉。但我绝不会道歉，因为鸟类也是世界留给我们的遗产，我们同样必须加以保护。二战结束后，人们的日子将回归正轨，人们会更多地走进自然；甚至可以放下繁重的工作，好好休息。这样，必定会有人愿意去观察鸟类或进行相关鸟类研究。这样的时机一定会来临。”
>
> 詹姆斯·费舍尔，《观鸟》前言(1940)

其实费舍尔与那些科学界的精英并非趣味相投，而且对当时非常流行的那种所谓大众化的博物学书籍进行了猛烈批评。因为在他看来，这些书的内容太过简单幼稚，而且书中那伤感的情绪有时令人感到厌烦。从另一个角度来说，也就是这些书籍内容空洞，主要目的是引起读者的情感认同。费舍尔对博物学最为清晰明确的解释，可在他1947年编撰的《新博物学家杂志》的前三页上找到，在当时这本杂志可谓是命运多舛。也许，费舍尔早在1940年就已持有相同的观点。不管怎样，从本质上来说，这意味着一位业余的实地博物学家终于走向了成熟；而作为英国传统与流行趋势的博物学研究，因民众的参与拓展了研究广度，也因新生态科学的出现挖掘了研究深度。在这样的背景下，博物学家们需走出家门，到户外亲身观察野生动物、鸟类与植物的生活。更重要的是，现在正是专家们需通过杂志、书籍和讲座向业余的博物学家传授经验，来帮助和鼓励业余博物学家为解决生物地理分布、生态学以及生活史的研究难题做出贡献的大好时机。在一封写给阿里斯特·哈代的信中，费舍尔自信地提到，大众科学读物与低俗新闻不再被人们混为一谈，这令人非常欣慰。而在今后的20年中，博物学的每个领域都将会有大量的业余博物学家成长起来，他们的数量将超过受过专业训练的博物学家。我们(包括“新博物学家”丛书)对此似乎已做好了准备。

也许费舍尔低估了低俗新闻的顽强生命力和电视所带来的不良影响，不过，也正是基于媒体上的这些负面评价，费舍尔才更理智地把握了“新博物学家”的发展前景。据说，当时只有费舍尔对首版“新博物学家”丛书的大卖不感到吃惊，因为五年前他就在《观鸟》一书中自信满满地预见这一点。在他看来，首版“新博物学家”丛书的成功只不过是证明了他的观点正确而已。

当时虽说没人记录下赫胥黎与柯林斯等四人在午餐中的交谈内容，但几年后，柯林斯发表于《书商》杂志上的一篇文章总结了自己的初衷以及赫胥黎对自己提议做出的回应。柯林斯回忆道，他的目的是对英国博物学研究做一次全新的调查，为了实现此目的，他计划出版一套涵盖博物学各个领域的系列丛书，此系列丛书将采用陈述性的写作手法，而且以亲民的价格在市场上售卖，向大众全面展示20世纪人类所取得的科学成果。虽然此计划从商业角度来说比较冒险，但其实倒不算异想天开，反而迎合了当时大众的需求与意愿，与赫胥黎和威尔斯出版的《生命科学》系列如出一辙。二战期间，人们对科学研究最新发现的兴趣，也在与日俱增。柯林斯相信，自己出版“新博物学家”丛书的王牌在于他可以用彩色照片作为此套丛书的插图，向读者呈现自然的真实魅力。然而，这一点也正是赫胥黎所担心的，因为在他看来，彩色冲印技术还不够成熟，而且需要耗费大量时间来说服众人，证明这种来自美国柯达公司的摄影胶卷具有神奇的功用，可以克服自然摄影领域至今都难以逾越的障碍。但柯林斯与福格斯却对柯达彩色胶卷充满信心，并进行了大量采购。费舍尔在那次午餐中对出版“新博物学家”的贡献在于，他强调了在新博物学中现代鸟类学研究的重要性。他在《新博物学家》杂志上已经说得很清楚，分批、分种类的野生动物研究方法已经过时，他想立刻摆脱此种方法的束缚，并重拾他口中的“老一辈博物学家的好奇心理”。费舍尔在提出这一观点时(也许出现在他脑海里的是吉尔伯特·怀特)，其实是想暗示是好奇心驱使人们去观察、推理以及进行简单的实验的。此后，他的这些观点被纳入“新博物学家”丛书的出版宗旨，印在每本书籍书名页的背面和早期书套的封底。也许本书读者非常熟悉“新博物学家”丛书的出版宗旨，但此宗旨背后所蕴藏的主张与观点

才是此套丛书成功的关键,所以在此我不惜笔墨地将其摘录下来:

“本丛书旨在通过重拾老一代博物学家的探索精神,激发普通读者对于英国野生动植物的兴趣。编者一致认为,英国国民对本土动植物有着与生俱来的自豪感,人们应该更加关注以便其能够得以延续,而最能滋养这一自豪感的正是准确无误的信息和现代科学研究的成果。本套丛书将从这些动植物的发源地与栖息地对其进行描述,并以彩色摄影与彩色冲印作为最新手段,向读者们全面展示这些动植物真实色彩所具有的美丽。”

4个人的这顿午餐可谓是收获颇丰,柯林斯曾写道,正是在他与赫胥黎等人共进午餐的那天,出版“新博物学家”的总体思路细化成了具体可行的实施办法。而且,复杂的编辑安排也成功地制定了出来。根据计划,赫胥黎与费舍尔将成为编辑部(柯林斯习惯称为编辑委员会)的核心成员,职责是为每一个研究课题找到最为合适的作者,并帮助每一本书籍顺利出版;爱德普林特出版社将负责制作书中图片材料,比如冲印照相底片、绘制地图与插图;柯林斯出版社则负责印刷,并作好后勤工作。作为“新博物学家”出版的三大负责方,编辑、印刷商和插画负责人应经常会面以查看进度,并制定下一阶段计划。虽说出版过程十分漫长,且任务紧迫,但本丛书还是克服了战争带来的困难与阻碍,一路磕磕碰碰走了过来,并于1945年底成功出版,“新博物学家”就此诞生。

编辑部增员:约翰·吉尔默和达德利·斯坦普

在那次午餐中,有件事情一定被讨论过,那就是编辑部的人员组成。当时4个人一致认为需扩大编辑部的规模。虽说赫胥黎与费舍尔两人兴趣广泛,但覆盖领域有所重合,而且两人都对植物学和地球科学了解较少。“新博物学家”如果要涵盖英国博物学研究所有的领域,包括岩石、土壤与自然景色,那编辑部至少还需两名编辑。虽说无从考证赫胥黎何时决定吸收约翰·吉尔默与达德利·斯坦普加入编辑部,但大约是在1942年6—11月间。这两人才华出众,选择他们也是众望所归。

1942年,约翰·斯科特·伦诺克斯·吉尔默37岁,曾协助出版了赫胥黎主编的《新分类学》(1940年)。赫胥黎和吉尔默应该之前就认识,因为两人都曾于1935年参与创建了系统分类学协会,以推动进化关系研究。吉尔默的祖籍虽是苏格兰,但生于伦敦,并在剑桥大学阿宾汉姆学院与卡莱尔学院就读,学习自然科学,在学业的最后一年,他开始钻研植物学。吉尔默之所以后来会转而投身植物学研究源于他十几岁时一次难忘的经历。在“新博物学家”丛书中的《野花》一书里,他以独特的手法向读者们描述了那次经历:

> “当我就读于大学预科学校时,我对植物一无所知,也毫不关心。但老师要求,在夏季学期结束时,班上每名学生必须说出50种植物的名字,而在学期结束的前一天,我却依然叫不出任何一种植物的名字。绝望之下,我找到一名已完成任务的同学,让他领着我到学校附近的小道中走马观花式地逛一逛。于是第二天,我成功地按要求说出了50种植物的名字。而这次令我尴尬不已的经历却在我的心中种下了对英国植物永不熄灭的研究热情,虽说在当时的环境下,这违背所有的现代教育原则。”
>
> 约翰·吉尔默,《野花》第1～2页

在剑桥大学,约翰·吉尔默一定很受重视,一毕业就被任命为剑桥大学标本馆与植物博物馆的馆长,在这里,他埋头整理植物命名与分类,但随后这项工作就遭遇瓶颈,停滞不前,被人忽视。不过,在剑桥大学两位植物学家威廉·斯特恩与T. H. 图汀的帮助下,吉尔默通过努力,使得植物命名与分类工作得以继续进行,并让剑桥大学在现代植物分类学领域跻身于世界前列。吉尔默在植物命名与分类领域的成就应得益于他对哲学的钻研及对其他学科的广泛涉猎，而非仅仅依赖实验研究。吉尔默天生喜欢思考（他随后还曾担任剑桥大学人文学院的院长），因而，在众人眼中，他更像是一个坐在教师休息室里，边抽着烟斗边与同事讨论问题的思考者，而不是为了追寻兰花满世界跑，为了寻找高山植物而攀山越岭的研究者。从科学角度来说，吉尔默又是一个实用主义者，他认为，植物分类带有浓厚的功利主义，所以要设计出一套满足所有人需要的完美分类系统是不可能的，他觉得也没有这个必要，因为不同的植物分类体系有着不同的目的。1939 年，他与 A. J. 格雷戈尔设计出了满足他们实际需要的体系，虽然此体系并未获得众人的认可，但此举可以提醒我们，解决问题的办法确实不止一个。

约翰·吉尔默（1906—1986），大不列颠植物协会会员，摄于 1967 年

虽说吉尔默每次提笔写作时都目标明确、思路清晰，但他很少有作品出版，而他的作品也只有专业人士才会阅读和讨论。《野花》一书文笔随意、语言简洁且直切主题。1931年，年仅25岁的吉尔默被任命为英国皇家植物园的园长助理，从此开始了他的园艺学生涯，而他在园艺学上的贡献也被许多植物学家铭记于心。二战结束后，他曾在英国皇家园艺学会的威斯利植物园担任过高级职位，之后便重返剑桥大学担任植物园园长。同英国大多数科学家一样，吉尔默的事业也因二战而中断，在“新博物学家”丛书相关负责人召开首次会议时，他还在英国的燃料动力部工作。

此后，吉尔默的工作范围还包括了教学工作、科学研究与行政管理。人们都说，吉尔默招人喜欢，长相俊秀，温文尔雅（D. E. 艾伦说他性格温和，冷静沉着），不仅有着科学理性，还热爱诗歌、音乐与哲学，也许正是因为他性格的这一面，赫胥黎当初才决定选他加入编辑部。他的加入，不仅为整个编辑部打开了全面了解植物学世界的大门，还带给了团队凝聚力。他的好友兼同事马克斯·沃尔特斯说，吉尔默很擅长构建团队精神，“吉尔默比同时代的任何人都要擅长赢取不同人群的好感，从专业的分类学家到业余的园艺家，都十分喜欢他。”吉尔默开明的思想与一贯礼貌的举止，无疑是“新博物学家”编辑部的一笔巨大财富。

当人们还在猜测除了吉尔默外还有谁将加入编辑部时，达德利·斯坦普进入了人们的视野。他在地理学领域的骄人成就，使他毫无疑问地成为地理学领域编辑的不二人选。在“新博物学家”相关负责人召开首次会议的那年，劳伦斯·达德利·斯坦普44岁，但他看上去比实际年龄要大，他身材矮胖，头发已经掉光，经常一身花呢套装，身上略微带点军人的气质。斯坦普同费舍尔一样，对科学研究也是充满了激情。斯坦普小时候体弱多病，使他根本没接受过什么正规教育。但他却依然在1913年剑桥大学举办的地方考试中取得了十分优异的成绩，15岁就进入剑桥大学国王学院学习。取得地质学一等学位后，他在西线的皇家工兵部队熬了一段时间，然后重回国王学院，取得了地质学博士学位。并潜心钻研地理学，1922年毕业时，获得了地理学一等学位。赫胥黎在伦敦时也就读于国王学院，虽然就读时间不同，但他俩也许见过面，因为斯坦普在远东从事学术研究，待了三年之后就回到了伦敦经济学院，担任地理经济学的卡斯尔高级讲师，直到1945年。斯坦普声名在外，赫胥黎肯定听说过。

斯坦普一生因其两大重要成就而被世人所铭记。第一项成就是他于20世纪二三十年代撰写了一系列十分优秀的地理教材，当时急需优秀的教材来满足国内外地理学研究的快速发展，而斯坦普所著的一系列教材正好满足了这一需要。在那些教材中，有好些都是大部头，页数高达600多页，甚至更多，并经历过多次改版，比如《世界普通地理学》(第19版，1977年)、《亚洲区域地理与经济地理学》(第10版，1959年)、《大不列颠群岛地理与经济调查》(第6版，1971年)、《奇泽姆商业地理学手册》(由斯坦普重写，第20版，1980年)、《中级商业地理学》(第12版，1965年)等，不再赘述。如果斯坦普能够像专注于撰写教科书那样专心做好大学教师，并当好居家男人的话，那么他肯定能成为当代上班族眼中的"时间管理"大

劳伦斯·达德利·斯坦普(1898—1966)，1963年摄于前往大学会议途中

师。可以说,斯坦普他自己就是一个“出版公司”,而事实上,在与“新博物学家”签订合同后,他便成立了自己的公司——“劳伦斯·达德利·斯坦普地理出版公司”。

而对于非地理学界来说,斯坦普让他们铭记则是另有原因。1930—1935年,斯坦普组织了一次大规模的土地利用调查,然后与同事绘制出了一副比例尺为一英寸(1英寸=2.54厘米)等于一英里(1英里=1.609344千米)的英国地图,地图上标出了英格兰、苏格兰与威尔士的每寸土地,这在当时尚属首次。此次土地利用调查(1931—1933)得到了上千名志愿者的协助,这些志愿者主要来自大专院校与其他教育机构,而他们所提供的帮助相当于230个人共同工作一年的劳动量。在调查过程中,斯坦普大部分时间都乘坐一辆家用轿车四处奔波。他习惯于站在后排乘客座位上把头伸出天窗,沿途边观察边做记录。就是以这种方式,斯坦普走遍了大半个不列颠群岛,在极短的时间内完成了对多姿多彩的英国风貌与底层岩石的调查。调查完成后,斯坦普与他的同事不仅出版了地图,还撰写了多份“郡级报告”,对当地的土地利用情况进行了前所未有的细致陈述。可惜,这次调查发生于大萧条时期,许多农场当时已经关闭,因而使得这次调查显得不那么具有“代表性”。但是,此次调查至少能为今后的土地利用研究提供了极具价值的范例,并为贾斯蒂斯·斯科特勋爵于1941—1942年发表的“农村规划报告”奠定了基础。斯坦普之后还根据那次土地利用调查撰写了《英国土地的利用与误用》(1948年),此书显示出斯坦普对繁杂细节的高超处理能力,因而被赞为英国地理学的标杆。

此外,斯坦普还是战后规划的先驱,他对土地利用的透彻了解使他逐步参与到政府工作中。1942年,他被任命为英国农业部的首席顾问,负责农村土地利用事务,并因其在这一岗位上的出色成绩被授予大英帝国二等勋位爵士。作为斯科特勋爵的副手,斯塔普的职责是起草勋爵大部分的报告,并于1947年制定《城乡规划法案》草案。斯坦普随后参与了国家公园与自然保护区的规划,以保护英国民众为之奋斗的美好世界。之后,斯坦普将主要精力放在了自然保护协会的工作上,而“新博物学家”中关于自然保护书籍的作者正是斯坦普。通过以上对斯坦普的介绍,我们脑海里可以浮现出这样的形象:充满活力,注重实效,一位写作风格朴实明晰，极具天赋的教材编撰者。他不是一位理论家，从严格意义上而言，甚至算不上一位将时间和精力都专注于思辨行为的纯粹的知识分子。斯坦普对地理学、社会学以及经济地理学的每个领域都有着浓烈的兴趣，同时，他还是一位博物学家和自然资源保护论先驱。打趣地说，他也许对太多事务感兴趣了。不过，他的讣告提醒我们，同约翰·吉尔默一样，他性格开朗友好，激情四射，常助人于危难之中，因而他对"新博物学家"出版的贡献主要在于他的个人魅力而非他的实际工作。1966年斯坦普辞世后，他的编辑部同仁们时常回忆他如何利用苏格拉底问答法式来劝说对方以达到目的，斯坦普那令人开怀的幽默感和他对各种学科独特的热爱方式，都为他的口才增色不少。

作品与作者

埃里克·霍斯金担任照片编辑后，"新博物学家"的编辑部正式组建完成，霍斯金加入编辑部一事我已在第三章提到过。编辑部首次全体会议于1943年1月7日召开，在二战期间每隔几个月就会举行会议，每次会议柯林斯与弗格斯基本上都会参加。"新博物学家"编辑部成员工作都十分卖力，柯林斯曾经尽力强调："我们这个编辑部不是一个空架子，每个编辑做的也绝不仅仅是挂名领薪。"据柯林斯的描述，二战期间每次编辑部会议都按时召开，在德国向英国发动V-1与V-2导弹攻击期间，每个成员都知道位于牛津街附近的临时工作室有整面墙的玻璃窗，一旦遭到袭击，他们必将面临生命危险。但即便如此，编辑部会议并未就此中断。达德利·斯坦普在回忆那段时光时说道："早些时候，我们每次举行会议时，总免不了听到屋外防空警报四起；我们在伦敦四处更换临时工作室，大家都明白，若一枚炸弹正好落入我们的工作室，我们可就要一命呜呼了。"但每当警报解除后，编辑部一行人就会回到柯林斯位于圣詹姆斯宫的办公室。正是在那里，霍斯金拍摄了一张编辑部全体成员合影，用作柯林斯文章中的插图。其实，20年后，"新博物学家"编辑部全体成员又聚在一起重拍了一张更为知名的合照，而对于那

“新博物学家”丛书编辑部全体成员，从左至右依次为：埃里克·霍斯金、詹姆斯·费舍尔、朱利安·赫胥黎、劳伦斯·达德利·斯坦普、约翰·吉尔默（埃里克·霍斯金摄于 1945 年末）

些熟悉这张合照的人来说，在 1945 年还年轻的编辑部成员们要比 20 年后看起来显得英俊。那时的他们穿着讲究得体，斯坦普一身粗呢套装，而其他人则身穿都市风格的深色西服。费舍尔与霍斯金当时留着 20 世纪 40 年代时髦的发型，带圆框眼镜。照片中，斯坦普正在查看刚刚印出的《蝴蝶》，而吉尔默则手拿烟斗坐在一旁，展现出男明星般的迷人笑容。而人们只能通过比利·柯林斯的眉毛才能认得出他。

“新博物学家”旨在涵盖英国博物学所有领域，因此编辑部成立后的首要任务就是制定出一份详细的方案。柯林斯最初计划出版一套含 36 本书的丛书，这样整套丛书便可在 5 年左右完成出版，但没过多久，便从 36 本增加到了 50 本。以下是斯坦普对此决定的解释：

“我们很快便意识到，制定一份灵活的方案有助于丛书作者们施展他们在各自研究领域的才华，而且更容易吸引那些不愿按照别人制定的框架来进行写作的科学界精英。长期以来，人们认为博物学书籍的语言必须通俗化，当时的大多数出版商也都支持这一观点。不过，在我们看来，是时候打破这一陈腐观点了。我们坚信，如果写作手法得当，严肃的科学研究也可以吸引大批读者的关注。

劳伦斯·达德利·斯坦普,《英国的自然保护》前言(1969)

在编辑部召开的前几次会议上,五位成员起草了一份详尽的书单,虽说有些书的作者还未能确定,但至少已有人选。我们自然希望了解这份书单的详尽内容,不过可惜的是,那几次早期会议的会议备忘录没有一份能被保下来。不过从柯林斯写于1946年的文章中我们可以了解到,“新博物学家”分为四大板块,以下就是他当时作出的划分:

1. 有机生物,比如蝴蝶、鸟类、鲜花与树木等。

2. 栖息地,比如高山、高沼地与林地等。

3. 分布地域,比如伦敦、苏格兰高地以及斯诺登尼亚山等。

4. 特别学科,比如狩猎、艺术与博物学、环境保护等。

当然,在实际操作中,这份并不复杂的方案并不是总能很好地实施。有许多作者都对这一分类提出了自己的看法,在大多数情况下,他们都采取了一种巧妙的方法,那就是在遵循编辑部制定的总体框架的前提下,自己再加以发挥。其实,稍加推理,每个人都可大概猜出那份书单上有哪些书籍。

其实,找到每一领域的专家并不难,难的是他们能有充足的时间进行写作。因为在1943年,几乎每一位备选作者都以各种形式参与到战争之中。虽说大多数人对英国赢下二战充满信心,但谁也不知道二战何时结束。难上加难的是,许多主要的参考图书馆都已不再开放,如英国皇家植物园与英国自然历史博物馆的参考图书馆就已关闭。弗雷泽·达林当时被困于偏远的萨默群岛上,只能依靠他自己携带的书籍和自身经验来完成写作。其他作家也好不到哪儿去。莫里斯·杨格那时忙得不可开交,不仅身负学术任务,还要参与战时委员会的事务,同时,他还需在英国地方自卫队和消防部门服役;利奥·哈里森·马修斯是当时发明家秘密分队的一员,专为飞机安装电台与雷达。甚至还有“新博物学家”的备选作者被囚禁在德国监狱。此外,当时也不适合邀请身居高位的人著写书籍。但幸运的是,编辑部接触过的候选作者对出书都显示出了浓厚的兴趣。二战结束,一切都恢复正常后,大多数人都开始写作,但柯林斯不得不接受比预期要慢的出版速度,他曾经记录到:“现在还只完成了一篇手稿”。

出人意料的是,“新博物学家”丛书的出版商似乎为丛书的首批书目找到了最合适的作者,这不过也正是编辑部的作用所在,要是没有编辑部,出版商将无从下手。那时,英国的俱乐部和协会盛行业余学者与专家学者自由结交的风气,因而专业的生物学家与博物学家联系都比较紧密。赫胥黎曾经是阿里斯特·哈代的导师,且与E.B.福特一起共事过;费舍尔与弗雷泽·达林、阿诺德·博伊德、理查德·菲特等人关系非常要好;吉尔默曾是植物学会里非常活跃的一分子,与W.B.托里尔和维克多·萨默海斯做过同事;斯坦普是西德尼·伍尔德里奇的好友,还认识戈登·曼利和阿尔弗雷德·斯蒂尔斯。当时,即使不学动物学,人们知道也知道莫里斯·杨格、利奥·哈里森·马修斯和布莱恩·维西·菲茨杰拉德的大名。欧内斯特·尼尔等人也被推荐给编辑部。其实,以上许多学者互为同事与好友,或者因各自的名气知道对方的存在,因为他们大都是英国生态学会的会员,或就职于现代自然保护区调查委员会。

1943年夏天,编辑部联系了第一批候选作者。通过一番追寻,我有幸找到了首批联络信件中的两封,它们存放于阿里斯特·哈代与莫里斯·杨格的私人文件中,两封信件都来自赫胥黎,第一封写于1943年8月17日,第二封则写于次日。不过,两封信中除了在收信人个人信息上有一两段有所不同外,在措辞方面如出一辙。因此,我们很容易就推断出来,这两封都是统一寄送的标准函件。由于这两封信件清晰明确地传达了“新博物学家”的理念,又是丛书第一份重要文件,因而我在此从赫胥黎写给莫里斯·杨格的信件为例向读者再现信件的全部内容。信件的题目是“‘新博物学家’:英国博物学调查”,信纸上原本印有爱德普林特出版社位于纽曼街的办公室地址,邮编W1,但赫胥黎划掉了这个地址,将其改为编辑部位于安妮女王门16号的临时办公室,邮编也随即变为SW1。

尊敬的莫里斯·杨格博士:

本人谨代表“新博物学家”丛书编辑部,在次诚邀您加入“新博物学家”的编写团队。

“新博物学家”丛书是一套50本英国博物学专著组成的丛书，由柯林斯先生出版，爱德普林特出版公司印刷。本丛书有两大特色：

1. 此套丛书将附有大量由最新技术制作而成的彩色插图(每册有32或48张彩色插图)，同时，黑白插图也将出现在此套丛书之中。有些书籍中的所有插图为人工绘制，但大部分插图将是彩色照片。我们特别邀请了配备有最先进摄影器材的著名自然摄影师团队为本丛书拍摄插图。

2. 本丛书将不再采用按种群分批研究动植物的传统方法，而是拟对英国博物学资源做一次全面调查。丛书中有些书将详尽阐述某一特定动植物物种，但并非从综合分类学的角度出发，而是对那些特定动植物整个物种或物种个例的科研价值、人文价值以及实用价值进行探讨；有的书则将讨论动植物的栖息地，比如：苏格兰高地、泰晤士河等；还有的将分析人类与博物学的关系，比如：物种变异、自然保护以及艺术等。从始至终，地质学与地理学都将是博物学的一部分：一方面，它们与自然景色存在关联，另一方面，也为动植物生态学提供了研究的基础。

此套丛书针对的是那些聪颖的博物学爱好者，也就是说，本丛书的内容不能太过专业，还必须充满乐趣，但与此同时，书中内容也绝不可太过“通俗化”。每册字数大约7.5万～10万字，价格定在2便士左右。我在信中附上了初步拟定的条款，您若有兴趣，我将寄给您一份详细的合约。

我恳切希望您能撰写《海滨》一书。我们还会找到其他作者描写大海，当然，是从截然不同的角度，一个从栖息地的角度写，另一个从渔业的角度写。

目前，本丛书并不急于出版，因为在接下来一年的时间里，我们还需确定其余书籍的作者，但我们还是希望本丛书能在1945年春问世。我此刻心情焦虑不安，急切盼望您能答应撰写这本书，我确信只有您才是最佳的作者人选。所以，我期待您时间充裕，没有其他任务在身。您将发现，撰写此书的报酬会十分丰厚。此外，我了解到您目前已着手为《图说英国》系列撰写一本篇幅短小的书籍，内容也是关于海滨的。但我认为，这不仅不会对撰写长篇书籍的计划造成阻碍，反倒还会提供很大的帮助。

若真如我所愿，您对此提议有兴趣，我们可在您到访伦敦时会面，以便做进一步的探讨。撰写《海滨》一书时，您也许希望有一位植物学家为您提供植物方面的参考信息，不论您将他视为合作伙伴还是顾问，我们都很乐意为您安排。

朱利安·赫胥黎

1943年8月18日

虽说寄给阿里斯特·哈代与莫里斯·扬格的信件是赫胥黎所写，但并不是所有的首批书籍作者都是他委派的。因为，丛书所有书籍的作者委派任务分摊给了编辑部四位文学编辑，每人负责各自领域书籍的作者选定工作。赫胥黎负责普通生物学类的书籍，可以肯定的是，正是因为他像约翰·拉塞尔、阿里斯特·哈代和莫里斯·杨格这样的资深生物学家才会接受邀请。詹姆斯·费舍尔负责鸟类研究的书籍，但1946年赫胥黎离开编辑部，成为联合国教科文组织负责人后，费舍尔就担起了类似总编辑的职务。吉尔默与斯坦普两人则负责植物学与地质学书籍。其实，四位编辑不仅要承担起编辑书籍的责任，还要各自为“新博物学家”撰写一本书。当时，斯坦普很快就开始了《英国的地质和地貌》的撰写工作，在这期间，他展现了编写一系列地质教材时的写作速度与效率。吉尔默则负责写作《野花》，但一开始并不顺利。费舍尔准备在完成手头的研究之后就立马开始《管鼻藿》与《海鸟》的撰写。而赫胥黎却未能为“新博物学家”完成一本专著，这不得不说是一个遗憾，因为他本可完成一本关于现代进化理论的整合性书籍。此外，编辑部五位编辑还准备合力编写一本有关英国自然保护的书，他们五人对自然保护的关注反映出在二战后的最初几年内，生态学家与地理学家开始参与国土规划，而自然保护正是“新博物学家”丛书的信条之一。二战后，赫胥黎、吉尔默与斯坦普三人加入了不同的委员会，这些委员会的工作是为英国自然保护制定蓝图（见第十一章）。但在1943年，自然保护并未得到重视，即使著书也只是沧海一粟。

从一开始,有一点就很明显,“新博物学家”为赫胥黎与达林等人提供一个特别的机会,来完成他们内容丰富且充满激情的代表著作。为了进一步吸引更多的作者,赫胥黎称“新博物学家”出版商开出的稿酬十分优厚,但“十分优厚”只是相对而言,与学术科学家与通俗小说作家的稿酬相比,“新博物学家”丛书出版商开出的价码简直是小巫见大巫。而事实上,“新博物学家”丛书出版商的确显得有点小气,在出版商与作者签订的标准合约上,注明了初期出版的“新博物学家”丛书至少印 1 万册,而每册书籍的作者其实拿到的只是写作报酬而已,并非版税。在出版商接受手稿后,作者可得到 200 英镑,出版后再得 200 英镑。但令人意想不到的是,在丛书的出版期间,一共印刷了 2 万册甚至更多,因而出版商决定,每多印 1000 本,就支付给作者 40 英镑。

若丛书今后再版发行,所有作者则可分到丛书利润 10%的版税。首版“新博物学家”丛书印刷量若达到 2 万套,也就意味着不论销量如何,每位作家可赚得 800 英镑。若丛书日后再版发行,每位作者的收入将会更高,但只与销量相关,与印刷数量无关。在那个时代,每年 2000 英镑便是十分不错的收入,“新博物学家”给每位作者带来的收入那就不仅仅是零用钱而已;而且也没人会因此而放弃自己的正式工作。其实不管怎么算,只有“新博物学家”维持庞大的印刷规模和优异的销售成绩,这些可观的收益方能持续。对于那些没能在 1949 年底完成写作任务的作者,出版商在与他们的合同内增加了附加条款,这也就意味着,如果销量下降或冲印成本上升,出版商可单方面对合同条款进行修改。1945 年首版“新博物学家”发行后,在大约 6 个月以内就销售一空。但到了 1949 年,压块机的采购与安装成本上升,而柯林斯将要印刷的增订版本也似乎不可能在短时间内售出。因此他决定,不论再版的规模如何,仅支付给作者相当于 1 万册印刷量的稿酬。此举使每位作者收入降到 500 英镑。到了 50 年代中期,由于销量低迷,柯林斯甚至已无法保证 1 万册的印刷量,从那时起,作者只能分到半年销量 10%的版税,这就表示作者每年的收入跌到 100 英镑。

其实,有些其他博物学书籍出版商提出的条件要更为丰厚。“新博物学家”的出版之所以陷入经济困境,原因之一在于其高昂的出版成本,其二则是编辑部五位编辑也从丛书发行中获取版税而非固定报酬。其实，丛书的每位作者从每本书上获得的收益有1/4都给了编辑。此前，每售出1000本，每位编辑可进账12英镑，但柯林斯与其他编辑在1952年签订协议备忘录后，五位编辑一共可从首批1万册的发行收益中抽取1.5%的版税，随后变成了2.5%，也就是说，每位编辑可提取0.5%的版税。五位编辑最后都拿到了各自0.5%的版税，不过这是以牺牲作者利益为代价的。对此，作者们似乎平静地接受了。但是，作者与编辑在文本绘制费用的分摊安排上的矛盾则要大得多。同时，从大的方面说，作者们对柯林斯错误百出的欠款结算以及回信拖拉的问题深感不满，更糟的是，此类问题还有进一步恶化的趋势。但对于"新博物学家"爱好者来说，这一点不必太过在意。在"新博物学家"编辑部文件夹里有着数量巨大的来往信件，其中大多都是与出版商的往来书信。有些读者也许从许多丛书作者的书籍中了解到，"新博物学家"出版后存在一系列问题，而本书在此说明这些问题是为了避免让读者们感到困惑，帮助他们了解真相。

工作中的编辑

首批"新博物学家"在1945年底上架。丛书发行之前，柯林斯不遗余力地在行业内部以及乡村杂志上对丛书进行广泛宣传，大众似乎也普遍对"新博物学家"抱有期待。斯坦普曾回忆到：

"我们当时知道，许多资历老的出版商不看好"新博物学家"的出版，并预测我们将会遭受巨大失败。但人们显然对此丛书有着非常大的兴趣，在正式出版前，订单数量就从5000册上升到10000册，在即将出版之际，甚至上升到20000册。二战在欧洲和亚洲战场终于结束，"新博物学家"丛书也正在一册一册地加紧印刷。虽说出版商的纸张供应有限，必须实现纸张利用最大化，但只要大众愿意购买，就永远不会有购买数量上的限制。”

《英国自然保护》作者前言(1969)

那些还记得1945年书店模样的人,肯定可以回忆起《蝴蝶》与《伦敦博物学》(以及随后问世的《不列颠狩猎》与《英国的地质和地貌》)给当时毫无生气的书架带去的色彩。一开始,斯坦普就将它们比作“天降之物”。这些书籍紧跟时代步伐,带领业余博物学家踏上新的冒险之旅,并为陈述性的写作手法设立下新标杆。更重要的是,此丛书的出版时机正好在二战结束之后,那时人们都盼望建设一个更美好的英国。在那些曾驻扎于沙漠之中或跟随船队航行于大西洋之上或作战于缅甸和阿萨姆邦热带丛林之间的退役军人中,“新博物学家”丛书已建立起了潜在读者群。在听到战争时被疏散民众关于乡村生活的描述后,那些退役军人被深深地吸引,而且爱上了乡村生活。当时“新博物学家”提前预订的规模显示出大众对其有着强烈的兴趣,这一点想必令那些出版商大为意外。但如果没有足够的纸张存量,没有柯林斯建立起来的作者与摄像团队,任何一家出版社都无法完成此项艰巨的任务。不管怎么样,“新博物学家”项目的投资确实是极为可观的。当首批丛书上架时,五位编辑已整整忙碌了近三年时间。从1943年中期开始,五位编辑的主要任务就是委派丛书作者,核准彩色照片。但随着越来越多的作者完成撰写,他们大部分时间都待在会议室外,联系作者,评价初稿,有时候他们甚至对一册书的最终定稿发挥了巨大作用。也许通过再现他们通常召开会议的流程,我们便可清晰地认识他们工作的本质及完成任务的方法。我所选的这次会议召开于1951年10月,本次会议上,编辑部讨论了一系列具有代表性的问题以及丛书书籍之间衔接的事宜。首先,我们来大概地了解一下编辑部的工作职责。

从开始撰写到最终出版,编辑的工作量因书而异,有的作者可能与编辑鲜有联系,有的则和编辑保持频繁的书信往来,需要编辑全程参与。编辑部在确定某册书的作者之后,有一位编辑给作者写信,要求他提供写作大纲。这份大纲经过复印递交到其他编辑手中,经他修改润色,提出修改意见。大纲一经确认,编辑部将会寄给作者一份标准合同,合同内容会根据具体书目作相应修改。有些情况下，当一本书的撰写工作开始了很长一段时间之后，合同才会寄到作者手中。而自作者拿到合同之日起，编辑人员才开始真正地对那本书负责。所有编辑都是极为认真负责的，他们会仔细地检查书中的表达以及参考书目，如遇突出问题，一般会与作者进行讨论(经常是直接沟通，因为在那个阶段，作者与编辑会经常会面)。终稿之后，编辑将撰写前言部分，以此来介绍本书作者，并解释为何由此作者著写此书才能实现最佳效果，或者用柯林斯比较恰当的形容——“实现完美联姻”。

所有由编辑书写的前言都没有署名，当然，《英国自然保护》除外，在此书的前言部分，四位健在的编辑成员向已离世的达德利·斯坦普表达了缅怀之情。前言部分通常是由编辑成员一同撰写，而不是由某一个人完成。五位编辑共同努力使“新博物学家”通过其言辞优雅的前言部分，在编辑、作者、读者之间建立起一种无形的亲密关系：编辑将作者介绍给读者，作者则向读者介绍书籍。在共同撰写的前言部分底部，编辑人员会加上几行话，宣称他们尽量确保丛书中内容陈述的科学准确性，但是对内容的解释责任由作者承担。这体现出他们的自信，但此种声明也是很危险的，因为这几行话日后会对他们形成长期的困扰。多半情况下，编辑是不愿承担书中出现错误的责任。

《蝴蝶》《伦敦博物学》《不列颠狩猎》以及《英国的地质和地貌》是“新博物学家”丛书首批发行的四本书，相关编辑任务相对较轻。《英国的地质和地貌》就是斯坦普自己编辑的，效果不错。撰写《伦敦博物学》其实是理查德·菲特的想法。起初，他在英国鸟类学基金会的同事詹姆斯·费舍尔希望他为“新博物学家”丛书写一本有关泰晤士河谷的书，但菲特觉得自己对泰晤士河谷并无多少了解，倒是可以写一本有关伦敦的书，因为他当时就居住在那里。菲特是伦敦博物学协会一名非常活跃的会员，他搜集了大量有关英国野生动物的资料。费舍尔也许期望菲特尔写一本关于鸟类的书，但实际上，菲特书中所描绘的在非自然环境下人类与野生动物相处的种种，要更为新颖有趣。这本书算得上是城市生态学书籍的鼻祖。菲特后来回忆，《伦敦博物学》这本书的写作过程可谓有条不紊，每天晚餐后花上两小时写作，1945 年初完成初稿。他清楚地记得赫胥黎对他书中标本章节的开篇非常感兴趣：“1877 年，在托特纳姆法院路南面末端的缪修斯马蹄啤酒厂，人们挖了一口井，这口井直穿坚固的岩石，跨越伦敦上百年的历史，直达地底1146尺(约344米)。”这样的清晰流畅的写作手法正是编辑部成员赞赏的。菲特的专业素养应该也会让编辑十分省心。不过，这却为爱德华·索尔兹伯里增加了新的任务。吉尔默要求他列出一份从轰炸后的伦敦废墟中采集回的有花植物与蕨类植物清单，用以平衡菲特极为丰富的伦敦鸟类清单。

工作中的编辑部，费舍尔正在查看此前的会议记录，斯坦普则在检查《蝴蝶》一书的封面(埃里克·霍斯金摄)

弗兰克·弗雷泽·达林撰写的《高地与岛屿博物学》一书的编辑工作量十分巨大。至于原因，达林后来回忆时称：“此书基本上是我一人独自完成。战争后期，我居住于偏远的岛屿上，去图书馆十分不便，但正是在这期间我完成了该书的大部分撰写工作。”不仅如此，他那时也少有机会向专家咨询。从题目“一个神奇地域的平凡故事”我们就可以看出，书中阐述的是他个人的观点，不能视为关于高地野生动物教科书。费舍尔作为达林最亲密的合作伙伴满怀激情地参与到确定此书大纲乃至细节的工作。在此书的前言部分，达林故弄玄虚地写道：“费舍尔真可谓为朋友两肋插刀。”柯林斯曾提到他与赫胥黎和费舍尔两人一同到偏远的斯特朗廷，与作者讨论书籍撰写的情况。如果你曾居住于伦敦，那么你就会知道斯特朗廷的确很偏远。事实上，我认为柯林斯描绘的是“新博物学家”整个出版历程中最令人不可思议的一段。因为柯林斯一行三人不止一次不远万里到访斯特朗廷，想必这些书一定在平凡的表象下有十分了得之处。

五位编辑为确立“新博物学家”丛书的整体风格做出了许多贡献。特殊的分布图就是其中之一，首先被用在了《蝴蝶》一书上。他们认为，当时大不列颠群岛地图不够全面，因而爱德普林特出版公司在斯坦普的指导下印制了新的大不列颠群岛略图。为了精确地标注出某一地区的位置，这份略图在页边标明了英国在地图上的坐标方格，但当时人们错把此略图当作了使用每格 10 千米的标准坐标方格的新式分布图的雏形。(见《英国植物图集》)。但在 1950 年召开的大不列颠群岛植物学会议上，专家对新式分布图进行了修改，很明显，这次修改没有参考“新博物学家”丛书中的地图。两者的相似只是表象，其实有天壤之别。“新博物学家”丛书中的地图标注的是地区准确位置，而大不列颠群岛植物学会修订的地图则以标准坐标方格内是否可见为绘制基础。不管怎么说，“新博物学家”丛书中的地图最初是用来绘制蝴蝶的分布图的，这将前人在绘制英国动植物分布图的工作向前推进了一大步。凭借“新博物学家”丛书中的地图，丛书编辑们自信地宣称，他们的地图所做的贡献是史无前例的。

在斯坦普的要求下，“新博物学家”丛书的每册书籍护封背面印上了丛书所有的书目，这是此套丛书的第二个特点。这样做也是为了给相关或即将出版的书籍做宣传，最早出版的几本书的护封则是为了宣传丛书的宗旨。《高地与岛屿博物学》是首本印有丛书全部书目(其中也包括一些将于日后出版的书籍)的著作，但是直到 20 世纪 50 年代年中期，这种做法才成为常态。起初，丛书中所有主要书籍都印于书籍护封上，但大约从 1967 年起，删去了已停止出版的书籍。因而，新生代“新博物学家”丛书的读者可能永远不会知道《乡村教区》和《高地与岛屿博物学》的存在。丛书编辑在制作专题著作清单上显得杂乱无章，好比命运多舛的《蚂蚁》一书，就我目前所知，出版商从未将其列入清单，也从未对其进行宣传，此书发行后不久就停止了出版，犹如幽灵般一闪而过，而且《蚂蚁》一书的遭遇并不是个例。到了 20 世纪 80 年代中期，几乎所有早期发行的书籍都已停止印刷，这才在每册书上再次印上“新博物学家”丛书所有的主要书目，不过由于书目数量迅速增加，出版商不得不减小字体以确保书目的完整性。

编辑部五位成员在接受柯林斯的邀请后,一同在和谐的工作氛围中共事 20 余年,这远远超出了他们的预期,而这一点也正体现出他们的奉献精神与团队精神。共事期间,五位编辑亲眼见证了 70 本书籍的出版历程,只有离世才能将他们真正分开:斯坦普与费舍尔分别于 1966 年和 1970 年辞世。但是五人组成编辑团队,由柯林斯和一位副主管统筹规划的经典构架却一直延续了下来。斯坦普过世后,玛格丽特·戴维斯,这位与编辑成员一同共事的摄影师接替了他的位置,她曾在 1970 年协助修订了 H. J. 弗勒著写的《伦敦人的自然历史》。费舍尔的位置则由肯尼斯·梅兰比替代,这也是一位知识广博的博物学家,近期才刚刚完成《杀虫剂与环境污染》一书,此书是新一批丛书书籍中极为成功的一本。吉尔默于 1979 年退休,由《野花》一书的合著者马克斯·沃尔特斯接替。埃里克·霍斯金,作为编辑部首批成员中寿命最长的一位,也于 1991 年离世。"新博物学家"丛书编辑部在约 50 年前成立于饱受战争侵害的伦敦,而霍斯金的去世,标志着其首批五大元老时代的结束。

1956 年,"新博物学家"丛书的出版书目达到 50 册,且销量突破 50 万本,即平均每册书售出 1 万本,出版商为此成就举行了庆祝活动。不过,我们在此也该对"新博物学家"丛书的历程进行一下盘点。我们都知道,出版此丛书最初的目的是通过一定数量的专著来总结英国博物学研究的整体情况。丛书基本上实现了此目标,但还有许多博物学的研究领域仍未涉及,比如鸟类迁徙、化石与花粉、苔藓与地衣等。而且编辑部非常希望出版更多有关动植物生长地域的书籍,如长期被搁置的《诺福克湖区》与《湖区》。不过,我们可以明显地感到,大众希望"新博物学家"丛书能一直延续下去。1956 年 2 月,编辑部召开了一次特别会议,会上对"新博物学家"丛书进行了回顾与总结,为加紧丛书的出版日程,制定了未来五年的出版计划。五位编辑意识到,要实现丛书最初的出版目标,丛书书目在未来 15 年内(即到 1971 年)需扩大至 90～100 本。他们列出了 34 个受大众喜爱的主要系列与 23 本专题著作,其实,这是一个无限期的承诺,时至今日仍在继续。

此外,在这次会议上,五位编辑就丛书的宣传方式也进行了讨论。比如举行一系列的"新博物学家"丛书讲座,设法取得伦敦动物学会的赞助(五位编辑在这一点上达成一致)，在主要书店的橱窗内展示《新博物学家》半月刊杂志，成立“新博物学家”丛书协会，并向大众邮寄宣传资料等。但这些措施并未获得预期的成效，因为从 20 世纪 40 年代开始，社会环境已开始变化，“新博物学家”丛书的销量不再遥遥领先，竞争对手正迎头赶上。

“新博物学家”丛书编辑部会议

编辑部成员每年在圣詹姆斯宫的会议室里举行约 5 次会议，会议通常于下午或傍晚时分召开。20 世纪 50 年代初期的会议多是关于确定丛书书目，由 W. A. R. 柯林斯主持，若他无法到场，则由他的总编辑 F. T. 史密斯主持，与会人员还有编辑部五位永久成员。会议记录是由柯林斯指派的一位博物学编辑与一位秘书负责。一般情况下，参会人员在会议结束后聚餐。

会议流程基本上都是一样的。在核准此前的会议记录后，柯林斯会向其他参会人员汇报丛书的整体销售情况以及新出版的书籍在市场上的受欢迎程度。如果有任何关于丛书出版的问题，与会人员一般都会在会议的这个阶段进行处理。在会议的下一阶段，相关编辑人员将递交报告，向其他参会人员介绍即将面世的书籍的出版进度，专题著作与特别书目也是一样的处理流程。至于其他有待讨论的问题，比如定价、摄影师报酬与海外销售等事务，参会人员都将在会议进入尾声时讨论。早期，会在爱德普林特出版公司的办公室里召开特别会议，目的是审阅由最新拍摄照片制作而成的彩色幻灯片。但大约从 1952 年起，在圣詹姆斯宫(见下文)举行编辑部会议及特别会议的次数开始减少。会议记录打印在大页书写纸上，由柯林斯或史密斯过目签名。20 世纪 50 年代的会议记录十分详尽，但随后会议记录人员对此任务却开始敷衍了事。在此我将向读者呈现一份具有代表性的编辑部会议记录，我对此份会议记录进行了删减，因为原始版本篇幅太长，不方便全篇展现。这次会议于 1951 年 10 月 8 日召开，由 F. T. 史密斯主持。下文中引号里的内容是会议记录的原文，而其余部分则是我个人的总结与解释。

“新博物学家”编辑部会议

本次编辑部会议召开于1951年10月8日下午五点半，地点为圣詹姆斯宫，邮编SW1。

参会人员：F. T. 史密斯（会议主持），费舍尔先生，斯坦普博士，赫胥黎博士，吉尔默先生，霍斯金先生，欧比女士以及赖德尔女士。

前一次会议的会议摘要：“费舍尔先生说，他认为日后会议记录应由会议主持柯林斯先生签字，这非常重要，也符合常规。”斯坦普曾提议，前两次会议的会议记录应在下一次会议上交给柯林斯签字，并且每次会议都应遵循此规定，他的这一提议得到了费舍尔的支持。（这一提议随后得到了执行，但需要指出的是，有些时候，在编辑部还没来得及阅读先前会议记录的情况下，柯林斯就在上面签了字）

编辑人员版税：“与会人员一致认为，此事宜应在会议结束后编辑人员的聚餐上进行讨论。”

丛书主要书籍的出版进度

《英国的哺乳动物》（L. H. 马修斯）：费舍尔已收到了作者修改后的单页校样。“但他在此事上不得不花费大量时间，因为作者在纸上插入的修正无法印出。”霍斯金指出，黑白照片的校对工作，除了有两张照片还需重新校对外，其余的照片已校对完毕。（此书于1952年3月17日出版）

《英国的气候与环境》（G. 曼利）：（此书作者已完成线条画，爱德普林特公司的伯奇女士日后会将其制作成版垫。此书线条画数量众多，成本高达150英镑，这一问题在上次会议中已经讨论过，因为编辑部之前就决定每本书里线条画的成本不能超过40英镑）但费舍尔承担了多出部分的所有费用，“为此，此书作者向他寄来了一封表达感谢的信件。在信中，作者还询问费舍尔自己是否也能在此困难时刻也出一份力。”赫胥黎曾表示，有人要求他同意从作者的版税中扣除一部分超出的成本，以此来降低出版成本。“印刷数量当时已敲定，费舍尔先生建议发行7500册。”（此书于1952年10月13日问世）

《垂钓者的昆虫学》(J. R. 哈里斯):费舍尔在给身处都柏林的哈里斯发送了多封电报后,收到了作者修改过的长条校样,但仍在等待编辑部最终确认书中内容,确定线条画的标题以及黑白照片。"史密斯先生建议,柯林斯在爱尔兰的代理人应该致电哈里斯,费舍尔也应就此向作者作简要反馈。(最终结果似乎令人满意,因为此书在随后一年就成功出版了)

《海鸟》(J. 费舍尔与 R. M. 洛克利):费舍尔称"此书一共 20 万字,其中 15 万是由他撰写的,其余的 5 万字则是 R. M. 洛克利所写。"此前,费舍尔提议将此书分成上下两册出版,虽然柯林斯认为这是个不错的方案,但赫胥黎与洛克利并不赞同。"费舍尔先生说道,他现在已改变主意,决定不将此书分成上下两册出版,但不得不将他撰写部分的字数压缩到 5 万字。"史密斯对此的回应是,他可请罗利·特里维廉帮忙算出一本 320 页的书共有多少字数,而"费舍尔先生则会根据计算出的字数来完成此书"。史密斯还提出,在出版前,他还希望吸引美国一家出版社对此书的兴趣。赫胥黎提到米夫林出版公司也已来信表达了对出版此书的兴趣。(《海鸟》一年后最终完成,并于 1954 年 3 月 1 日出版)

《达特穆尔国家公园》(L. A. 哈维):"史密斯先生提出,达特姆尔高原是否被认定为国家公园对此书有着重要的影响。"费舍尔同意就此问题进行研究,并做出适当的改变。斯坦普希望此书能在 1952 年出版,史密斯也同意"在不耽误其他书籍出版进度的情况下尽量加快此书的出版进度。"(费舍尔光是阅读此书的校样就花了好几个月的时间,此书原定 1952 年出版,但直到 1953 年 8 月 31 日才与读者见面。不过推迟出版后至少让作者有机会更新书中的内容)

《威尔德地区》(S. 伍德里奇):此书手稿已遗失,作者用复写纸记录下赫胥黎的评论。斯坦普负责日后将手稿递交给印刷公司。"作者将把彩色照片从 32 色降为 16 色,并同意弃用黑白照片。"此书手稿遗失一事使得编辑人员在会议上特别强调"要小心保管每一份手稿"。(此书于 1953 年 3 月 16 日出版)

《蘑菇与毒菌》(J. 拉姆斯波顿):此书共 24 章,吉尔默已完成了前 20 章的编辑工作(此书发行版本有 23 个章节)。作者承诺在这个月底递交剩余的四个章节"绝对没有问题"。一旦此书手稿完成,吉尔默、霍斯金与拉姆斯波顿三人就将见

面讨论书中的照片问题。(事实上,编辑部认为对初稿进行大幅删减很有必要,此书直到1953年10月26日才出版)

《海岸》(J. A. 斯蒂尔斯):手稿篇幅过长,编辑部要求删减至288页。费舍尔称已完成删减,可开始排版。(此书于1953年2月18日出版)

《布罗兹湿地国家公园》(A. E. 埃利斯):费舍尔称,作者的写作进度已开始提升,他负责的部分已快完成。"詹金斯"(原文如此,但这里詹金斯指的是J. N. 詹宁斯)曾向斯坦普承诺撰写此书的一部分,但是这个任务最终是由已故的罗伯特·格尼博士完成的,他的手稿已经在编辑手中。斯坦普对该地区是否会被列为国家公园提出质疑,"但编辑部认为此地区在今后一段时间内会被纳入国家公园。"(其实,40年后此地区才被纳入国家公园,但兰伯特与詹宁斯随后有一个重大发现,那就是布罗兹区并非天然景观,这也就意味着此书将需要大规模重写。因而此书直到1965年才得以问世)

《沼泽与淡水鸟类》(R. C. 霍梅斯):费舍尔说,霍梅斯希望先写"一本关于伦敦鸟类的书"(此处指代《1957年伦敦地区的鸟类》,得到了编辑部成员的同意,《沼泽与淡水鸟类》一书的初稿将于1953年完成,霍梅斯可以为我们献上一本十分精彩的书籍。"(《1957年伦敦地区的鸟类》一书的完成时间比预计的要长,而且从未出版。)

《湖区》(E. 布莱扎德等人):费舍尔说,此书一作者在两年之内才完成了3万字。布莱扎德的写作质量合乎标准,但对其他作者则不敢恭维。其实,撰写此书的最佳人选为W. H. 皮尔索尔,但他无法在18个月内完成初稿。赫胥黎指出此书十分重要,因此必须是精品。所以编辑部决定邀请W. H. 皮尔索尔来撰写此书,同时费舍尔将向布莱扎德写信解释编辑部决定重写此书的原因,"编辑部希望,如果可能的话,布莱扎德也能参与进来。"(W. H. 皮尔索尔接受了合同条款,但却因事务太过繁忙无法完成此书,因此W. 彭宁顿利用前者的笔记完成了此书,于1973年发行)

《蜻蜓》(C. 朗菲尔德):费舍尔称编辑部已决定将印版数量减少到40个,但提议仍旧按80个印版的价格支付摄影师山姆·比尤弗伊。柯林斯不同意此做法,并指出“既然照片版权是摄影师所有，他就应该少收部分费用。”赫胥黎建议霍斯金与比尤弗伊对此问题进行讨论，而且他认为“向比尤弗伊支付原价格的一半或五分之三是比较合理的。”编辑部认为，在他们与爱德普林特出版公司达成一致前，此书应暂缓出版。（《蜻蜓》一书于 1960 年出版）

《动物艺术》（F. D. 克林钱德尔）：赫胥黎说，此书融入了大量哲学素材，认为将此书改名为《动物的艺术的思考》更为合适，这将使本书“更为独特更加有趣”。但是更名后，书中的字数必须与合同上的规定保持一致（此书作者于 1955 年去世，而此书也从未出版）

《树》（E. W. 琼斯）：编辑部认为此书重点放在林业上更为合适，刚退休的林业委员会会长威廉·泰勒十分适合撰写此书。“就这么办。”（H. L. 艾德琳将书名改为《树木、森林和人类》，于 1956 年出版）

《蕨类植物与苔藓》（E. 布莱扎德）：“吉尔默先生将写信告诉布莱扎德，我们决定不出版这本书了。”

《飞蛾》（E. B. 福特）：“赫胥黎汇报称该书作者正在撰写中。”

专题著作与特别书目

《跳蚤、寄生虫和布谷鸟》（M. 罗斯柴尔德与 T. 克莱）：“费舍尔先生说此书手稿已交给印刷公司。”（于 1952 年 5 月 5 日出版）

《鹪鹩》（E. A. 阿姆斯特朗）：对于此书的删减幅度，编辑成员在会议上展开了大量讨论，柯林斯坚持要使此书字数更接近合同中的规定字数。此外还有一个问题需进行讨论，那就是为了降低此书价格，编辑成员是否应放弃从此书中提取版税，这个问题将在会议结束后的晚餐上商量。（在经过反复争论与多次延期后，此书最终于 1955 年 3 月 28 日出版，页数为合同限定的 320 页，编辑成员也确实放弃了版税）

《病毒》（K. M. 史密斯）：史密斯先生分发了自己对此书 4 万字手稿的报告，报告中他认为“现在一切都很顺利”，同时指出此书“完全没有涉及病毒的治疗方法”。此外，书中对病毒的本质以及“它们是否真正存在”也一字未提。史密斯“认为此书必定卖不出去,但有人向他保证该书肯定有市场。”鉴于目前科学界已对病毒展开研究,吉尔默恳请作者将此书推迟“一年或两年”再出版。霍斯金认为书中的相片看上去“死气沉沉”,但他也清楚这确实难以避免。(此后,作者又增加了两个章节。更名《腮腺炎、麻疹与花叶病》于 1954 年 2 月 1 日出版)

《苍鹭》(F. 劳):史密斯向参会人员分发了报告,报告中称此书“一切正常”,但提到书中最后两章“比较冗长,至少应对其进行删减。”但赫胥黎却认为这两章是全书中最为有趣的部分。此书的彩色照片质量不佳。“编辑成员在会议上一致同意,由柯林斯先生最终决定是否将此书纳入“新博物学家”丛书。”(此书于 1954 年 7 月 12 日出版,书中只有一张彩色插图)

《银鸥的世界》(N. 庭伯根):“费舍尔先生说到,柯林斯已要求作者特里维廉先生估算此书的市场价格,但算出的价格太过昂贵。在会议上,编辑成员指出,在 1951 年 4 月 4 日的会议上他们就已对此书的问题进行过商讨,现在庭伯根不时催促编辑部给出答案,因此,史密斯先生应在柯林斯回来后立即向他说明此问题。此书作者现已提供了所有照片与草图素材。”(柯林斯履行了编辑部的承诺,此书于 1953 年 9 月 28 日出版)

《英国的建筑石材》(阿克尔博士):“编辑成员一致通过不出版此书。”

《阿尔斯特的动物》(C. D. 迪恩):“有关此书的问题将在会议后的晚餐中讨论。史密斯先生认为此书的受众太过狭窄。”(此书不予出版)

杂项事务:史密斯先生认为,今后所有“新博物学家”的主要系列书目的价格应为 25 先令(约人民币 17.5 元),老一批书目再版发行时也采用此价格。编辑成员认为,柯林斯应写信给爱德普林特出版公司表明购买他们公司投影机的打算,同时建议日后在圣詹姆斯宫办公室放映幻灯片。霍斯金认为购买投影机与手推车的价格在 30～40 英镑之间比较合理。

关于观看《海洋与海岸的花》彩色幻灯片的会议:“此次会议将于 10 月 26 日星期五下午两点十五分在爱德普林特出版社的办公室内召开。”(但这次会议好像得推迟到 12 月 5 日举行,一并查看《威尔德地区》《海鸟》与《海滨》三本书的幻灯片)

下次会议日期

于11月20日星期二下午五点半在圣詹姆斯宫内召开

签名:W. A. R. 柯林斯

日期:1951年11月20日

1966年6月,“新博物学家”编辑部在格拉夫顿街柯林斯的会议室内召开会议。后排(从左至右):詹姆斯·费舍尔、W. A. R. 柯林斯、达德利·斯坦普。前排(从左至右):约翰·吉尔默、朱利安·赫胥黎、埃里克·霍斯金。斯坦普于此照片拍摄后两个月去世(图:埃里克·霍斯金)

3 “自然之美”

打开任意一本50多年前出版的博物学书籍或杂志，有一点会让人感到震惊：尽管制作精良，但书中却没有一张在野外拍摄动植物的全彩插图。1943年之前，英国所有的博物学摄影师都使用黑白胶卷。二战前博物学书籍中的彩色插图呈现的大多是干燥的动植物标本，或按传统技艺制作的静态艺术品。书中所描绘的大自然同绿篱旁或山坡上的那个丰富多彩、生机勃勃的世界相差甚远。照片里灵动的鱼儿其实拍摄时身处鱼缸，动物们被关在动物园的笼子里，野花则是被采来插在花瓶里。即便它们是彩色的，这些颜色也往往是事后手工添加的。

随着“新博物学家”丛书的诞生，柯林斯出版社和爱德普林特出版社的合作催生了彩图的出现，而这一变化对书籍的影响重大。第二次世界大战爆发前不久，爱德普林特和柯林斯为一套正在规划中的园艺系列图书制作了第一张彩色照片，这套丛书名为《花园里的颜色》，书中专门配有彩色插图，这也是它最了不起的地方。如今，任意一位出版商都会将这组照片丢进废纸篓，但在黑白世界的1940年，它们曾轰动一时。其柔和的色彩像极了一幅异常细致的石版画或铜版画，勉强抓住了每朵花的光彩。但对于园艺爱好者而言，它们是深褐色或黑白色图片基础上一次关键的飞跃，更重要的是，它们实际有效地展示了相机和凸版印刷所能达到的惊人效果。

柯林斯出版社和爱德普林特出版社在一套很快就声名鹊起的系列附插图书上继续展开合作，这一带插图系列就是《图说英国》。这些小册子只有八开大小，色彩鲜明，包装绚丽，每本仅售23便士，却涵盖了英国生活的方方面面。书的销量极好，例如詹姆斯·费舍尔的《英国鸟类》就销售了近10万册，并在10年内一直反复加印。这一系列图画书在英国独自反抗独裁者时开始创作（第一套书于

1941 年 3 月出炉)，它们是继敦刻尔克和不列颠之战后的主要战果的一部分，伴随民族自豪感的巨大浪涌而来。看到这些书华丽地出现在一些荒凉的南部海岸城市的商店窗口内，柯林斯出版社主编，F. T. 史密斯把它们比作“插在我们岛屿城堡上的亮丽旗帜，或者更恰当地说，这是我们这个举国经商的国家，可以用来以蔑视的眼神，名正言顺地在那些焚毁书籍的敌人面前用以炫耀的徽章”。

尽管大量使用色彩，《图说英国》系列却很少使用彩色照片。由于它们属于自然类读物，当时根本找不到合适的图片材料。爱德普林特出版社只好遍寻各种印刷品资料以搜集早期(或更早时期)前辈们创作的彩色版画和绘画。尽管如此，这些书都是以高标准印刷的，使用高质量的美乐得粉彩印纸以及柯林斯 6 年前刚创造的清晰美观的“Fontana”字体。该系列的作者团队也极为吸人眼球，他们当中有些是当时最著名的小说家、剧作家，还有些人是诗人或体育专栏作家。被出版商力邀为这套自然科学丛书撰稿的名家包括：詹姆斯·费舍尔，写作《英国鸟类》(1942)；弗兰克·弗雷泽·达林，写作《英国野生动物》(1943)；C. M. 杨格，写作《英国海洋生物》(1944)；约翰·吉尔默，写作《英国植物学家》(1944)以及 R. M. 洛克利，写作《英国周边的岛屿》(1945)。后来，6 本自然读物被捆绑成一套综合卷——《英国的大自然》(1946)，柯林斯出版社更是因其定价实惠而称其为“畿尼之书”。

R. M. 洛克利，《海鸟》合著者，其关于穴兔的著作让热衷于此的另一位作者创作了《瓦特希普高原》(图：爱德华·麦克斯·尼科尔森)

1941—1950 年，柯林斯出版社总共出版了不下 132 册《图说英国》系列图书。它们的成功清楚地表明了彩色插图给广大市民带来的吸引力。甚至这些小册子至今仍有更新，许多二手书店都有库存。《观察家报》上菲尔拉·加文的重要二战言论中的一段时事评论认为，比利·柯林斯是抓住良好时机的高手，这一丛书的出版更是让他的声誉节节攀升。

埃里克·霍斯金(1909—1991)和他收集完成的“新博物学家”丛书书籍

“继那个噩梦之夜的三个月后，希特勒的战火再次点燃了伦敦，破坏了英语图书世界的中心，柯林斯的老宅子抖掉了满头的炮灰，从纷纷战火中蹒跚而出，硬是按照之前的计划，及时大胆地完成了一次出版。他们打算在这些书当中注入‘我们民族和鲜血的荣耀’，既不因虚荣也不讲排场，只为让我们自己以及世界其他地区的人们清楚我们绝对严肃高尚的传统。”

这种精神层面的力量可能已经使比利·柯林斯萌生了下一个想法：出版一套带插图的自然科学丛书。这不仅会为科学做出贡献，同样受益的还有通俗文学

"新博物学家"丛书。这个阶段,柯林斯与爱德普林特这两个出版社主要在彩色印刷方面有所合作。比利·柯林斯和爱德普林特出版社的常务董事沃尔夫冈·弗格斯确信彩色摄影可以对科学图书的出版做出重大贡献。此外,柯林斯出版社作为圣经、日记本和文具的制造商,它拥有大笔经费可用于纸制品印刷;爱德普林特出版社则拥有丰富的生产彩色插图的经验,他们的合作属于强强联合,可以将这一丛书的出版有效地向前推进。由于合适的感光材料极为稀有,这一系列的照片都需进行特别拍摄。20 世纪 40 年代初,弗格斯专程前往美国网罗 8.3 厘米×10.8 厘米底版的柯达彩色胶卷的供应商,因为在当时的英国尚无此种胶卷面世。这种胶卷之前主要用于商业广告,其色彩更平衡且清晰度更高,大大优于当时普遍使用的 35 厘米柯达彩色胶卷。弗格斯还购买了特别设计的柯达相机、感光板和闪光灯泡。在战争时期,要将所有设备带回英国,需要持有贸易局特别开具的进口许可证。爱德普林特出版社在英国文化协会办公室的帮助下设法获得了一份许可证,这一切都表明了该项目像《图说英国》一样被广泛认为对鼓舞战时士气和增加战时威望极具意义。

当时的想法是让爱德普林特出版社为"新博物学家"丛书聘请摄影师,让柯林斯出版社寻找作者。对于前者,他们需要的是一名摄影编辑。在回忆录《聚焦鸟类》(1970)中,埃里克·霍斯金简要介绍了他"初入""新博物学家"丛书团队时的情况。1983 年受作家罗恩·弗利塞之邀,他利用录音带对这一段经历进行了更为细致的回顾。我曾对此进行过编辑整理。

"我记得,那是在 1942 年 11 月 29 日,一个星期天,我刚刚从约克郡的一所学校演讲归来。刚一进门,詹姆斯·费舍尔就打电话过来询问他能否与朱利安·赫胥黎还有伍尔夫·苏哲斯基一道前来同我讨论一个项目。彼时苏哲斯基是非常有名的野生动物摄影师,由于伦敦动物园没有自己的摄影师,而且朱利安当时在负责动物园的事务,所以苏哲斯基也为伦敦动物园拍摄了很多照片。他们很快就到了,我看出苏哲斯基不准备接手"新博物学家"的摄影编辑工作,要不然他手头任务量会非常大。他们留给我的印象是，到1942年为止可用的彩色照片太少了，需要有人组织一帮摄影师到野外特别为该丛书拍摄照片。

罗恩·弗里塞(1983)《埃里克·霍斯金》

埃里克·霍斯金负责招募这帮摄影师，并将珍贵的柯达彩色胶片分配给他们。他是作者和摄影师之间的联系人。同时，他偶尔还会站出来为摄影师处理报酬和版权方面等方面的事务。当然，他也会独自为该系列拍摄照片。

关于摄影师

第一组"新博物学家"丛书的彩色照片拍摄于1943年。我们可以非常兴奋地确定第一次使用美国制造的柯达彩色胶片为"新博物学家"丛书拍照的具体日期。埃里克·霍斯金在1943年4月8日的日记中写道：

"柯达克罗姆胶卷：使用四分之一板柯达克罗姆胶卷拍摄不同标本的8张照片来测试着色效果。这可能是在这个国家第一次使用这种规格的英文涂布柯达克罗姆彩色胶卷。多年之后，彩色摄影会成为最寻常不过的事情，想起我是在这个国家有幸试用第一批柯达克罗姆彩色胶卷的人，那将多么有意思啊！"

当时大西洋战火依然肆虐，珍贵的曝光胶片当然极有可能会被一个缓慢穿越回美国的U型潜水艇击沉入海底，大卫·霍斯金告诉我，这种情况确有发生。但很快，便不需要在大西洋之旅中穿梭远送胶片了。哈罗有一家柯达处理实验室，尽管它的暗房技术人员在战争的多数时间都在从事更重要的工作，实验室也曾被炸弹炸毁，它最终还是为爱德普林特出版社成功地冲洗了彩色胶卷。即便如此，那时能否成功地冲洗彩色胶卷还是要看运气。胶片需要分别浸入17种化学品中,而其中的每一种化学品都必须在适当的温度下才能得以保存。

寻找有技术过关、器材完备以及业余时间充沛能为该丛书拍照的摄影师并非易事。柯林斯出版社在摄影类书籍中插入广告以寻求自然主题的彩色照片。尽管收到了为数不多的稿件,并予以采用,但是反响显然并不热烈。当时的大多数博物学摄影师都是业余爱好者,几乎无人有过彩色摄影方面的经验,而埃里克·霍斯金恰好是一个例外。用比利·柯林斯的话来说,幸运的是“英格兰是一个业余爱好者遍地的国家……若没有这样一帮热心的业余爱好者和渴望全身心投入这一项目当中的英国皇家摄影学会的成员们,我们可能无法完成“新博物学家”丛书这样的项目”。同样,他们也面临着巨大的困难:汽油配给(由于自驾车旅行是霍斯金生活中必不可少的一部分,分配给他的汽油比大多数人都要多);劝阻“非必要的旅行”;限制进入许多野生动植物的聚居地,特别是南部海岸。正如比利·柯林斯所说,“一个摄影镜头就好比挡在英国地方军这群公牛面前的红布,随时可能激怒他们。”摄影师必须获得特别通行证或冒着被俘和审讯的危险进行拍摄,这几乎是所有勇敢无畏的“新博物学家”摄影师都必须面对的麻烦。

通过广告和私人联络,最终聚集了一个20人左右的摄影师团队为“新博物学家”丛书完成拍摄任务。这当中就有约翰·马卡姆,他当时是一名防空队员,并且在业余时间进行拍摄。战后他更是放弃家族事业成为一名职业摄影师。他为“新博物学家”丛书走过了英国的大部分地区,为《山脉和湿地》《苏格兰高地、岛屿及雪墩山博物馆》提供了大部分彩色照片,同时还为《英国的哺乳动物》提供了一些前所未有的野生动物照片。对于摄影构图他有着一双画家般敏锐的眼睛。为了拍摄这些最具危险性的镜头,他必定不惧风雨地翻越了重重山峦。他的山地景观,特别是在《山脉和湿地》中所呈现的图景,是对岩石、植被和气候的极好研究素材,同时也恰到好处地佐证了皮尔索尔在此处的文字描述。另外一位重要人物便是道格拉斯·威尔逊,他是一名动物学家,就职于海洋生物组织的普利茅斯实验室。战前威尔逊是著名的海洋和微观主题方面的摄影大师。他的《岸边和浅海区的生物》(1937)配有丰富的插图,从博物学的角度对海洋生物进行了极完美的展示。但是他并不止步于这类单色的拍摄工作,还为C. M. 杨格的《海滨》拍摄了色彩明亮的照片。沃尔特·皮特也功勋卓著,他是一名律师,比利·柯林斯曾说“拍摄鱼缸中的活鱼也总能让他感到无比愉悦”。遗憾的是,尽管他所拍摄的鱼的照片极为震撼,却由于与插图相配的文字部分未能完成而未被录用。好在皮特的一些作品最终由马尔科姆·史密斯的《英国的两栖动物和爬行动物》采用(1951)而得以呈现在世人面前。原创作者身份未公诸于世的绝对不仅仅只有这些鱼的照片。“新博物学家”丛书中克里斯托弗·佩奇最新力作《蕨类植物》所描述的故事令人无法忘怀,神秘的“老德文郡人”在“大约 1947 年间”行走于这个西方国家的小巷和海岸,为一本从未问世的书籍拍摄蕨类植物的照片。

1945 年,约翰·马卡姆(左)和斯图尔特·史密斯在希克林湖区为“新博物学家”摄影(图:埃里克·霍斯金)

对于埃里克·霍斯金、约翰·马卡姆,罗伯特·阿特金森和布莱恩·珀金斯这样的自然摄影师而言,加入“新博物学家”的摄影任务绝对是一个极好的机会。他们为第一批十几本书所做的工作显然是在 1944—1947 年进行的,涉及到大不列颠群岛的每一个部分以及几乎每一个可以想象的主题。1994 年 8 月 12 日,《泰晤士文学副刊》文学副刊上发表的对该系列的一篇饶有趣味的贺词当中,W. D. 汉密尔顿博士勾勒了一幅令人愉悦的幻想图景,四位勇敢的摄影师乘坐一辆破旧的木制旅行车去拍摄威尔士山谷的各处景物。简单几句话便分配好了他们的任务,负责拍摄山丘的马卡姆和阿特金森穿过大雾,冒着风雨出发去搜寻土壤的剖面图、黑臀羊和当地特有的白面子树。同时,在山谷下,珀金斯正在寻觅名贵花卉和昆虫,而霍斯金则开始隐藏在墓地为米里亚姆·罗斯柴尔德的《跳蚤、蛭和布谷鸟》拍摄斑纹京燕鸟和停留在鸟背上的虱蝇。这趟奇幻的旅程或许并非那么的不切实际,因为摄影师们很可能一直与一辆满载各位作者的宾利汽车同行,车上可能真坐着弗雷德里克·诺斯,维克多·萨默海斯和 W. H. 皮尔萨尔。为了支撑我的推断,我在这里重现了彼时约翰·马卡姆和斯图尔特·史密斯的埃里克·霍斯金在芦苇丛中拍摄的照片,很可能是为拖延了很久的有关诺福克湖区的书所拍摄的照片。

有些主题即使是最敬业的摄影师也无法完成。其中之一就是阿利斯特·哈代的《大海》(起初打算将该书作为单行本刊行)。普利茅斯的道格拉斯·威尔逊几乎是唯一一位专门拍摄海洋主题的摄影师,但他的鱼缸被城市的战火炸成了碎片,要想重新恢复原样则需要好一段时间。无论如何,当时发明的任何照相机在技术上都无法拍摄到哈代想要的浮游生物和深海生命形式。威尔逊认为,至少在该领域使用老式钢笔和毛笔手工绘图仍然有着摄影无法取代的优势;而且,哈代作为一名出色的水彩画师,其能量更是无法估量的,这也是为何《大海》因其"彩绘"插图而与众不同了。除此之外威尔逊还提供了一系列的黑白照片。比利·柯林斯尽力主张使用彩色照片,但对于这本书,他也别无选择。

早在 1945 年就计划出版的 W. S. 布里斯托维关于蜘蛛的书中,也随之出现了一些相关的问题。要想让反应速度慢的柯达彩色胶卷有充足时间来记录下相对清晰的蜘蛛图像,就得让蜘蛛减速,而让其减速的唯一方法便是用麻醉剂将其麻醉。但是一闻到乙醚的味道,蜘蛛便蜷起它的八条腿儿放在身下,然后一直保持这种不像蜘蛛的动作,直到麻醉药的效果逐渐消失,此后它便会再次飞速爬过地毯。即便是山姆·比尤弗伊这种高手使出全部的耐心也拿这个棘手的问题没辙。

跟《大海》一样,《蜘蛛的世界》主要以绘画作插图(这些画卷无比壮丽,大约有232幅画卷排成一列,由著名的画家亚瑟·史密斯上色)。

即便在自然科学这一块儿使用彩色照片实在有限,但截至1946年4月,“新博物学家”丛书也已经收集了2500幅专门为该系列特别拍摄的彩色照片。比利·柯林斯和编辑们经常聚集在位于纽曼街的爱德普林特办公室特地使用一种在当时仍非常昂贵的幻灯片放映机来欣赏讨论这些照片。比利·柯林斯在《书商》上刊载的文章中描述了观赏照片的过程:“先打开放映灯,然后将最新的彩色照片一张接一张地投射到屏幕上,这样,编辑和制作人便可以从科学细节和技术再现两个角度来权衡每张照片的优缺点”。有时显示关于同一主题的幻灯片就有12张之多,大家要从中选出最好的一张。偶尔也有所有照片都不过关的情况发生。若是这样,可能会“直接将该书的出版推迟一整年,因为大多数的主题都具有季节性”。

关于作品作者

“新博物学家”丛书的精华部分在于文章和彩色插图必须搭配完美。因此,作者和摄影师们(由于大多数书籍都有指定的“主摄影师”)的默契合作变得尤为重要。在大多数情况下,他们常常会在合作中建立起持久的友情。第五章中,我们会加入一个典型的例子,这是关于丛书中开篇第一本《蝴蝶》的作者埃德蒙·布里斯科·福特和摄影师山姆·比尤弗伊之间的友情故事。这次合作的成功使人们相信,比尤弗伊正是他们希望找来为其他书籍拍摄活昆虫的那个人,就有奥古斯都·丹尼尔·伊姆斯的《昆虫博物学》和辛西娅·朗菲尔德的《蜻蜓》。《昆虫博物学》的拍摄任务在某些方面比《蝴蝶》的难度更大。蜻蜓在大多数情况下都缺乏吸引人的美感,它们容易快速飞离或者扭动着身子快速逃离摄影师的镜头。对于伊姆斯博士清单上的有些生物,任何摄影师都不会乐意让它们进入摄影棚。山姆·比尤弗伊曾回忆,当伊姆斯请求他为一只臭虫拍照时,他着实吓了一跳。“碰巧,当地的卫生部门正在拆除一些贫民窟，他们不断地电话告诉我‘一些真正漂亮的小家伙儿’在等着我去搜集。这是唯一一种我不愿意与其同居一室的昆虫。拍摄前后我都细心地清点了它们的数量，还好这些样本最终被如数丢进厨房的炉火中处理掉了。邮递员频频从伊姆斯博士那里送来各种各样昆虫的包裹，里面的小纸条往往只有一句话：‘请拍摄包裹内的东西！’”

臭虫至少是慢速爬行类。山姆·比尤弗伊第一次应邀拍摄的任务是为一只蠹虫拍照，它闪闪发光的鱼雷形身体在英国随处可见，常常匆忙快速地爬过灶台或储藏室货架。

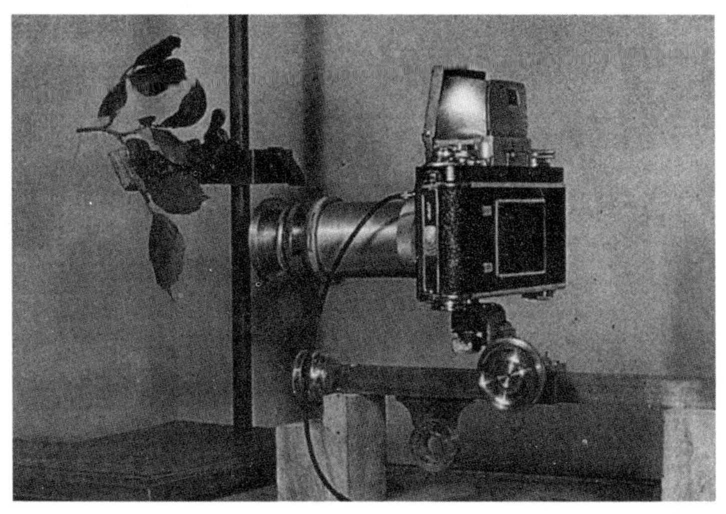

山姆·比尤弗伊的近距离工作装置，摄于1944年（图：山姆·比尤弗伊）

“比尤弗伊先生按相机快门的速度极快，”比利·柯林斯回忆道，“但是，任凭他怎样努力尝试，这些蠹虫的翅膀还是会快速地扑向他。之后有人向他提出建议，他可以将蠹虫麻醉，把握好剂量使它能放慢速度以供拍摄。而作为一名正统的摄影家，比尤弗伊先生坚决拒绝用这类方法控制他的拍摄物。在众人不断地说服努力之下，他最终还是妥协了，但条件是，无论他在何处麻醉拍摄物，任何登载的照片之下都得有一项麻醉效果说明。乙醚的剂量（或将拍摄物置于冰箱之中强制其休眠的时间和温度)需小心计算。在赞扬比尤弗伊的高超技艺时,伊姆斯特别地指出,“他很照顾拍摄物,避免麻醉剂过量而令它们丧命,也正是如此,拍摄物才能呈现它们最自然的色彩和外形。”

《蜻蜓》的彩色照片都是19世纪60年代早期拍摄的,早于该书出版多年。《昆虫博物学》中有大量的蜻蜓照片。辛西娅· 朗菲尔德后来回忆说:“我和萨姆·比尤弗伊花了两年时间来完善技术,每个色板都是比利·柯林斯和我一起审核的。”一些样本被埃里克·加德纳饲养在水池里。其他则是由作者和摄影师们远征至新弗里斯特和各地共同收集得来的。一旦辛西娅猎鹰般的眼睛发现了一只有趣的蜻蜓,她便会大声喊来比尤弗伊:“山姆! 山姆! 看萱草上——快拍,快拍!”还有一次,她从诺福克湖区打来电话请他立刻过来,因为她发现了一只被认为濒临灭绝的豆娘。

假若使用当时的慢速彩色胶卷拍摄活昆虫在技术上都有些达不到,那么用它来拍摄鸟类和哺乳动物更是几乎不可能了。在许多情况下,拍摄鸟类就意味着拍摄它们的巢,这就使拍摄时间局限于仅有的几个月。而且由于当时的胶片感光范围有限,曝光时稍有偏差便会前功尽弃。尤其是在平常英国春日的变幻无常、光线多变的天空下,黑白摄影通常会产生更好的效果。到1946年,埃里克·霍斯金在一定程度上已经可以成功地克服这个问题,他通过操纵在相机镜头上的远程读取光电电池,隐藏在黑暗中来获得准确的读数。但即便如此,也未能获得足够的英国鸟类的彩色照片来为当时计划出版的6本鸟类主题书籍作插图。第一本关于鸟类的书——布莱恩·维西·菲茨杰拉德的《不列颠狩猎》(1946)主要是由爱德普林特出版社从早期的出版物收集来的照片作插图,使这本书从图书馆的各类藏书中脱颖而出。就彩色插图而言,这本书从某种意义上说与《图说英国》丛书极为接近。但爱德华·马克斯·尼克尔森的《鸟与人类》(1951)中使用彩色照片作插画时,它们的复制品却远不能令人满意。柯林斯坚持使用野生环境中有生命的拍摄物的彩色照片,这是鸟类主题被推后有时甚至被取消的原因之一。这也是为什么像《伦敦博物学》和《高地和岛屿》这类我们如今希望满是五颜六色的鸟类和动物照片插图的书籍却主要以景观作插图的原因。

虽然,这也并不一定就是坏事。《伦敦博物学》为我们展现了独一无二的战时伦敦景象,记录着一个应有尽有的城市景观如何消失殆尽的过程。理查德·菲特在他 1984 年平装版序言里挑选了带着圆顶礼帽喂鹈鹕的伦敦绅士和格林公园里割晒牧草的田园景象的照片,阐释了时光的变迁。理查德·菲特同埃里克·霍斯金时常在伦敦四处转悠,从博物学的角度来了解这座城市。1943 年 8 月 29 日,霍斯金在日记中提及同理查德、梅齐·菲特以及陶乐茜一道去位于哈罗区肯·伍德的威尔士竖琴水库(即布伦特水库)、切森特、布罗克斯伯恩和沃尔瑟姆斯托等地为"新博物学家"伦敦册拍摄彩色照片,还发现那时许多雨燕已开始往南迁徙。可能就是在次年,理查德·菲特在里格林大街上亲眼看到霍斯金示意一辆伦敦电车停下来,只为在假山下对其进行拍摄。这也说明即使是在明亮的春日,柯达彩色胶卷也无法记录下一辆飞速行驶的电车影像。

约翰·马卡姆,罗伯特·阿特金森等人拍摄野花的照片时总有一位作者陪同左右。罗伯特·阿特金森时常回忆起与乔布·爱德华·劳斯利和维克多·萨缪尔·萨默瑞尔为《白垩及石灰岩上的野花》(1950)和《英国的野生兰花》(1951)所做的实地游览。但他将其寻觅和拍摄兰花所取得的成功很大程度上归功于弗朗西斯·罗斯。弗朗西斯·罗斯对植物分布地点可谓是"过目不忘",并能够从全国各地给阿特金森发来兰花聚生地的手绘地图。《英国的野生兰花》也许是该系列中插图最完善的植物书籍,其不仅拥有罗伯特·阿特金森的收藏精品,几乎所有这些精品都是特地为该书拍摄的,还有战前植物摄影方面的老前辈摄影师 E. J. 贝德福德在黑白工作室拍摄的照片。与许多由 35 毫米胶片拍摄的现代照片相比,这些老柯达彩色板的景深和清晰度仍然令人钦佩,也比今天通常拍摄到更多的周围人居细节。尽管随着 30 年的变迁,这些洼地如今灌木丛生。一次到访牛津郡的伊普斯单时,我仍然轻易就认出了罗伯特·阿特金森的男人兰照片拍摄地。

在许多情况下,作者们自己便是敏锐的摄影师,他们为自己的书拍摄照片。例如达德利·斯坦普在他的《英国的地质和地貌》就自己拍摄了许多彩色和黑白景观,效仿 F. J. 诺斯在他的《斯诺登尼亚》中以及弗兰克·弗雷泽·达令在他的

《高地和岛屿博物学》中的做法。有一次，我在英国雷丁大学的卢斯里标本馆研究筋骨草标本时无意间发现了乔布·爱德华·劳斯利所拍摄的塔形筋骨草照片，《白垩及石灰岩上的野花》书中再现了该照片。植物标本台纸上并放置了这株植物以及与之非常相似的另一株植物。有时，作者也能为自己的书找到合适的摄影师。《蘑菇与毒菌》就是其中之一。其作者约翰·拉姆斯波顿拜托保罗·拉兹洛在从皇家海军志愿后备队上岸休假时拍摄了一组精美的真菌彩色照片，同时他的另一个老朋友，国会议员萨默维尔·黑斯廷斯完成了一些黑白照片的拍摄。拉兹洛拍的彩色照片非常好，拉姆斯博顿将其全部备份，以便他在自然历史博物馆的公众演讲中使用。

《威尔德地区》(1953)的与众不同之处在于几乎这本书中所有的插图都出自一人之手，那便是弗雷德里克·戈德林。本书作者坚持让他成为合著者。戈德林过去在威尔德地区经营一家大型宾馆，战后西德尼·伍尔德里奇经常领着他的实地课程班光顾。后来他成为一位经验丰富的业余摄影师，有了自己的暗房，他的照片曾在指导手册和摄影展中出现。《威尔德地区》书中所有的照片几乎都是合著者们一起远足时所拍摄的。一般是戈德林捣鼓着他的干板照相机和三脚架，伍德里奇则一边比划着她想要的插图样式。这样的配合使该书图片和文章的搭配比一般书籍都要出色，同时这些精彩的照片风格一致，因为它们都出自一人之手。

类似的情况还有《乡村郊区》(1951)，当中的图片为我们提供了柴郡的大巴德沃兹(英格兰小镇)的建筑和景观之旅，这些照片都是 C. W. 布拉德利在与该书作者阿诺德·博伊德密切合作下所拍摄。布拉德利的一些照片后来又被使用在《人类与土地》和《树木、森林和人类》当中，同时还被用于“新博物学家”丛书日历当中。令该书作者极为尴尬的是，他曾获准拥有这些照片的私人使用权，这意味着这些照片不会在其他地方再现，此事涉及版权问题。詹姆斯·费舍尔不得不接手这一麻烦的任务，来应付他阿诺德叔叔的投诉，向他解释“摄影师们持有版权并将其用于出版是常规做法。”对于这些解释，博伊德反驳道，他们柴郡人向来脚踏实地，“从不知道你那些所谓的‘常规做法’”。

分工拍摄

爱德普林特出版公司和摄影师于 1944 年 3 月 17 日订立的正式协议副本中在詹姆斯·费舍尔的文档中找到副本。根据其条款,爱德普林特出版公司需为摄影师提供足够的彩色胶片以及摄影师合理需求的“所有摄影器材、闪光灯泡、感光板以及其他感光材料,摄影师将按照自己的要求处理此协议下拍摄的所有照片”。版权归属照片制作商,他们按照每张录用彩色照片五畿尼的标准付给摄影师报酬。这五畿尼中,一半是验收费,一半是出版费。如果这些照片在其他书中使用,还需另外支付给摄影师一畿尼的费用。爱德普林特出版公司承诺只要这些照片符合标准,“对于不低于 85%的拍摄对象,他将至少采用他们的一张彩色照片”。拍摄者有权将 10%的胶卷作为私用。该标准协议规定在“104 周”(即两年)内完成这些彩色照片的拍摄工作,但在个别情况下,大概也会有所变化。如果摄影师提供的彩色照片超过 12 张,他的名字不仅会出现在扉页,还会出现在每本书的封面上。他还会获赠一份该书的赠阅本,并可以优惠购买该书。

该备忘录建立了一个“新博物学家”丛书特有的运作程序。参考作者与出版商之间的密切合作模式,它将摄影师与照片制作人也紧密联系起来。这转移了摄影师处理曝光胶片的责任,尽管图片上会出现摄影师的名字,但却不用参与图片的后续改进。该协议承诺将摄影师的名字印在封面上,这一惊人的举措表明了爱德普林特和柯林斯对彩色照片摄影工作给予的高度重视。可惜,设计封面时这一条款却被遗忘了,所有摄影师仅有弗雷德·戈尔德琳的名字出现在了《威尔德地区》的封面上。不过,扉页上都加上了摄影师的名字。

彩色图片的选择和责任与作者休戚相关。一旦作者接手撰写一本书,他就会收到一本爱德普林特出版公司备忘录,要求作者编制一份详细的列表,列出自己想要彩色照片的拍摄对象。备忘录中解释道,“前期的初步经验让我们确定了可能用到的彩色照片最精确的规格,以避免材料的浪费。”该文件建议作者将他们的彩色插图数量削减一半(早期的书籍一般有 24～48 张彩色插图),由于有些主题会占用一整张图片,其他的可能就只有一半或四分之一张图的大小。要拍照的对象被分为四类主题。由于是记录文件,我在这里重现了爱德普林特出版公司给予作者指示的确切措辞。

栖息地 栖息地类型的精确描述,特别提到了基本特征,如需要的时间或者年限;需要拍摄特写,中景还是远景。可提供一个或多个准确的栖息地以拍摄更满意的照片。

风景 关于栖息地的景观,对即将出版的地理或地形方面的照片需要有详细记录。可能的话,附上草图或黑白照片以作指导。

动物 很多小动物(如大多数昆虫)可以在受控条件下对其进行拍摄。详细说明活标本或者死标本是:a. 令人满意的;b. 必要的;是要拍摄特写镜头还是停留在自然栖息地局部的拍摄对象(如停在特定花朵上的蝴蝶)或者其他生存在自然栖息地的拍摄对象。此外,需说明拍摄特写镜头还是中景。如需放大,说明放大量,且应是自然大小的简单倍数。如果需要所备标本的显微照片(如蝴蝶的鳞屑,昆虫的口部)请注明是否可提供幻灯片。

植物 单瓣花、水沫或整株小植物的特写镜头可以在受控条件下进行拍摄。注明是否需要,a. 一朵或多朵鲜花或水果的特写镜头;b. 单株植物或一簇植物的特写镜头,是在受控条件下或在自然栖息地拍摄; c. 用以展现一片自然栖息地的一群植物的中景。如需放大,请注明放大倍数(花、草、苔藓等),若是动物则请注明数量。

早期"新博物学家"丛书编写委员会本计划按这一要求收集彩色照片。而且实际操作起来的难度更大,因为在写书之前就已完成了图片的预订,而作者可能还来不及想清楚究竟自己到底需要哪些照片。

出版系统并不总是像一个运转良好的机器般正常运作,柯林斯出版公司和爱德普林特出版公司之间的安排满是冲突,此后便引起了摩擦。埃里克 · 霍斯金认为他的主要摄影师工作报酬过低,尤其是"像约翰 · 马卡姆这样的摄影师,他们长途跋涉前往诺福克为"新博物学家"丛书系列拍摄照片,却'不得不'在工作完成后，赶在当天返回住地”。这是因为根据协议，柯林斯出版公司报销其旅行费用，但不包括住宿和其他开销，致使许多工作必须在到达当天尽快完成，这样本就有限的业余时间便过多浪费在旅途中。尽管理论上摄影师可以通过售卖再版照片来增加收入，但实际上这一市场并不存在，因为仅有柯林斯出版公司在博物学书籍的印刷中使用彩色胶片。

摄影师的高昂账单最终导致柯林斯出版社和爱德普林特出版公司终止了伙伴关系。爱德普林特出版公司认为应该由出版商来支付每张接收的彩色照片的费用，而柯林斯出版公司则只同意为那些实际录用的照片付钱。据埃里克·霍斯金所言，接下来便是“大量和长期的”的通信，并导致了 1952 年 1 月出版商和制作商之间关系的瓦解。尽管这个小插曲令人不太愉悦，但是，如果可以从其他机构以高价购得高品质的彩色照片，这一结果也许就可避免了。战时出版的特殊条件和“新博物学家”丛书彩色照片方面工作的开拓性巩固了柯林斯和爱德普林特两家出版公司的合作。最重要的是，在该丛书决定性的形成期，他们保持了良好的合作关系。

仅在 1944—1945 年，就已经有条件积聚如此多高质量的彩色照片就是一大收获。正如比利·柯林斯所说，它可能在很长一段时间内都会是“世界上最大且最全面的自然彩色照片图书馆。”

如果一开始你没有成功

几乎每一部“新博物学家”都至少有几张非凡的照片，即使是不得不依靠旧照片来增添色彩的《不列颠狩猎》也拥有一张前所未有的英国野松鸡照片。(1943 年图版弗吉尼亚州阿伯内西森林所摄，G. B. 科尔尼的作品)另一张著名的图片是《獾》(1948)的卷首插图，这是第一张拍摄野生獾的彩色照片。欧内斯特·尼尔跟我讲了这张照片背后的故事。创作《獾》时，尼尔是首席业余摄影师之一，他曾写过一本书，名为《用相机探索自然》(1946)。他曾多次成功使用黑白胶卷拍下了獾的形象，并在他执教生物的陶顿中学实验室里自己冲洗出了这些照片。然而，“新博物学家”丛书中需要的是彩色照片。为此，埃里克·霍斯金给了他几块柯达彩色胶卷的切片，尼尔将这些胶卷切片插进他的相机板架里，甚至抢着在格尼格雷森林中獾的洞穴里对这些底片进行了曝光。然而，想要准确完全地曝光就必须反复尝试并修正错误：“这些胶卷需送到美国进行处理，当它们被送返时却因曝光不足而作废。我向埃里克征取意见，他建议我靠得再近一点，使用两个闪光灯取代之前的一个闪光灯。”1947 年 4 月，我们做了第二次尝试，欧内斯特·尼尔打开返回的包裹，展现在我们面前的是准确曝光并且完美无缺的胶片，我们这才松了一口气。当时，彩色卷首插画已耽搁进程太久，创作最终得以继续。

该系列的早期代表作当中有埃里克·霍斯金和约翰·马卡姆创作的鸟的画作。在这个阶段，他们最好的作品仍是黑白的。青足鹬是最令两位摄影师着迷的鸟类之一，它是最漂亮的繁殖涉禽，也是最难于在鸟巢里被拍摄到的一个鸟类品种。20 世纪 40 年代，霍斯金多次前往斯佩塞为德斯蒙德·内瑟索尔·汤姆森的书拍摄插图，这一系列插图后来广受赞誉。有时天气条件未能如他所愿，例如光线太弱使他无法拍摄到理想的彩色照片。在一幅著名的彩色照片里，汤普森身着他的陆军上尉制服，手指轻触着他最喜欢的青足鹬“星条旗”。这张照片就是在经过了漫长的等待后，一日天气稍稍好转的时机拍摄的。盖伊·芒福德的《蜡嘴雀》(1957)中的插图是霍斯金照片的又一个经典系列，他描绘了蜡嘴雀这种最害羞的鸟类最得意的时刻。它为了维护自己在花园里晒太阳的一角领地，同一只槲鸫进行了两次搏斗并获得了胜利，一副世界冠军的样子。

科林·巴特勒为《蜜蜂的世界》(1954)和《大黄蜂》(1959)所拍摄的研究蜜蜂的系列照片是所有“新博物学家”丛书所有照片当中最考验摄影技术的了。在对这些移动速度极快的生物进行近景拍摄时，巴特勒需特别调整摄影设备。在信中，他告诉了我是如何完成这组照片拍摄的。为了获得理想的效果，他需要借助一个强光源和一个极小光圈，由此来获得足够宽的景深。由于他的微型拍摄对象和相机焦平面间的距离需要经过精确的测量，他在一个可调节的倾斜支架上的照相机(一台苏荷丹堤反射相机)顶部安置了一台测量望远镜。在使用之前就会预先调好望远镜和照相机的焦距，同时由一个巨大的自制闪光枪来打光，闪光枪上装有飞机上的反光镜。

科林·卡斯金·巴特勒，《蜜蜂的世界》作者，摄于1976年（英国洛桑试验站）

落地灯，竟然是由一个约重13千克的电池供电。在这个笨重却有效的器材的帮助下，巴特勒能够使用仅F64大小的光圈创作出不可思议的景深，这种景深效果比大多数用来拍摄《蜜蜂的世界》插画的40个单色板效果还要好。为了拍摄这些极具开创性的照片，巴特勒使用了一个遮盖镜头的终端快门来扳动闪光枪并按下相机快门。今天，人们可以用35毫米相机和一只仅重几盎司的闪光枪来获得同样的效果。而在40年前，做到这些根本不可能。

尽管“新博物学家”系列插图强调色彩，但黑白照片的使用比例依然很大。R. M. 亚当使用一台大型干板相机拍摄的植物黑白全景照片便堪称植物类插图的典范。《野花》当中也有一些极佳的黑白照片插图，比如他在卡宾金色沙滩所拍摄的关于沙丘的作品就极为震撼。他为《山花》所拍摄的山顶的全景照片将真双子叶植物的“秘密”聚生地一览无余地呈现，只要人们稍加细心，再有那么一点点常识，便可在地图上找出其准确位置。

迈克尔·普罗克特和一名剑桥植物学毕业的学生先后为《野花》和《山花》做了一系列一流的植物单色照片研究。在这两本书中，黑白照片比其中的彩色照片还要好，但以今天的标准来看，这些黑白照片当中的大多数都明显暗无光泽。到了20世纪50年代中期，大多数植物摄影师都转用35毫米的彩色幻灯片，好的黑白图片则供不应求。当时迈克尔·普罗克特拥有一台旧的德国产干板照相机，装以前英国皇家空军用剩下的单帧胶卷，他在暗房中已将这些胶卷切成2.5英寸×3.5英寸（约6.35厘米×8.89厘米）的胶卷段。普罗克特用这些大尺寸底片拍摄的照片以其特有的锐度和深度，成为了一批技术质量广受赞誉的精品。但是他最著名的照片是在十几年后为《花的授粉》(1973)所拍摄的一系列插图。这组200张照片全都质量极佳，花费了迈克尔·普罗克特两年多的业余时间，他说："事实上，他们是我的研究项目。"他在35毫米单镜头反射式照相机的镜头上安置了一部环形闪光枪，用这种方式完成了大部分照片的拍摄，将花朵中忙碌的小昆虫的形象清晰鲜明地呈现出来，视觉效果极佳。其实，要拍摄授粉的瞬间极为困难，且成功率不高。普罗克特回忆道："大概三分之二的照片中使用的都是昆虫标本，相对清晰，曝光也完好，但是每份胶卷上真正有价值的照片却屈指可数。因此，我用过的胶卷不计其数。那时，如果你成批购买并且自己重新安装暗盒，在黑白胶卷上的花销就会小很多。"这一次，照片的质量总算没有辜负如此上乘的底片。由大日本冲印公司在日本完成冲印，再将纸制照片送回至出版商进行装订。当时，英国冲印技术仍滞后日本很多年。

在彩色照片拍摄冲印的初始阶段，能拍出《花的授粉》中那样精美的插图照片着实不易，以至于之后30年都鲜有望其项背者。我认为在照片拍摄质量上能与其比肩的唯有"新博物学家"丛书近期出版的克里斯托夫·佩奇的《蕨类植物》中的插图(1988)。近年来，随着当代图书业的发展，插图书的质量不再受限于相机。现在已经广泛使用的35毫米胶片呈现的高分辨率几乎是老式干板照相机不可企及的。自从1985年决定将单色照片与文字描述搭配整合起来之后，"新博物学家"丛书的照片分辨率在很大程度上依赖于书籍纸张和印刷的质量。用作印刷《英国猛禽》的弹药纸不适合使用网目铜板照相印刷，因为弹药纸纸质太过粗糙，质量再好的印刷术也不能在这种纸张上呈现出令人满意的效果。《蕨类植物》是新式印刷书籍的先驱，有很大一部分原因是该书的插图都是由其作者一力担当的。这不仅保证了照片水平的均衡和风格的一致，同时，它还大大减轻了印刷的负担。同样重要的是，书中180张单色照片都是由作者本人亲自由黑白底片冲印出来的，照片出来后黑白对比鲜明，远比外面大多数商业印刷商敷衍了事做出来的照片成像效果要好得多。克里斯托夫·佩奇还非常聪明地统一了相片的尺寸，统统用8英寸×10英寸(约20.32厘米×25.4厘米)的光面照片纸冲印出来。既然大多数工作已经由一位体贴周到的作者兼摄影师代替完成了,如果不考虑道林平版印刷术以及粗糙纸张的限制的话,印刷商的活也算做得漂亮。作为一册对现存蕨类植物、马尾草、石松等综合描绘图本,该书在其领域中档次极高。与维多利亚时期任何精美的蕨类图书相比,该书都毫不逊色,这让编者们感到无比的自豪。

在半个世纪的技术进步当中,博物学摄影至少在使用的器材上有了极大的进步。在拍摄《蕨类植物》的照片时,克里斯托夫·佩奇只使用了一台比宾得的单反相机、一个三脚架和一些备用的镜头而已,总重不超过 4.5 千克(除非他使用一种非常好但极重的钢制三脚架)——这比早期摄影师们的闪光枪还轻!

现在我们通常可以确定曝光完好,日本出产的电子产品中新兴的电子计算机使得相机能够帮助摄影师思考。另一个要考虑的问题便是拍摄效果是否会比 50 年前的照片更好,在这个问题上,人们也许是见仁见智,我会把它留给读者。"新博物学家"系列所需的照片极为有限,因此我舍弃了很多珍爱的照片其中包括我的两个最爱:一个是西里尔·纽贝里关于云的研究照片,戈登·曼利认为拍摄云彩是彩色照片摄影师最棘手的任务之一;另一个是肯尼斯·斯科文所创作壮美的英国风景照片。也许"新博物学家"丛书的摄影师们的劳动可以透过平淡无奇的印刷技术散发光芒,应该让它为自己说话。他们的工作跨越了狭窄的时间之窗,在这段时间中,基尔顿兄弟为拍摄一张照片而终日等候,他们背上笨重的木箱摇身一变成了简洁的自动设备,连小学生都能轻易用来拍下轻盈飞过的蝴蝶。

彩色与批判

第一代"新博物学家"丛书的彩色照片几乎是使用胶卷感光乳剂、笨重的技术设备,并在旅行中各种不方便因素的限制下所能达到的最佳效果了。有时冲印出来的照片不尽如人意,但这并非摄影师们的错。有些评论家竟然声称,彩照冲印效果太令他们失望了,远远不能成为这些书的亮点。在 1943 年,书籍制作过程中所出现的这类问题可能还前所未见,但在 10 年之后便俨然不再新奇了。无论是在他们的广告中,还是每本书扉页背面的声明中,出版商都会小心翼翼地提醒读者,“这些植物和动物……均使用最新的彩色摄影及冲印技艺来充分勾勒它们本身色彩的美。”后来,在某些少有或没有彩色照片的书籍中,这句话被省略了。不过这句话似乎早就没有存在的必要了。

所有早期“新博物学家”丛书主题的彩色打印都是在格拉斯哥的大柯林斯印刷厂内完成的。该工厂拥有自己的实验室来测试新油墨以及不同类型的布和纸。在20世纪40年代仍然使用凸版印刷来完成印刷,而非今天的胶印机。制作模块,要先将胶卷底片从它的底座(通常由玻璃制成)上卸下,然后密封在一块铜印刷板上,再通过冲洗、硬化和蚀刻将图像刻在这块铜制印刷板上。早期的模块制作是由沃特福德的太阳制版有限公司完成的,然后交给柯林斯用以打印。印刷时,该模块会被安装在平板旋转机上。当时所用的油墨是不透明的,并且仅有三种原色:红色、蓝色和黄色,并按顺序印刷。其他颜色和色调通过重叠获得,但这个过程太粗糙了,不能捕捉到大自然当中难以捉摸的色彩。绿色最为麻烦,只有准确地调和蓝色和黄色才能获得这一颜色。印刷商通常会将多达16个不同的模块一起印刷,通过尝试,尽可能找出最佳色彩搭配。接着,在调整滚筒压力、墨水供应量之后,一定量的彩色样张会因为切割和折叠而被废弃。印刷切割之前,作者仍有机会对彩色样张进行检查。正因如此,E. B. 福特直接退还了彩色样张,并要求印刷商重新制作。

这些极为柔和的平面色彩会让人是想起战前的风景明信片,它们是使用这些三原色墨水(去掉黑色)和传统的印刷技术的产物。后来,通过使用预先混合的颜色做了一些改进,以实现更高的精确度,不过凸版印刷最终还是被更先进的平版印刷术所取代。最早使用平版印刷术制作的彩色照片被用在《山花》(1956)当中,你甚至可以辨认出特殊的“光环”影像,这是由于当时彩色图像配准技术有限。后来,出现了能使用钢板制作更为清晰准确图像的技术。然而,到了彩色印刷有了卓越进步时,原来慷慨的彩照配额居然缩减到每本书只有4～8幅插图,最终甚至能保留一幅插图就不错了!

彩色印刷的标准因主题而异,而且特写一直比风景更成功,这意味着当时的彩色胶卷可能在记录全景的微妙之时会出现问题。《野生兰花》《蘑菇与毒菌》和《浅海》的相对出彩可能在很大程度上要归功于其一流的底片。一些小型的昆虫(如希瑟甲虫和豆娘)的照片就不太成功,有模糊的印痕。但一位评论家委婉地道出了其中缘由,那是因为景观中的颜色并不一定是“人们所熟悉的”。西里尔·康纳里发现它们“虚幻得不可思议,如同包裹在玻璃纸中的景观一样冰冷”。《树木、森林和人类》的一位更为挑剔的批评家想知道“如此高昂的成本当中有多少包含在这27张差劲的彩色照片当中,这些照片色彩粗糙且扭曲到可笑,又极其模糊。他们没有加入任何真正有价值的东西,也没有页码提示能帮助倒霉的读者找到任何有价值的内容……该系列的出版商和总编辑们是时候该重新修订他们有关底片的政策了。埃里克·霍斯金本人对这本书中特殊的彩色印刷不甚满意,这些照片大部分是从《乡村教区》和《威尔德地区》借鉴而来。罗利·特里维廉编辑虽然认为该书主题上编排合理,避免了像一排排树一样单调无味的视觉效果,但确实对这本书中彩色照片的价值不敢苟同。

批评家在其他书籍中也发现了同样的错误。《英国的植物》中描画的博克斯山的景观让E.F.沃伯格想到的不是萨里而是地中海沿岸。H.N.撒森指出,《高地和岛屿博物学》中山景的细节消失在阴影中,总体上色调模糊。P.F.霍姆斯在审查《山脉和湿地》时抱怨道:“湖水太蓝,远山太紫,黄色和棕色太亮”。至于《英国的植物》,绿色颜料使用失误,在月桂树和越橘的叶子上投下了一种叶黄枯萎病的感觉,让它们看起来像是在黑暗的橱柜里面长大的。霍姆斯并不是唯一一个认为“在更好的色彩还原技术出现之前,很多人可能在这些书卷中更愿意见到更多的黑白照片。”《英国的哺乳动物》中的手工着色的底片中也有同样的问题,也同德里克·史蒂芬偷偷地暗示手工着色底片“还不如不着色的底片效果好”。

很难对这些评价提出质疑,而且类似的评价还有很多。人们只有通过审视《野花》这类书籍的色板才能明白色彩还原技术仍滞后黑白摄影技术很多。另一个鲜有人提及的问题是有些主题中的彩色照片过多。人们有时会有此印象,认为比利·柯林斯或他的编辑们决心填满他们32或48个彩色照片的配额,无论是否符合主题。不断上涨的彩印费用最终约束了这种奢侈行为。柯林斯本人可能会认为有时色彩运用过度了。无论如何,与早期书籍相比,《英国的两栖动物和爬行动物》

(1951)中出现的彩色照片少多了。柯林斯评论说,在插图上,这本书是最协调的书之一:因为该书中的插图并未过量,每张图片都更好地凸显出主题来。

随着彩色印刷的不断进步,“新博物学家”地印刷成本变得无比昂贵,这也是书籍印刷当中令人沮丧的一件事儿。早期书籍的大卖,使人们开始接受书中存在大量的彩色插图。而当销售额下降,出版社不得不考虑经济问题,“新博物学家”丛书则进入了它的单色“黄昏区”。翻看半个世纪以前的早期书籍,或许我们会比当代评论家们更懂得欣赏这些彩色照片。我们欣赏的是它们本身:他们照片中的早期彩色印刷的范例,我们仅期望在维多利亚时代的自然书籍中为这些照片找到同时期的印刷标准,以作参考。同时,由于我们今天已经变得对彩色照片有所偏见,我们可以在这些早期新博物学家书籍中发现一个时期的魅力,如旧日历或香烟卡,更重要的是还有那些他们描绘的如今已被丑化或统统消失殆尽了的美丽场景。从某种程度上说,正是因为他们的技术缺陷,我们才未被细节所蒙蔽,开始真正欣赏这一作品,并转而欣赏到这些最优秀的图片背后的主题。他们是现代彩色摄影的高速公路上早期雕刻精美的里程碑。

4 图片:“新博物学家”丛书的封面

1994年6月1日,《瓢虫》的第一批封面印刷完成,我当时就在那里观看。各位艺术家、印刷商、罗伯特·吉尔默还有我,这么一大群人都站在雷达威亚出版社的印刷房里等着一睹为快。我在那里表面上是为了观看这一过程如何完成,同样也是为了见证“新博物学家”丛书第100件插画封面的印刷场面。印刷机本身比我预期的要小,约一辆货车的大小。我们从侧面的金属牌得知,这是一台海德堡胶印机,20世纪70年代末期制造。这台机器使用一种平版胶印的技术,自20世纪50年代末,该技术在取代了古老的凸版印刷术后,便开始用于为“新博物学家”丛书制作封面和彩色图片。平版胶印特别适合在光滑的纸张上进行高质量印刷。由于我完全没有机械方面的知识,若我未能将图像转移到纸张上的过程描绘得面面俱到,还请读者体谅。这一过程是通过一系列的滚轴向反方向滚动来完成的。该方法被广泛应用在现代印刷中,如今已是再寻常不过。“新博物学家”丛书的封面有一些与众不同的地方,之后我会谈到。

我还是第一次见到这种场面。引擎驱动铝制滚轴时,打印机发出嗡嗡的声音,下面的盒形“传送单元”便会将封面聚集在一起。装有印墨的锡鼓靠墙一一排列。一罐黄色的印墨被打开来(它将给体积小巧的瓢虫上色);如同厚厚的油腻的奶油蛋羹,淡淡的辛辣味充斥了整个印刷房。一列要检查的要点提示牌被悬挂在控制装置上。有些是技术性的,“你确定它速度跟不上吗?”“你检查过星形轮了吗?”“墨水缸里的墨充足吗?”但是最突出的提醒用得最多:“别得意,重新检查!”1985年以来,从《英国猛禽》开始,这台机器完成了“新博物学家”丛书所有封面的印刷。由于罗伯特·吉尔默住的地方离此不过1.6千米,他可以在印刷当天到印刷房,督促检查印刷的颜色。这意味着可以省略校对阶段,当场就可以做出一切必要的调整。

这一切都极为方便,避免浪费时间。“嗡”的一声,一个封面样品滑入了盒子。罗伯特脸上一副标准的印刷商挑剔的表情,他仔细检查了这个样品。他立刻便发现黄色不够深,导致大一点儿的瓢虫趴着的那片荨麻叶不够从背景中突出。如今的印墨大部分都是提前调好色彩的,要获得正确的颜色也是分分钟的事儿。参照潘通色卡,艺术家当场就可以决定一种最佳的组合,墨水可以加重背景色,却不会让甲虫的颜色不正到不可接受的程度。我们尝试着逐步加深黄色,最终采用了一个相当深的色。这并非这种特殊瓢虫的真实颜色,封面并不需要精确到一毫不差。调整之后的变化极为惊人:荨麻叶似乎瞬间成为焦点,整个设计更有深度了,也变得更加醒目。“好了,这个封面就这样印吧,”罗伯特做出决定,十分钟之内机器便嗡嗡地完成了几百个封面的印刷。所需的1500个左右的封面准备好后,它们将被打包运送至萨默塞特的文本印刷商处进行切割,然后用来包裹精装书。后一操作仍由手工完成。

多年来,“新博物学家”丛书封面的印刷已经大有改变,需要对一整套环节进行完整、详细的检查。早期的封面颜色更加柔和,也更暗淡;之后的封面整体上更加明亮,人们可以认为1945年之后印刷技术进步的功劳。最初封面由合约机印刷,后来由格拉斯哥的柯林斯印刷厂印刷。早期已有的彩墨范围比今天小得多,要想达到理想的效果,用墨的顺序极为重要。以前的墨水更加浑浊,在晾干的过程中色调会有所变化。由于艺术家只限使用三四种颜色,因此他们改变设计,利用色彩的重叠来获取更大范围的颜色和色调。他们无比精通此法,人们通常很难辨别印墨实际的本来颜色。

本章将尽可能通过艺术家自己的眼睛直接观察封面的设计细节。我将带领读者们回顾这些封面的起源和过去50年间它们的各种表现形式,并着重讲讲艺术家们在工作中不可避免的商业和技术限制。同时我也简略补充了一些艺术家的个人背景故事,特别是关于克利福德·埃利斯和罗斯玛丽·埃利斯,希望读者了解他们完成封面的途径以及“新博物学家”丛书对他们有如此大的吸引力的原因。

克利福德·埃利斯和罗斯玛丽·埃利斯

对藏书家而言,可能没有比拥有一套完整的套着封面的“新博物学家”丛书更令人满足的事情了。“整体看来”,书商蒂姆·奥尔德姆博士在1989年写道,“精美的封面令整套藏书焕然一新,并且比任何明代花瓶都能起到更好的室内装饰效果。”这些封面被设计得极为引人注目,是成功的艺术作品;它们顶住了一切最关键的考验:时间的考验。毫无疑问,这些书之所以能被如此广泛地收藏,这些封面是非常重要的原因之一。专注于该丛书的书商们会告诉你,大多数收藏者们坚决选择有封面的书,最好是色泽明亮、刚到店的。这在博物学出版这一领域尤为非同寻常(尽管这是近代初版书的特殊规则)。这些封面极为重要,若没有它们,这些书肯定不会如此完美。

这些特色封面的设计师克利福德·埃利斯和罗斯玛丽·埃利斯都是美术教师。25年来,克利福德·埃利斯一直担任巴斯艺术学院的院长,该学校设在威尔特郡的科舍姆庄园,他的妻子,罗斯玛丽则是教学人员中的活跃分子。由该学院独特的教学方式可见,克利福德和罗斯玛丽兴趣广泛,并且他们秉持艺术教育应该激发心灵的探究态度。他们相信通过艺术可以实现全面教育,并且,引用该校早期的创办计划书,其学习应该“与不断体验并亲身经历到自然中形态和色彩的逐渐丰富相关”。他们的海报和封面反映了这一信念,一般采用平版印刷术来获得最大的效果。

克利福德·埃利斯于1907年3月1日出生于博格诺,他是商业艺术家约翰·埃利斯·威尔逊和妻子安妮哈里特的长子,当时他们结婚已有两年。埃利斯的基因中流淌着艺术的天赋。他的祖父威廉·布莱克曼·埃利斯是一位艺术家,而且也是一名极为敏锐的博物学家。克利福德还从他的叔叔拉尔夫身上学到了很多东西,他的叔叔是埃利斯家族的第三位艺术家,专长于旅馆牌示方面的作画。第一次世界大战期间,与“埃利斯爷爷”在阿伦德尔共度的几个月给九岁的克利福德留下

4　图片:“新博物学家”丛书的封面

克利福德·埃利斯和罗斯玛丽·埃利斯在他们位于巴斯兰斯当路的工作室内工作，摄于1937年(图：凯特·柯林森/诺曼·帕金森工作室)

了深刻印象，也点燃了他对大自然的学习兴趣。当他回到他的父母位于海布里的家时，克利福德将"对乡间的依恋带回了他的卧室"。他的妹妹回忆他的卧室里曾出现过竹节虫、蜥蜴和三只叫作弗里曼、哈代和威利斯的蟾蜍或是青蛙的东西。爷爷埃利斯制作动物标本的知识激起了克利福德对动物解剖学的兴趣，这也是动物绘画的基础。在海布里，他"常常将死去的小生物尸体煮成小骨头架子，这样他就可以研究它们的骨骼结构……一次解剖小兔子时他差点儿昏倒。”

考虑到这一切，当克利福德去一所位于芬斯伯里的学校上学时，他幸运地发现自己离伦敦动物园不远，他就开始把那里当作一个活的参考图书馆。他设法弄到了一张了免费通行证，此后经常去那里画动物素描或记录他们的外形和行为细节。“新博物学家”从书中至少有一本《英国海豹》的封面是在伦敦动物园的现场观察制作完成的。显然，年轻的克利福德即将成为一名艺术家。

在他完成了伦敦两家艺术学校的全日制课程之后，在 1928 年和 1929 年，克利福德又分别选修了美术教学和艺术史这两门研究生课程。1928 年，他入职摄政街理工学院（现威斯敏斯特大学），教授透视图，并负责管理艺术学院的一年级学生。其中一名学生便是他后来的妻子，罗斯玛丽・科林森。和克利福德一样，罗斯玛丽的家族里也有很多有才华的艺术家。她的祖父是著名的柯林森和洛克家具设计公司的合伙人，她的父亲是一位经验丰富的橱柜制造商。罗斯玛丽的母方亲戚有埃德蒙・克莱里修・宾利，他不仅是一位多产的作家，还发明了克莱里休四行打油诗，这是继五行打油诗之后最广为人知的诙谐诗体。1931 年他们的结合是一个创造性的合作伙伴关系的开始，罗斯玛丽凭借她与生俱来对颜色、色调和构图敏锐的眼睛，她作为艺术家、设计师和老师的卓越能力，以及她敏锐的评判才能在两人的创作中起到了非常积极的作用。作为自由职业者，几乎他们所有的工作都是共同合作的。有时他们用 R & CE 来表示罗斯玛丽签署的工作，用 C & RE 来表示克利福德所签署的工作，尽管按字母顺序排列，第二个版本越来越多地用来表示合作作者关系。无论哪种方式，联合签名表示他们合作的性质。作为密友，科林・汤普森在 1986 年写了一份未公开的回忆录，其中提到，联合署名“这种伙伴关系在当今的艺术界几乎未曾见过，在任何领域都鲜有发生。而这种合作关系是克利福德工作的全部，甚至也是他们教学生涯中的精华。”

埃利斯夫妇擅长流行艺术的缩影——海报的设计。两次世界大战期间，众多组织（无论是在公共或私营部门）都委托艺术家们帮他们设计广告海报。很多当时出色的设计师们都投入到了这类工作当中，一流的原创设计将会被安置在无轨电车的侧面或卡车的后挡板上。埃利斯夫妇最早的任务之一便是为惠普斯奈德动物

4　图片：“新博物学家”丛书的封面

惠普斯奈德动物园与英国石油公司的C & RE广告海报(1932)(私人收藏)

园和英国石油公司设计车身广告。它的目的是在远距离吸引人们的注意:一群狼在黑暗的森林中用它们又大又圆的眼睛目不转睛地盯着旁观者。一如他们之前的作品,该设计以现场观察为基础。罗斯玛丽跟我讲了照片背后的故事。在那些日子里,埃利斯夫妇四处寻访,他们理想的目的地并非惠普斯奈德动物园,而是离伦敦市中心很远的位于贝德福德郡的开阔高地。黎明前,他们才疲惫不堪地到达目的地,他们翻滚进森林里满是枯叶的干沟里睡着了,却没发现这儿就在狼窝附近。当罗斯玛丽和克利福德醒来时,他们被无比舒适的叶子包裹着,而当他们爬出来时,突然发现狼群正回望着他们。他们正是根据这次经历设计了这幅海报。

狼海报是20世纪30年代C & RE为不同的客户设计的众多广告海报之一,其中包括为帝国营销委员会、邮政局和壳牌墨西哥设计的诸多广告海报。他们为伦敦客运委员会设计的名为"树木""荒野""丘陵地"和"河流"的四大系列海报特别引人注目,并在某些方面让人想起他们后来设计的"新博物学家"丛书封面。"河流"海报描绘的是一只藏在芦苇中的苍鹭,平底船上的茶会场面倒映在波光粼粼的水面上。C & RE的几幅海报在肯尼斯・克拉克于1934年在伦敦的新伯灵顿画廊举办的"壳牌墨西哥和英国石油公司的广告图片"中展出。此后他们的各种宣传海报和其他设计作品频频在其他各种展览中出现，其中包括1945年在伦敦的萨福克郡画廊展出的“历史的与英国的壁纸”，1949年在维多利亚和阿尔伯特博物馆展出的“全艺”以及最近在艺术委员会的展出的“20世纪30年代”以及分别在1979—1980年和1983年展出的“1850年至1950年英国的景观”。他们对平版印刷术的掌握很大程度上决定了他们的工作特性，平版印刷是一种很难得媒介，需要对色彩敏锐的眼睛和大胆的设计。他们准备使用类似的技术来制作新博物学家丛书的封面。虽然封面比海报小，其主要目的是一样的：抓人眼球。

第二次世界大战让埃利斯夫妇暂停了他们自由职业者的设计工作(他们的设计工作后来扩大到了其他领域，如墙纸的设计，同时为乔纳森·凯普的书设计一些非常引人注目的封面)。1936年，夫妇俩从伦敦搬到了到巴斯，在那里克利福德担任了巴斯艺术学院(当时还是该城市技术学院的一部分)的副院长，两年后又被任命为院长。尽管校址有所改变，艺术学院在整个战争期间仍继续运作。正如当时克利福德所说的，“艺术提供了一个更深入且更丰富的生活，我们都可以共享，而动荡的战争使我们比过去几代人更有可能共享这种生活”。除了经营艺术学院，克利福德的战时活动包括作为国民卫队的一名特工军官，担任过不同的职位，并在巴斯制作图案记录被炸弹炸毁的建筑，和即将被抢救性转移的建筑铁艺。罗斯玛丽继续任教于英国皇家学院，给英国陆军军官的女儿们讲课，甚至从巴斯撤离到朗利特之后也依旧如此。这意味着她五点半就必须起床，坐公共汽车到弗罗姆，她将自行车隐藏在此处的一个电话亭后面，再一路骑自行车到朗利特，整个战争期间都是如此。这倒是说明了在那个年代的英国自行车从未被盗或破坏。

埃利斯夫妇在巴斯的熟人之中有备受尊敬的华特·席格，这位英国艺术界的老前辈自荐每周在巴斯艺术学院做一次讲座，大多是关于他尤为钦佩的艺术家作品，其中就有德加和杜米埃。20世纪60年代，克利福德·埃利斯做了一场关于席格的讲座，在英国广播公司的第三节目中播放，这一讲座被频繁宣扬，因为它将那位伟大的艺术家鲜活地搬回了生活当中。当时他们还结识了席格的学生梅休因中将，当然谁也料想不到他们之后会有什么样的交集。战争结束后，梅休因位于巴斯以东16千米的美丽乡间别墅科舍姆庄园被陆军部返还。梅休因认为这样的房子

以上是 C&RE 为伦敦客运委员会设计名为“夏日飞逝”的公交横幅(1938)(私人收藏)

会对战后重建有所作用,便将大半边房子捐给了巴斯艺术学院。克利福德随即面临一个职业的分水岭,因为这时他被委派了纽卡斯尔的美术主席一职。不过他还选择了在科舍姆创立一个新的住宿制艺术学校,培养有艺术专长的学生,以满足战后英国重建的需求。1946 年 10 月,巴斯艺术学院在科舍姆创立了分校,克利福德·埃利斯担任校长。在此期间，C & RE 已经开始为柯林斯出版社即将出版的“一个重要的博物学丛书系列”设计封面。

巴斯艺术学院成为C & RE 艺术教育理念的实际载体。在最初几年，学校设立了一门艺术教师培训课程和一门可颁发国家设计文凭的四年制课程。教授的科目范围异常广泛：涵盖了舞蹈、戏剧和音乐；染色、织造以及织物印花；字体和排版；纺织品和舞台设计；还有雕塑、陶器和绘画等。许多教员都是业余授课，一些教员后来还成为该领域的领军人物。博物学也在教学大纲中。为了保持C & RE 对大自然中丰富色彩和形态的“持之以恒和现场经验”的价值与信念，克利福德建造了一个沼泽花园、一座岩石庭园以及数座观鸟园，在这里可以对各种珍奇的鸟类和植物加以研究。在不同的时期，这里曾饲养过各种飞禽走兽，尤其是鸡、鹅、鸭、羊、猪，甚至还有一对鳄鱼。所有这些都曾辅助教学，帮助营造学院的整体氛围。

对于巴斯艺术学院在艺术教育发展中的地位，人们的意见产生了分歧。有人警告一位尚未就职的老师说，“克利福德有很多有趣的想法。科舍姆想要一下子教授给学生的东西太多了……完全不是一个严肃的艺术学校，学生只涉足绘画和雕塑”。另一些人则对克利福德大加赞扬，认为他是更具影响力的战后艺术教育家之一。问题的关键是，克利福德·埃利斯在教学中是一位练习艺术家。就像他的导师马里恩·理查森，他在教学中相信通过建议，通过引导和鼓励学生来发展学生自己的天赋。他想从他们身上吸取同样的职业感，他一直觉得自己“就像一个园丁在照料他的植物”。

这里不适合来分析他有多成功，而且我也不是适合点评他功过的那个人。虽然克利福德的教育目标类似于“新博物学家”丛书的教育目标，它们都是那个特殊时代的产物。我记得读过一篇“乡村生活”杂志上的文章，该文认为克利福德和罗斯玛丽丰富的壁纸设计“照亮了战后的阴郁”。阴郁或许是因为财政紧缩，但当时的心情绝不阴郁。眼前的战后时代是乐观的时代，人们希望战争所带来的合作精神可以同样运用到和平年代，大家万众一心，共同建设一个更好的英国，人人都能享受医保，这片土地上的每一个孩子都保证能接受中等教育。对教育更是进行了一大笔投资，而该学院的教师培训课程便是针对国家对教师的迫切需求而创立的。

4 图片：“新博物学家”丛书的封面

除了喜爱赏鸟,克利福德·埃利斯和詹姆斯·费舍尔还有更多共同之处。他们都是热情的民粹派:克利福德的使命是让艺术走进寻常百姓的生活,而费舍尔则希望将科学和自然历史的最新成果带给广大观众,并鼓励群众参与。而且大众的参与也绝不会拉低他们的艺术档次,只会让他们更亲民。这些目标快乐地融合,巴斯艺术学院和"新博物学家"丛书几乎同时出现(在战时的一段时期的计划之后)——可能有助于解释为什么克利福德和罗斯玛丽·埃利斯会欣然接受柯林斯编委会为其新书设计封面的邀请。这也同时在一定程度上解释了为什么这些设计如此成功。这也许就是一个时机的问题。

埃利斯:旗帜

"新博物学家"丛书的封面并非所有人都喜欢。习惯将自然与摄像写实相联系的人都会对这些封面感到不解,他们会公开质问这些封面到底好在哪里?我曾见到他们将其粗鲁地称"拙劣的彩画"或者为"肮脏的象形符号"。与其他很多好东西一样,埃利斯的封面是逐渐被人们喜爱的。当有人怀疑使用这些逼真的封面是否会增加销量时,"新博物学家"丛书编写委员会很明显曾出现过信心危机。或许史上最让人黯然的评判来自《青足鹬》评论家,他认为这种极为程序化的封面设计"粗俗",而且是"一个残酷的羞辱",并建议购买者去掉封面并且烧掉。

要欣赏埃利斯夫妇创作的封面,必须清楚形象化陈述和插画之间的区别(这个克利福德·埃利斯本人会比我解释得更清楚)。C & RE 的工作在技术方面受到了很大的局限,这些局限因主题而异,下面会有所讨论,C & RE 建议设计的每个封面都稍稍透露书中的内容。他们从未打算具体描绘任何主体的解剖细节。与其说这些封面是插画,还不如将其看作形象生动,极富表现力的迷你海报,克利福德如是说道,"既不太平庸,又不太新颖",在书店中吸引读者眼球,诱使旁观者翻开此书。平版印刷术适用于根据丰富的想象力、利用极少的墨水颜色进行大胆的设计。一直利用现场观察来完成创作,C & RE 会为他们的设计精心挑选一只鸟、一头兽、一株植物或一个景观作为封面核心——用一个简单清晰的视觉图像便可以最好地传达书中的精神。读者可能有兴趣自己来判断哪一幅封面作品最为切合这一目标。罗斯玛丽·埃利斯为1989年和1990年的两次展览挑选的封面有:《树木、森林和人类》《兔子》《银鸥的世界》《鸟类的民间传说》以及《昆虫博物学》。值得注意的是,C & RE在无名的"新博物学家"单订本的设计上所作出的努力丝毫不比他们在主系列中做出的努力少。他们为约克的一场展览挑选了《蚂蚁》的初稿、《英国画眉》以及刚刚完成的《设得兰群岛博物学》,还有《飞蛾》《家族:自然的言语》《银鸥》《木鸽》《土壤的世界》《鱼和渔业》和《鳟鱼》和《兔子》的封面。显然,他们旨在展示一个平衡的对比设计系列,但是他们的选择肯定也会反映出个人偏好。罗斯玛丽最爱的封面有《鹪鹩》《鸟雀》《苍鹭》和《垂钓者的昆虫学》的封面。或许读者们会有自己的最爱(就像我这样)。但是自始至终,埃利斯夫妇为该系列所设计的86个封面风格其实是惊人一致的。

比利·柯林斯本人就是他们的第一个粉丝,对他而言,在一年一度的国家图书联盟展上展示的书中一定要有最新的埃利斯封面。一次他随同女王参观柯林斯工厂,当女王挑出"新博物学家"丛书的封面作为她尤为喜爱的设计时,他无比愉悦。女王一离开,柯林斯便打电话给埃利斯夫妇转达女王陛下的话。比利·柯林斯有一个习惯,只要埃利斯夫妇创作出一个他认为极为出色的设计,他就会给他们写信。其中最具代表性的一封信写于1960年左右,有关《蜻蜓》的封面,该书颇受"新博物学家"丛书编写委员会的青睐:"你们居然能年复一年地想出如此可爱的设计,这太令我吃惊了。这套丛书之所以能在书店里成千上万的图书中脱颖而出引人驻足,很大程度上要归功于这些设计"。

埃利斯夫妇与"新博物学家"丛书的合作关系始于1944年7月。柯林斯出版社的宣传人员露丝·阿特金森在过去10年里为印刷商乔纳森·盖普工作,她仍记得这对夫妇为盖普的许多小说设计的引人注目的封面。在那个阶段,人们更多地考虑"新博物学家"丛书的初衷与受众和范围以及为其制定什么样的选题,而非这些书架上书籍实际的模样。编委会想当然地认为封面就该使用彩色图片,也许就是从书中引用过的某一幅。这样的话,确实与印在每本书扉页背面,强调"使用最新

C & RE于1947年设计的用于书展中的宣传新博物学家系列的展示卡（私人收藏）

彩色摄影与冲印技术”的理念相吻合。现存的书信似乎证实了这一点。比利·柯林斯的想法是将“小幅照片置于图书馆植物或生物区域的中心”，而露丝·阿特金森则建议克利福德·埃利斯尝试突破詹姆士·费舍尔“无照片封面的想法”。我们可以想见图片编辑埃里克·霍斯金其实特别希望在封面上放一张照片，但是比利·柯林斯热衷于当时的艺术，而且更在乎书籍销量，因此他可能偏爱一些更大胆的元素以扩大丛书的影响，借此宣告一部重要的博物学丛书的面市。1944年，英国本土野生动植物的彩色照片获取途径有限，质量也一般，直到20世纪60年代，压膜照片类封面才成为博物学书籍的主题。至此，书籍封面设计进入全盛时期，书籍收藏家一般将二战后的那段时间看作是这种特殊艺术发展的高潮时期。关于使用何种图样做"新博物学家"丛书的封面在很长一段时间内都无定论。于是，露丝·阿特金森决定自己来采取行动了，她给埃利斯夫妇写了一封信。

尊敬的埃利斯先生及夫人：

好久不见，不知你俩现在是否意愿承担制作封面的任务。

战争开始后我就离开了开普敦，之后便在劳工部待了6个月。3年了……我现在在柯林斯出版社工作。我们要针对各种博物学科目制作一个重要的系列丛书，书中将有大量的彩色插图，我希望你们能给这些书设计封面。只是封面必须满足很多人的要求：柯林斯先生、这个系列的编委会还有爱德普林特出版社的各位制作商们。若你们对此有兴趣，烦请二位寄给我一些你们的作品，让我可以拿给柯林斯先生看。若你们有意愿为此（比方说第一个主题）制作一个粗略的样本，我会给你们提供更多关于该丛书的信息。我并不奢望二位能屈驾伦敦，当然，若你们真的能来，那将会更加便于讨论此事。

露丝·阿特金森，未公开的信件，写于1944年7月20日

埃利斯夫妇回信邀请露丝·阿特金森来巴斯过周末，以便洽谈此项目。露丝告知夫妇俩，他们并非唯一被邀请为"新博物学家"丛书提交封面设计的艺术家，但最终其他人都退出了，仅埃利斯夫妇寄来了完成好的艺术作品。比利·柯林斯第一次尝试便非常幸运地找到了合适制作封面的艺术家。在巴斯度过了"一段欣喜舒适而又平静的时光"后，露丝一回到伦敦，便给夫妇俩寄来了作者们第一批主题的概要以及打印出来的山姆·比尤弗伊、埃里克·霍斯金和其他人拍摄的彩色照片给他们提供"方向"。根据这些指导，埃利斯夫妇开始着手为该系列中的头两本

书《蝴蝶》和《伦敦博物学家》设计封面，后者最终以《伦敦博物史》为名出版。

可能埃利斯夫妇还得到了更进一步艺术方面的指导，只是信件中并未涉及这一块儿。看起来似乎如今为人所熟悉的新博物学家封面最基本的设计(椭圆形宽标题和包含该系列书目的圆圈)都是埃利斯夫妇原创的。原先为《蝴蝶》设计的图片色彩"粗糙"却依旧保存完好。此图正好是印刷封面两倍的大小，以水粉颜料画在厚厚的华特曼纸上。尽管已完成的设计经过了细微的修改，我们熟悉的《蝴蝶》封面已然成形，描绘了在布罗德兰风景中飞舞的燕尾蝶。这个大胆的设计极具特色，有着适用于平版印刷的亮丽色彩，让人想起埃利斯夫妇为伦敦客运委员会设计的一些海报作品。我们已经看到了未来"新博物学家"丛书封面的一些特点。这一设计构思大胆，并未如我们预期的那样上下分块儿，而是被分为左右两个焦点区域：左边是一只被放大的毛毛虫图像，图片中的毛毛虫正趴在它那结构蓬松的植物上，比实际大小更小的蝴蝶儿正向右飞离观看者的目光，远处是一个充满埃利斯特色的主题：一个展现诺福克风景的小插图，图上有风车、杨柳和开阔的空地。也许正是成年蝴蝶和它的幼虫对照鲜明的色彩吸引了艺术家们。书脊上重复的毛毛虫是此设计的败笔。之后的大多数设计中，他们往往会找到一些方法巧妙但不重复地将书脊和整个主设计融合在一起。对不同的生命阶段以及蝴蝶自然栖息地的描绘与埃德蒙·布里斯科·福特的文本极为搭配。这些生动的图片风格表明该书绝不仅仅是一本传统的蝴蝶品种鉴定指南。不到一年的时间就有 2 万读者购买此书，这表明封面起作用了。精彩绝伦的文章和夺人眼球的主题自然也是功不可没。一次，埃里克·霍斯金偶然抓拍到了 1945 年某一天上午达德利·斯坦普在新博物学家编辑会议上研究封面的画面。从照片看来，他对这一封面设计相当满意。

此时丛书的版权页也已设计完成。克利福德·埃利斯补上了"新博物学家"丛书的首字母缩写：用一个适合这本书主题的自然生物象征图形来固定这两个精美的大写字母。起初，这个图形是一条棘鱼，而且计划加载于每册书的版权页。然而，当《蝴蝶》的封面印刷出来的时候，棘鱼被换成了一只毛毛虫(尽管最终 1951 年出版的《湖泊与河流生物》的封面上再次使用了棘鱼图形)。

《蝴蝶》的初稿附有为《伦敦博物学家》创作的池塘上鸭子的彩色素描。虽然这种形式未被接受，埃利斯夫妇却从中形成了一个新想法：海鸥与圣保罗大教堂的圆屋顶被倒映在水中，而这一设计最终也被修改录用。可能书脊上也凤头潜鸭就是从早期的设计演变而来。

埃利斯夫妇于1944年为丛书设计的棘鱼版权页标记（私人收藏）

比利·柯林斯立刻就爱上了这些设计，并委任埃利斯夫妇为丛书的前6本书设计封面。他似乎在这样做之前并未正式曾征询编辑的意见，可能只是和费舍尔或赫胥黎稍提到过。为了减少印刷过程中的麻烦，埃利斯夫妇需要按照书籍封面的实际大小来进行设计。他们还决定用手印字模印上标题，效果异常得好。可能有人完全没有注意到早期的标题都是用手印字模印上去的！

首先封面打印成本就是一个问题，而且经常需要考虑这个问题。柯林斯出版社和爱德普林特出版社没有亲自印刷封面，而是决定委任给贝纳德出版社的托马斯·格里菲斯，他在将设计稿转成适合印刷的印刷稿方面很有名气。平版印刷价格昂贵，需要高质量的纸张吸收油墨。此外，由于必须按顺序印刷每一种颜色，每印刷一种新的颜色成本就会上升。由于成本限制，只能使用四种颜色，后来，柯林斯只好恳求另加三个颜色，哪怕两个都好。对于一个努力捕捉大自然的缤纷世界的艺术家，这不啻于最大的桎梏。克利福德·埃利斯起初认为7种或8种颜色比较理想。由于实际可使用的颜色数只有一半。对印刷机而言，色调的准确性将成为一个重要的问题，艺术家将不发挥自己的想象力以求利用色彩的重叠来制造额外的色彩和色调。总之，可使用的颜色越少，对艺术家和印刷商的要求就越高。还有其他的印刷方式可以产生更多的色彩，但是产生的色彩不会太明亮。埃利斯夫妇设计作品的鲜艳色彩和整体效果只能用平版印刷术才能呈现出来。“请使用平版印刷”，克利福德 ·埃利斯向柯林斯写道。“我们会把事情弄得对印刷商而言尽可能简单。”

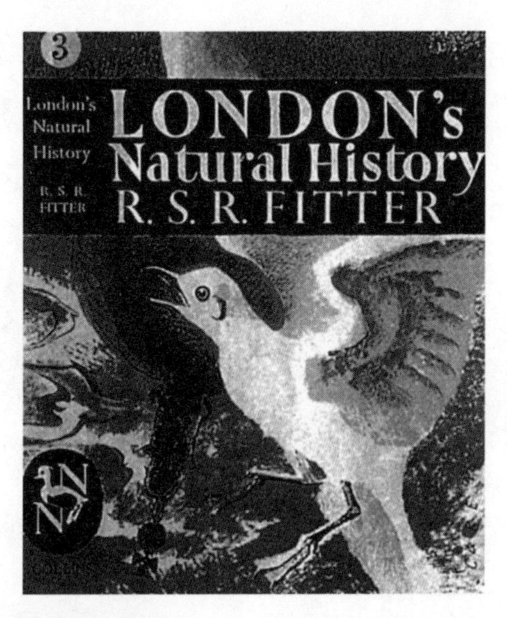

《伦敦博物学》的封面

(1945)

《树木、森林和人类》

的封面(1956)

想要弄清艺术家们如何能够在可用颜色如此有限的情况下创作出如此引人注目的设计,我们不妨看看其中的佼佼者——《树木、森林和人类》的封面图。能在封面设计中联想到伐木场景的艺术家确实不多,埃利斯夫妇的设计算是独辟蹊径。图片的场景设置在一片林场之中,树木扎根在犁线中,种得很密集,近处华盖斑驳的绿色与远处林地的阴森色调明暗相映。无需人物:每棵树背后都不知道有多少伐木人,而且人的手清晰可见。构图中有许多埃利斯夫妇海报设计中青睐的几何结构,垂直的树干和倾斜的大树枝极为和谐,令人赏心悦目。即便是宽宽的标题,也未能过多的转移人们的目光。真看不出如此有趣的场景只由三种颜色构成:黑色、棕色和“新绿”。其他的颜色都是用专业手段调配出来,利用重叠以获得额外的色彩,同时运用点刻绘画技法来营造更多的色调。至于图片的含义,埃利斯夫妇没有说。当中可能包含对现代林业手段的态度,也可能不包含。也不太清楚这些树究竟是阔叶树还是针叶树。读者只有翻开此书才能得知。作者赫伯特·艾林在一封祝贺信中对该书的封面赞赏有加,同时还解释了封面所代表的意义。它描绘了一块林业委员会的样地,在这里每棵树都有编号,每隔几年都会进行测量以确定它们的增长速度。对我而言,我总觉得这些编号意味着这些树“注定”会被放倒;相反地,它们“获救”了!

1944 年埃利斯夫妇所面对的第二道障碍是要说服那些更倾向于使用彩色相片的编辑们,转而支持手绘插图。詹姆士·费舍尔曾拜访埃利斯夫妇,以便对他们的想法和技术获得更为直观的理解。“我希望你能与费舍尔友好相处,打消他使用无图片封面的想法。”露丝·阿特金森写道,看来,她也没有太大把握。对双方而言,会议似乎很成功。费舍尔是插画书和鸟类艺术方面的行家,他成为埃利斯夫妇作品的忠实青睐者。除此之外,他们还有新的设计展示给他看,其中就包括《不列颠狩猎》的封面,它描绘了一只灰色的鹧鸪,正好仰着头望着标题。比利·柯林斯对此佩服得五体投地,“我太开心了,怎么看我都觉得它太可爱了。我猜想是否某天你们会像古尔德那样创作一些单只鸟的大插画书。”任何可能存在的疑虑,全部被埃利斯夫妇 1945 年间创作的精彩绝伦的设计所驱散,《昆虫的博物学》中震撼的昆虫骨骼结构图,《高地和岛屿博物学》中惊艳的色彩搭配(在图片的视觉中心为潜水员的眼睛保留的唯一抹亮色),《英国的地质和地貌》中看似融化的悬崖风光,以及《蘑菇与毒菌》中的真菌图案半抽象拼贴画。他们如同一束阳光,点亮了战后书店里单调的货架,让“新博物学家”丛书全部焕然一新,无懈可击。原计划只有的 6 本书封面的合约被改为长期合作,从此,埃利斯夫妇正式成为比编辑和作家们更重要的“新博物学家”丛书大家庭中的一分子。1945 年末,露丝·阿特金森写信告知他们封面取得了巨大的成功。编辑们很喜欢它们,“每个人都非常喜欢,我为他们感到高兴”。

《不列颠狩猎》封面(1946)

引来最多争议的设计是丛书第一本,即《蝴蝶》的封面。编者们认为燕尾蝶不算明智的选择。这种蝴蝶很罕见,读者也不熟悉,而该丛书的目的之一正是指引博物学家远离他们传统上对罕见物种的痴迷,所以燕尾蝶的选用与这本书的初衷背道而驰。于是,埃利斯夫妇只好耐心地开始重新设计,这次采用了一只更“为人熟知的”蝴蝶,暗绿色的豹纹蝶。尽管比利·柯林斯已清楚地向他们表示,他对于之前的凤尾蝶非常满意:“我个人一直很喜欢凤尾蝶(原文如此),我希望你们做凤尾蝶的设计。我不赞同对它的罕见性的批判,我不认为人们可以找到任何比这更可爱的小家伙了。而且,由于时间越来越紧,我们就用凤尾蝶。”克利福德·埃利斯对印刷的封面很不满意。蓝色不够深,因此标题未能足够突出;而且黄色太橙。重印这本非常流行的书时,封面颜色偏淡的问题更加严重了,当印刷商试图通过使用遮挡来弥补封面的不足时,却只是使它看起来相当肮脏,与他们想要的绚丽色彩相去甚远。即便如此,这也是一个良好的开端,《蝴蝶》的封面为整部丛书定下了风格。

这一思路发展很快。埃利斯夫妇会收到一份相关主题的可用色板,同时配有一部分文字内容的节选或作者列出的大纲,以便了解读书的内容和风格。他们根据初步的草图制作一个彩色初稿,并将其拿给编辑们看,在他们提出意见后再返回修改。有时候也会征求作者的意见。偶尔设计会被否决,但更多的时候是建议修改,通常是出于科学的准确性的考虑。例如《伦敦博物学》封面初稿中使用的普通海鸥形象就按照费舍尔的建议改成了披着冬季羽毛的红嘴鸥,还在它的左眼后添加了一轮黑色的新月。按照费舍尔的提醒重新绘制了《黄鹡鸰》封面上的脚爪,“整个爪子应该都平放在地面上……脚爪子应高高抬起,而不是像人一样踱步;后腿又抬得过高了一点儿”。偶尔迂腐地坚持严格的现实主义会给一副绝妙的设计带来麻烦,《英国的两栖动物和爬行动物》的封面就是这样。作者抱怨说为该封面选择的蝰蛇其颜色都是错误的,尤其是没有纯白色的蝰蛇,克利福德解释道:

> “我们都知道,蝰蛇不是白色的。白色是新蜕皮的蝰蛇在阳光下散发的光泽。我们的问题是要找到可以在书店里吸引眼球,同时又可以四色印刷的动物。我对‘精确’的想法是指在关于主题的现场经验的基础上进行设计,选择它适合此工作并有可能完成的那些方面——但我们不打算做一个彩色的图表,也没有四色印刷的实际可行性。”
>
> 1950年1月1日,利福德·埃利斯致罗利·特里维廉未发表的信

赫伯特·约翰·费勒教授写信提议为《英国人类博物学》创作一个特别的封面,克利福德·埃利斯给他的回信中极好地解释了严格的精度和图形这件事儿。费勒曾设想一个山中堡垒"如同树木繁茂的山坡上升起的一个小岛一般耸立",全副武装的哨兵高高地站在堡顶(以符合销售部门在画面中加入一个人物的要求)。克利福德的答复如下:

《英国人类博物学》封面(1951)

"我首先想讲讲与封面有关的事儿,希望不会离题太远。封面作为一种小海报,是图书销售手段的一部分。不过,很明显的是,封面应当与它所包裹的书的内容相符,把这看作补充插画的机会是不明智的。跟封面相比,插图可以看起来更加随意,不用同有时并不客气地与其他插图竞争。插图应当第一眼看来就很有趣;它的形式和颜色应当清楚且鲜明。如果封面足够吸引人,人们便会拆开包装、翻开书,然后便可以看到真正的插图。因此我们建议,应该从空中俯视山中堡垒。尽管这样可能会使哨兵太小而不好展示,但人们会体会到从未有过的视觉震撼,而且山上柔软的小草和小草周围深色的树叶之间也会出现鲜明的颜色对比。

1948 年 8 月 4 日，利福德·埃利斯致
罗利·特里维廉未发表的信

结果，采用费勒的建议加入了光秃秃的伯克希尔丘陵上的乌飞顿白马峭壁和万灵学院的秋色，省略了封面中的大多数树木和哨兵，以纪念“史前日历上最有名的两个日期”之一。他们同意在版权页加上镰刀，虽然克利福德后来改变了主意，用一个箭头取而代之，作为史前技术更合适的象征。

埃利斯夫妇经常跋涉到相当远的地方，以便在现场熟悉他们的主题。20 世纪 80 年代他们特地去了设得兰群岛和奥克尼群岛为设计封面寻找相关材料。《蘑菇与毒菌》的封面设计参考了几十张精美的铅笔素描，其中克利福德在决定采用一个设计之前(见下图)尝试使用了真菌的形态和质地。对于动物相关主题，他在动物园中对这些动物进行观察并为它们画素描的经历是非常宝贵的。克利福德曾经这样介绍他们根据生活所见创作美丽的《英国海豹》的透明封面的故事：

“这是我参观伦敦动物园的产物，我可以肯定在那儿的水族馆里可以看到梭子鱼，这可以让我对“大自然的平衡模式”有更多的思考。有时我会站在寒风中观看海豹，观察它们的游泳方式——就像一条巨大的鳟鱼，一次非凡的“变形”……作者可能会喜欢法国“肘子”这样的礼物，肘子与前肢的关系就好比膝盖与后腿的关系。他将比我更清楚，海豹不只单单使用脚蹼，在更多情况下使用整个肢体，当它趴在岸边观看周围的情况时，就像一个窗边的老太太一般用肘子支撑自己的身体。这个随处可见的姿势，在英文中却找不到合适的词来表达。

1973 年 1 月 17 日，利福德·埃利斯致
罗利·特里维廉未发表的信

虽然受相关技术条件的限制，但埃利斯夫妇在大多数情况下，在封面设计上完

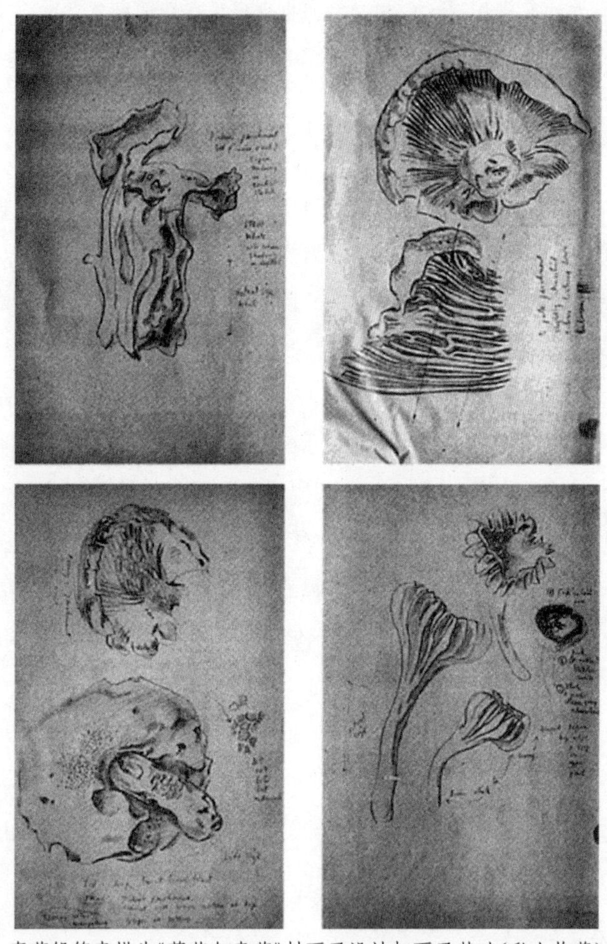
真菌铅笔素描为《蘑菇与毒菌》封面了设计打下了基础(私人收藏)

全可以放开手脚按自己的想法进行。不过有时,他们也需要考虑作者和编辑的意见。比如 W. B. 托里尔希望在《英国的植物》的封面上使用剪秋罗的图案,不过这却大大限制了颜色和背景的选择空间。对于《白垩及石灰岩上的野花》的封面设计,J. E. 劳斯利曾建议"可采用起伏的群山和白垩质峭壁作为背景 ",埃利斯夫妇基本接受这一建议,只是用韦斯特伯里白马替代了一处白垩坑,使封面更富象征意味。基于《英国的气候与环境》的文本内容,作者希望封面能展示出"天空中漂浮的积云不仅仅提示了英国多变的天气，也是一幅地道的风景画”。至于《垂钓者的昆虫学》的封面，詹姆斯·费舍尔建议使用“一只蜉蝣和一只用作钓饵的蜉蝣幼虫”。《海岸》的封面则希望包含灯塔以及风中摇摆的树木的形象。这些类似的建议和要求不一而足。其中，最为离谱的要求是关于《湖泊和河流里的生物》的封面设计，编辑希望能营造一种“湖泊剖面的效果，最好湖里能有一条鱼，空中有一两只昆虫，岸上站着一位渔夫，一座工厂矗立远方，四周还有庄稼地和芦苇荡。”埃利斯夫妇凭借他们对艺术的敏感与独有的智慧，最大程度地忠实于编辑们的整体思路，只对细节做了巧妙的修改：用一只垂钓的浮舟替代了四周的渔民和乱飞的昆虫，并将这一只小舟作为书背的主要设计元素；工厂则换成了一座小桥和拦截游鱼的枝条篱笆。

埃利斯夫妇为《湖泊与河流生物》封面设计中使用的鲈鱼的铅笔素描(私人收藏)

就像《湖泊与河流里的生物》这本书一样，书脊往往成为了整个封面设计的核心部分，这是因为大多数读者第一眼看到的就是书的这一部分。如果书脊的设计不够吸引人，不能成功地让读者从书架上取下这本书，那么其他一切设计都白费。战后时期的书脊往往被留白，以显示书名、出版社等信息。但对“新博物学家”丛书的封面设计而言，书脊可算是最具亮点的的部分了。它不仅仅是封面的有机组成部分，而且还经常提示了本书的关键元素，比如垂钓者的浮舟，《林地鸟类》上啄木

艺术之作《乡村教区》封面(私人收藏)

鸟红色的圆脑袋,丁伯根笔下银鸥喙上的红色斑点,《鱼和渔业》上拖网渔船的帆,还有《鸻鹬和苍鹭》上愉悦求食的小鸡。看到那七七八八张开的小嘴和惹人怜爱的眼珠子,如果有人能拒绝拿起《苍鹭》一饱眼福,他一定是相当沉得住气。有时,书脊与正面的图案相呼应:《海鸟》上的翅膀,或《昆虫博物学》上蜻蜓的身体。有时,书脊则象征着本书的内容,就像《人类与土地》上的叉子,《人类与鸟》上的城垛和旗帜。通常,这些"呼应"带着一丝幽默:《英国的自然保护》上鲜红色的"禁止通行"的标志,或是后来许多书上都曾出现的一群鸟兽从正面绕过来偷看的情景。设计中同时还透着一种快乐,如《鸟雀》《英国山雀》和《树篱》的封面就感受到俩夫妇在创作时一定乐在其中。

当然也不是所有埃利斯的设计都像《苍鹭》或《鸟雀》的封面一样立刻获得认可。第一个让出版商们摸不着头脑的是《乡村教区》的封面。此书是阿诺德·博伊德用来歌赞他的家乡大巴德沃兹的作品。埃利斯夫妇根据教堂尖塔上的风标构成了该设计的主体,剩余部分全是天空、云朵和旋转的燕子。露丝·阿特金森的反应是“……这个想法很新颖,但它需要想象力。”在明显的停顿之后,她又接着说道:“嗯”然后鼓起勇气无比哀怨地问道:“为何风标上会有丰满的羽毛?”

柯林斯的销售人员对阿里斯特·哈代的《大海:浮游生物的世界》原先的封面反对更为强烈。哈代和他的编辑詹姆斯·费舍尔本来都想在封面用上浮游动物,于是埃利斯夫妇按这个要求创作了一幅以真实的微观生物为基础的封面。但销售人员却不买账,认为“这些还叫‘真实’? 怕不是来自外太空的吧?”“我要问你一件事,”罗利·特里维廉写道,“这些动物是你编造的还是本来就存在的? 其实,无论这些生物是埃利斯夫妇编造的还是本就存在的,他们都不会接受。销售人员认为大众读者还未达到在封面能欣赏这些真实微生物的水平。相反,艺术家们则要求在封面上呈现一种“大海的神秘感和韵律感”。有趣的是,在柯林斯的要求下,约 20 年后,他们为预计重印的《浮游生物的世界》设计了第三个封面。尽管作者为艺术家们这次如此准确地捕捉到了浮游生物的精神感到高兴,接着也很快做出了彩稿,但由于成本上涨,导致再版该书的计划被搁置了。克利福德·埃利斯在 1983 年曾说过:“《大海:浮游生物的世界》的封面必将随着这一经典书籍的绝版,演变为其悲惨历史的一部分。”

在少数情况下,出于各种原因,印刷和包装没能真实再现艺术家最初的设计构想。《松鼠》的封面打印出的效果曾让大家大吃一惊,松鼠的面部色调过重,直接毁掉了整个封面设计的精髓。印刷商和制版商事后曾对造成这一失误的原因进行了分析,发现问题在于点绘法无法完成如此复杂的设计,如果用早期的固态色调印刷就不会存在这一问题。《草与草原》的封面印刷也发生了类似的情况,艺术家们本来打算通过将两种不同色调的绿色重叠来为树木和奶牛创造一个暗色调的对比。可惜,这些色调的印刷顺序出现了错误,产生的颜色比预期的要淡而无味。为了防止出现这种失败,克利福德·埃利斯坚持在印刷封面前对打印机的彩稿进行检查。印刷商的备忘录中曾写道:“他对色调的搭配非常挑剔,也深谙此道。”当给埃利斯夫妇发送《遗传与博物学》的彩稿时,编辑曾略微讪讪地评论说:“我认为它看起来很漂亮”。克利福德的回答则极其专业:这色调还差点火候呢,灰色尽管色调正确,但若匹配指定的色卡,将会产生更加生动的效果。也就是说,如果它有稍微多一点

"反射蓝",稍微少一点"黄"就更好了。我很高兴你喜欢它。还有"柯林斯出版社"这几个字应当字号更大一点,字体也应加粗。《树篱》的封面设计采用了橙尖蝴蝶的颜色对比,意在呈现出橙色的"光辉"。在柯林斯还曾打电话再次强调:"记住,颜色一定要够出彩。"

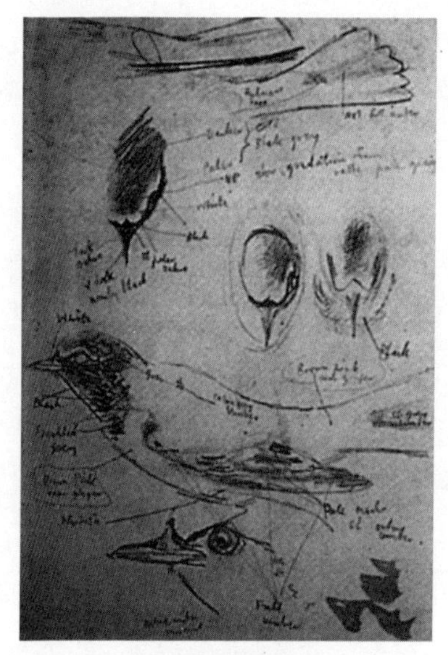

一幅红尾鸲的铅笔素描,
《红尾鸲》封面初稿(私人收藏)

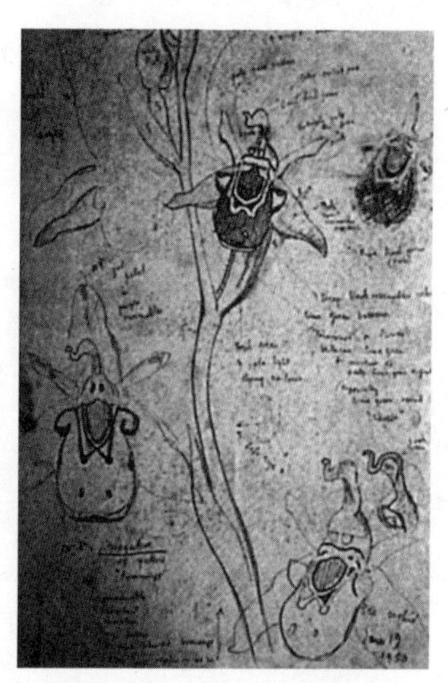

埃利斯夫妇为《英国野生兰花》
所画的蜂花兰铅笔素描(私人收藏)

既然印刷商在准确诠释原作设计意图时作用如此重要,那么对制版商的要求也不会低,他应当拥有一双"艺术家的眼睛"。与托马斯·格里菲斯合作期间,封面的印制工作进行得还算顺利。1950 年,彩印成本急剧上升,比利·柯林斯决定在某些方面降低成本,于是问题出现了。那时,埃利斯夫妇已经在粗糙的华特水彩纸上创作出了一幅成品水粉画(纸质使得彩色的边缘产生了颇具特色的斑点)以供制复商复制。现在,他们被要求在布里斯托纸板或透明塑料片上为每一个新设计分别绘制不同的色彩,使印刷商能依次拍摄每一个色彩再将其进行重叠。他们为下一个设计——《白垩及石灰岩上的野花》尝试了这两种方法。印刷商的校稿令人彻底失望,颜色的强弱对比被简化为了原色彩的一块阴影。埃利斯还尝试了另一种方法,直接在模板上绘制,得到的校稿更加糟糕,很多精美的细节都未能显示出来。

这些失败恰恰发生在"新博物学家"丛书出版的高峰期。有十几本书的封面都在设计计划中,埃利斯夫妇开始不堪工作的重负,而且他们最近的几个设计都被驳回了。《英国野生兰花》原先的封面描绘了一朵蜂花兰,但编辑们认为,"市民误以为它是商店里的某一种动物。我认为如果他们选择另一种兰花更好,这种兰花形状奇特色泽艳丽,但又与动物毫无相似之处"。《鸟与人类》的原始设计也未能赢得大家的喜爱,因为它重复使用了《伦敦博物学》中海鸥的主题。埃利斯夫妇试图用田凫来代替海鸥,看来,他们已经有些腻烦了。"整个任务几乎成了一种烦扰,"克利福德在 1950 年 8 月 15 日写道:"通常每个设计都要求实地观察和长途旅行,虽然最终选择的只有一幅设计稿,但谁也看不到它背后成百上千的设计草稿。因此从事该项工作毫无经济利益可言,而且最终的印刷稿出来,如果效果不尽人意的话,相关的处理也实在令人寒心。"比利·柯林斯看到了警示灯,他承认这一阶段削减成本的尝试可能真是打错了算盘。"你的设计得到大家如此地推崇,已成为了该丛书的重要组成部分,印刷时务必要保证其最佳效果"。

于是,埃利斯夫妇又重新开始在沃特曼纸上创作水粉画。一两年后,签约了新的印刷商欧德汉斯有限公司,该公司大概使用一种新技术使得成本大幅降低。但是,这一方法未能准确地再现一些埃利斯夫妇设计的的细微色阶变化,反而造成了粗糙的黑边和色调的不准确。用该技术印刷的第一个封面,即《蚂蚁》的封面,虽然制版商决定对原先的灰色调进行调整,但整体效果倒是差强人意。但对于《海岸花》的封面,效果却远达不到要求:

> "这些印版本身是很好的"克利福德这么写道。"我们给出差评,是因为蓝色印版上天空的颜色没有过滤干净。混合油墨和颜色匹配不当,色调呈现也不准确。在这个设计中,当我们试图用三种颜色(而不是过去的四种)来完成这个设计时,紧要的是应该对最初设计的确切颜色进行搭配。蓝色和黄色都过淡……可以在叶子的边缘加进一些白色——但只在

蓝色印版上，而不是像制版商那样加在印刷机上那样，而且加得太多了。”

1952年4月9日，利福德·埃利斯致罗利·特里维廉未发表的信

制版工人竭尽所能，但结果仍是一团糟，海旋花的叶子几乎看不到，天空似乎充满了烟雾。这也是埃利斯夫妇自1944年以来设计的最后一张版权页带有明显的个人标记的封面(除了早前印刷好的《海鸟》的封面)。1951年5月，罗利·特里维廉解释道：我们认为，最好有一个通用的“新博物学家”版权页标记来取而代之，“而不是为每本书都设计一个特殊的版权页标记。”对于这一令人遗憾的决定，他没有给出任何理由，但它可能是另一个削减成本的举动。自从1953年印刷的《蘑菇和毒菌》的封面中令人尴尬地加入了设计日期，“1945年”之后，其他的封面设计中便不再显示设计日期。

接下来的两本书，《威尔德地区》和《达特穆尔高原》的封面也备受争论，因为两者都没有表达出柯林斯想要的春天般的清新气息，尽管罗利·特里维廉坦言“我真不情愿用刻薄的话来形容《威尔德地区》的封面”。销售部门对《达特穆尔高原》的封面也持反对态度，其依据是书皮展现的是一幅远景，而且过于沉闷，不符合销售行业“吸人眼球”的标准。“新博物学家”丛书销售下滑，迫使封面设计成为“一种真正的营销手段”。因此，他们要求以一些动物作为前景带来喜悦感。克利福德则回应说，“《达特穆尔高原》最大的亮点到底在哪呢？大多数游客驾车或乘大客车前来欣赏它宏大的美景。因此，我们没有做特写”。不过，为了尊重销售人员的建设，他们略微改动了一下木板桥的位置，将其移到了整个设计中靠前的方位。

印刷效果的问题部分在于印刷的方法，部分在于色域的减小。事实上，使用四种颜色和使用三种颜色有着天壤之别。在前20本书中，仅有《英国的地质和地貌》和《湖泊与河流里的生物》采用四种颜色印刷。但从第20本书《英国地哺乳动物》至第50本书《杀虫剂与环境污染》之间的大多数仅采用三种颜色印刷。对于《青足鹬》的封面，埃利斯夫妇甚至尝试只用两种颜色，依靠潦草的线条来产生额外的纹理和色调，《垂钓者的昆虫学》封面中也曾使用该技术，而且效果更好。许多后来的封面之所以色调更为深沉，而且使用黑色标题区域，颜色限制可能就是其中一个原因。

埃利斯夫妇最初为《杀虫剂与环境污染》设计的彩色封面，仅使用三种颜色，采用两种或三种颜色之间的反复套印，创造出至少七种颜色的绝佳效果。但是，印刷商对此表示无能为力，大概是因为过程太复杂了。最终采用的版本中只两种颜色的设计来呈现出一幅世界末日的景象，黑暗险恶的景观中充斥着污染物，到处是烟雾和水沫。就其本身而言，这一封面也算过得去，但与肯尼斯·梅兰柏朴素客观的语言风格并不相配，反倒更适合雷切尔·卡森的《寂静的春天》。而且，这一效果也远未达到埃利斯夫妇的期望。

在《杀虫剂与环境污染》和下一本书《鸟与人类》延迟印刷的四年时间里，克利福德·埃利斯和博物学编辑迈克尔·沃尔特摸索出一种印刷封面的新方法，采用色彩分层技术替代了直接使用彩色底图印刷。这种新方法降低了"后续制版的成本"，并让艺术家们转而接受四种颜色的印刷规范，还开创了埃利斯夫妇在 20 世纪 70 年代封面设计的"鲜亮"时代。这个进展得益于改良的半透明印刷油墨，它具有更广泛的色调，因此艺术家们现在在透明油墨或不透明油墨之外，又有了新选择。埃利斯夫妇，他们从专职教师岗位退休后，现在能够投入更多的时间来完成设计。在白色上使用黑色的分色，会导致在印版制成印刷的彩稿之前没有人能看到图片的全部色彩。但可见的彩色底图不过是用潘通色号的铅笔在白纸上涂上一块块黑颜料。克利福德将"看图"比作阅读四重奏乐谱。即使伴奏的彩色素描能给人以一种成品封面的印象，不过由于它是用不透明的油墨印刷，所以真正主旋律的封面还是要使用更为清晰、透明的油墨印刷。

埃利斯夫妇在《鸟与人类》(1971)和《遗传与博物学》(1977)期间设计的封面是其巅峰之作。只有懂得颜色才能设计出《英国海豹》的水印封面，在平版印刷般背景上呈现出《雀类》封面上层次丰富的灰色色调，或勾勒出草叶丛林中若隐若现灵动的蚂蚁。在这期间，设计出来的封面比实际使用的要多。许多书籍，由于这样或那样原因，最终未能完稿。为《昆虫博物学》《大海：蘑菇和毒菌》和《浮游生物的世界》设计的全新封面也浪费了，因为柯林斯最终决定不再重印他们。其中一些书也使用了色粉分层技术，但由于印刷彩稿并未制作出来，且成本高昂，我们可能无缘领略其光耀时刻了。

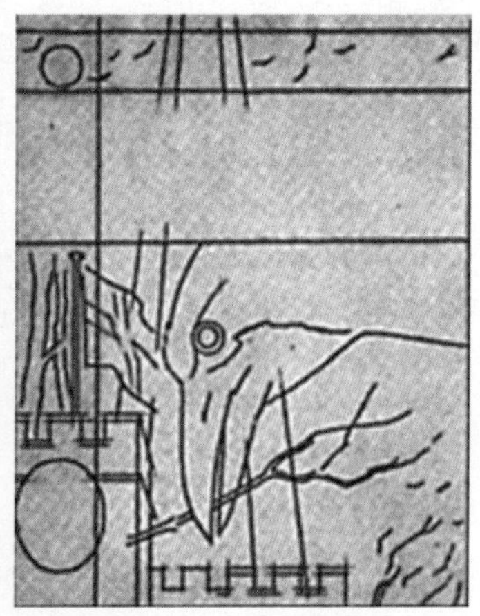

艺术家的铅笔草图和《鸟与人类》的成品封面(1971)。这是第一个用色彩分层技术制作出来的封面。

为“新博物学家”丛书,从《英国山雀》(1979)到《奥克尼群岛博物史》(1985)是埃利斯夫妇设计的最后一批封面,如果说这些封面未能达到先前之作那种令人目眩的高度,那么与其说是艺术家的错,不如说是编辑的错:他们想要的飞禽走兽太多了,图案的重复也因此而不可避免。用以永久密封封面的塑料包装业也未能发挥其优势。至于《爬行动物和两栖动物》的夹膜封面,完全不适合平版印刷的表面纹理。于是我们不得不转移视线,对辉煌的过去心存感激。《奥克尼群岛博物学》的封面设计是克利福德和罗斯玛丽在1983年远征奥克尼群岛的成果,在此期间,他们从当地的北罗纳羊身上找到了灵感,这些羊群在退潮时仅以海藻为食。封面也反映一个埃利斯的典型风格,潮带将一处风景一切为二,因此,在羊群咀嚼杂草的风景后面可以看到一幅奥克尼海岸的远景:燕鸥飞过嶙峋的岩石和满溢海水。像往常一样,设计的重要组成部分,羊的卷曲角延伸到书脊都的位置。但遗憾的是,在该书的平装本的封面上找不到这一点,书脊的位置是空白的。这算是最后一批埃利斯封面了。克利福德突发疾病,于 1985 年与世长辞。

《英国海豹》(1974)封面

他和罗斯玛丽还未来不及着手下一个主题的设计——《英国猛禽》。罗斯玛丽被邀请继续独自设计,但她在给当时博物学编辑克里斯潘·费舍尔的一封信里委婉地拒绝了这一邀请。埃利斯封面是夫妻双方共同合作的结晶,合作关系以克利福德的去世而告终。克里斯潘曾撰文指出,“您和克利福德一直是我成长的一部分……他的去世标志着一个时代的结束。您的大作放在 43 年后的今天一样富有活力,堪称经典,是我所认识的任何其他平面设计师都做不到的”。

后记：吉尔默封面

埃利斯夫妇的设计是令人望尘莫及的经典作品。对于博物学主编克里斯潘·费舍尔而言，要么找到一位能设计出具有相似风格作品的艺术家，要么就只能使用彩色照片彻底改变“新博物学家”丛书封面的设计，这对他而言都是吃力不讨好的差事。他可能会采纳后一种方案。由于成本上升、销售额下降，他被迫从主要生产精装版转为主要生产平装版，只为愿意不惜一切代价购买该系列丛书的铁粉收藏家留下小型版的精装“新博物学家”丛书。大多数新版平装书用照相纸包装。为了答谢各地的“新博物学家”丛书的仰慕者，克里斯潘决定保留埃利斯传统的精装书。在选择接替的封面设计师一事上，他似乎并没有犹豫很长时间。同样作为一位鸟类艺术家，克里斯潘久闻罗伯特·吉尔默的大名，他很欣赏他将准确性和生动性完美融合的能力，以及他从生活中汲取素描材料的习惯。罗伯特告诉我，他接受邀请时很紧张，但克里斯潘·费舍尔很具有说服天赋；“我最感兴趣的是埃利斯夫妇的作品，从一开始就非常钦佩他们的才华，但从未想过我可以跟随他们的步伐。”

毫无疑问，罗伯特·吉尔默是这个国家最成功的鸟类艺术家之一。在过去的35年里，他给很多鸟类书籍和杂志做了插图，他谨慎观察而画出来水彩画总是销路极好。他还是一位非常多才多艺的艺术家，擅长用各种各样的材料来捕捉鸟的精髓，最典型的是使用墨水和毛笔，此外还采用了绢印、油毡浮雕和其他许多实验技术。他的一些水彩画是在隐蔽的地方完成的，他用一只眼睛观察鸟，另一只眼睛来看素描本。在雷丁的家里，他在花园里搭了一个小棚子工作，这里堆满了杂志、文件盒及各类艺术文件。近年来，他和他的妻子(景观艺术家苏珊·诺曼)在东安格利亚，共同成功举办了许多展出，罗伯特的海鸥、燕鸥和长脚鹬水彩画就是以东安格利亚的湖岸为背景。

设计的封面要与同一书架上的埃利斯封面保持协调，而且少数书籍收藏家会对后续的封面设计异常挑剔。这定是一个艰巨的任务。罗伯特·吉尔默不打算效仿埃利斯的风格，而是使用了相同的技术和重叠色彩，成功地设计出与埃利斯封面同处一架却无严重不协调感的封面。我认为这一思路极为明智。然而，吉尔默作品的质感是完全不同的，他大概反映了自己在书籍插图设计方面的经历，而非埃利斯夫妇则长于海报设计和艺术教育。结合线条和色彩以及偶尔使用的纹理纸，他也设计出了一些相当亮眼的作品，如《洞穴和洞穴生命》的岩石背景或《新森林》封面上的树干。像埃利斯夫妇一样，他已经成为使用重叠色彩的专家，或许没有人看一眼就能辨认出他只使用了三种彩色(外加黑色)。吉尔默凭借他精湛的绘画技艺，为《石楠荒原》的封面尝试创作了三只鸟、三朵花、一只蝴蝶和一条沙蜥，在可用颜色受限的情况下，所有这些形象色彩都相当逼真，该封面也因此而卓越非凡。

在很大程度上，封面设计与书籍主题的高度契合揭示了吉尔默设计的本质：一些需要景观图，一些则需要一眼即可认出来的鸟类、花和鱼的特写镜头。他设计的第一个封面，即《英国猛禽》的封面中，他尝试使用了简单明了的图案来暗示树顶的生命，并用素色区域。平装版上省略了在书脊上偷看的雌性黑头鹰，因此没能达到同样的效果。《新森林》的封面则要一种不同的方法。罗伯特告诉我，一日他在这片森林中为这些粗糙的古树作画，他非常享受此过程，将颜色混合，为叶子调出两种绿色色调，并巧妙地混合蓝色与橙色来描绘树干。整体而言，我认为罗伯特·吉尔默通过利用对比鲜明的纹理和超凡的设计创造了最适合自己的风格。《蕨类植物》的封面无疑是他的代表作。蕨类植物本身夸张多样的图案非常适合平版印刷，他们的棕色和绿色的混合与纹理均匀的背景相得益彰，引人注目。若艺术家的目的是为了更接近现实，正如《洞穴和洞穴生命》的菊头蝠或《英国的百灵与鹡鸰》的各种鸟类那样写实，在我看来效果似乎不太理想。尽管在鸟类书籍封面设计上，很难想象还有其他设计思路可供选择。

设计完成之后，罗伯特·吉尔默就绘制了黑白图片并在每个透明的塑料板片上画上色块来上色，之后便可综合这些元素来检查这些颜色是否准确地表达了主题。在到达这个阶段之前，他已经勾画出了该设计的彩色素描，并将其送给作者评论。结果通常是需要进行细微的修改：再次省掉《土壤》的上多于的鼹鼠，或去掉《野生植物与园林植物》花园门上的格子造型，从而可以更多地展示远方的草地，或与科林·塔布斯讨论夏末小鹿的确切着色。《淡水鱼》的最初设计鳟鱼和毛茛花的特写被替换了，因为它会让人误以为这是一本有关钓鱼的书。尼尔·坎贝尔对更换后设计的主题给出了建议：一种鱼，普通又勇敢，无论是身处混合鱼群或是或不断变化的鱼群之中都能生存。在一群五颜六色的小鱼后面盘旋着一条险恶的梭子鱼。诸如此类。《淡水鱼》封面上的棘鱼肯定是彩色的，更像古比鱼而非棘鱼。但是，如果有人像克利福德和罗斯玛丽·埃利斯一样承认封面的作用是创造出一个独特有趣的图像而非一幅彩色图，那么封面是否做到一丝不差的精确也就几乎无关紧要了。

他所创作的11个"新博物学家"丛书封面已将罗伯特·吉尔默确定为埃利斯夫妇当之无愧的接班人。虽然，封面设计艺术在其他地方相较照相机制造的有光泽、毫无想象力的照片有些黯然失色，但"新博物学家"精装书在书店依然像往常一样备受欢迎，这里面精美的封面设计功不可没。

5　E. B. 福特与《蝴蝶》

在所有研究蝴蝶的专家中，埃德蒙・布里斯科・福特教授著作的蝴蝶专著被认为是最受欢迎的书了，而介绍福特博士，我们最好从米里亚姆・罗斯柴尔德女士和这位万灵学院的成员的初次见面开始说起。这两位学者学术兴趣相似，涉及面广，自然而然，在1956年罗斯柴尔德博士（也就是后来的乔治・莱恩夫人）访问牛津大学期间的某一天，罗斯柴尔德博士想登门拜访福特以表敬意。福特让她第二天上午11点到动物研究大楼的办公室找他。

> "后来，我确实准时地登门造访。11点整，我准时敲门，在片刻的沉默后，屋内才扯出一声长长的'请进！……'。我推开门，房间空荡荡的，我紧张地环顾四周，没有发现一个人影儿。房间内所有的东西出奇得整洁。每一个物品，从裁纸刀，到《遗传医学》，都摆放有序，就连窗帘的每一道褶皱都是那么完美，让人觉得就算是一阵轻风，或者一阵轻微的地震破坏了它们，它们都能自动恢复原样。而我的房间每天就像是被艾格尼丝台风刮过，杂乱不堪，这的确是一件不幸的事情。眼前这无比干净整洁的房间着实让我大吃一惊。我张着嘴巴站在那儿，试着回想这么空荡的房间从哪里传来的可怕的叫声？难道我刚是在做梦？我正这样想着，就见福特教授从桌子底下钻了出来，那样子就像是一个苦行僧从坟墓里爬出来似的。显然他刚刚正盘着腿坐在写字桌下面冥思苦想，但他依然很友善地向我伸出手。对于刚刚这样令人吃惊的迎客场面他对我解释道："亲爱的莱恩夫人，我不知道是您来了。"我想说，卓越的蝴蝶专家都是有点古怪的，永远不必让他们给你任何解释，因为伟人们的时间都用来坐着思考

了。我敢肯定福特一定不会介意我那样说的。

马里亚姆·罗斯柴尔德《亨利·福特和蝴蝶》

《蝴蝶生物学》(1984)

福特博士这种对生活秩序一丝不苟和过于讲究的态度,像一条血脉一直贯穿于他这一生所有的著作以及语录里。如今的很多科学家或许会羡慕福特博士能有一个机会坐下来静静思考,他长达70余载的工作生涯都是在牛津大学度过的。他的行政负担较轻,也没有家庭需要照顾。他从不看电视,也很少看报纸。他的科学工作也很少涉及冗长的技术准备工作,也不需要用到复杂的实验设备。极少数需要用到这些设备的时候,福特会把这部分交给助理完成。如今人们少有不借助设备的情况,但对早年的学术专家来说却很平常,福特博士的科学研究完全基于自然观察和纯智力的思考。他稳定的生活可以使他事先制定精确的计划,这样他的工作就得以清晰而有步骤地进行。在他的巨作《生态遗传学》这本书的前言中,他提到,“这本书在1928年开始计划,计划非常详细。那段时间,我在想这本书需要我和别人花上个25年才能写出来。但我最终还是太过乐观了,这本书实际上花了我30多年的时间才写出来。”这本书实际上就是他毕生事业的缩影,是基因理论在这一领域的实证范本。论证遗传学说是他生命中的伟大事业,《新博物学家》系列中的《蝴蝶》和《飞蛾》两部作品,很大程度上只是他研究遗传学的衍生品,但正是这两部作品让人们记住了福特的名字。

介绍E.B.福特一定要从他的名字说起。这两个大写字母是埃德蒙·布里斯科的首字母缩写,通常他签名的时候都是写E.B.福特,显然他不喜欢埃德蒙这个名字。朋友和同事们都叫他亨利·福特。美国汽车巨头福特公司的创始人也叫亨利·福特,自然而然的就有一个猜想,说他这个名字是由此而来,但是福特的好友约翰·海伍德否认了这点。亨利是一个姓氏,后来逐渐成了他的名字。学生和晚辈们都称他为“教授”,少数人称他为E.B.,尽管我认为后者是只会在书里出现的名字,就像那些在生活中很少使用,在书中用于标明鳞翅昆虫类目的一些稀奇古怪的名字一样。因为大多数《新博物学家》的读者都只知道 E. B. 福特这个名字,所以本书也采用了这个名字。如果在书中叫他亨利就显得有些亲密了,福特肯定不会同意。

福特的父亲列夫·哈罗德·陶兹华斯,在英格兰卡莱尔城附近的瑟斯比村庄教区做牧师,他对福特有启蒙性影响,也是对福特影响最大的人。福特家族是坎伯兰郡一位 18 世纪男爵的后裔。E. B. 福特与英国生物学家查尔斯·达尔文有亲戚关系,达尔文娶了他的表妹,她出生于陶瓷世家的艾玛·韦奇伍德。E. B. 福特中的 B 指的是克罗夫顿地区的布里斯科家族。福特曾经说过布里斯科家族有和他的表妹结婚的习惯。福特曾开玩笑说他之所以没有结婚就是因为他的表妹们都被娶走了。福特家族都住在紧密相连的乡村住宅里,他的姐妹,表姐妹,以及他古怪的单身叔叔们都住在一起。在生命的最后时光,福特回忆说:"我 10 岁前都和家人们一

艾德蒙·布里斯科·福特(1901—1988),他身旁的书架上有 4 本《新博物学家》的相关书籍。(摄影:约翰·海伍德)

同住在科克茅斯附近的庄园中。庄园的花园建于威廉和玛丽执政时期,除此之外还有历史更加悠久的建筑。宅子建在山上的一个古罗马堡垒的原址上,在花园里常常能发现古罗马的硬币和陶器。”这个院子使得福特对考古产生兴趣,并终身热爱这项事业。1901 年 4 月 23 日,这一天是圣乔治日,福特出生在这个庄园。他的父亲毕业于牛津大学瓦德汉学院,福特说他“是一个非常出色的演讲家,是社会名流”。福特家族中的男性之间的感情非常深厚。福特在晚年时期尤其喜欢说起自己的父亲,以及他的叔叔,一位教堂风琴演奏者,也是他激发了福特对古典音乐的兴趣。当然我们最感兴趣的是,哈里·道兹沃斯鼓励儿子收集蝴蝶。而福特曾说他与父亲一起收集蝴蝶,而不是父亲带着他做这件事:“我父亲不是博物学家,也从来没有收集过鳞翅昆虫。1912 年 7 月 27 日那天我开始收集昆虫标本,那时我 11 岁,父亲非常兴奋地和我一起研究昆虫,虽然那时我们没有任何相关的基础知识。”(福特 1980 年所说;注意福特式精确的日期)

福特父子两人收集蝴蝶之旅在科学界占据着很重要的历史地位。后来,哈里·多兹沃斯从帕普卡斯尔搬到了瑟斯比的管区,在大奥尔顿的树林边缘,有几块沼泽地特别适合收集蝴蝶,大奥尔顿以其丰富的沼泽豹纹蝶闻名于各处收集蝴蝶爱好者。一位收集者用了 36 年收集蝴蝶并且对其做了详细的记录,这其中记录了这种蝴蝶数量的难解之谜,某些时候它们大量云集,而有些季节又很难找到一只。福特和他父亲决定继续这项工作。工作开始于 1917 年,当时“他们每天需要在一起工作好几个小时才能捕获少量蝴蝶标本”。7 年之后,蝴蝶开始大量回归。“蝴蝶在田间成片飞舞,用捕网那么一网就可以网到好多蝴蝶。”我们现在知道了,蝴蝶数量时多时少的原因在于寄生虫,豹纹蝶非常容易感染到寄生虫。最让福特感兴趣的是,随着蝴蝶种类的突然增加,蝴蝶的数量也骤然增加。在正常的季节里,这些美丽蝴蝶的翅膀花纹和形状简直如出一辙。不过 19 世纪 20 年代中期,蝴蝶数量激增,之后就再也找不到两只完全一样的蝴蝶了,很多蝴蝶与之前大相径庭,甚至变得丑陋不堪,有的甚至连飞行都成了问题。一个普通的蝴蝶收集者,捕了大量的蝴蝶,用袋子装了起来,把他们放在橱柜里作为“畸变蝴蝶”骄傲地向外人展览。但福特的好奇心却被激发了起来,而对遗传学的兴趣也日益浓厚。他意识到,蝴蝶肯定是因为物种进化才变异，那么物种进化的速度有可能比达尔文想象的更快。到了1930年，福特父子已经收集了充足的信息，于是他们联名撰写了一篇论文投递给了伦敦昆虫学会，题为《网蛱蝶属数量的波动及其对变异的影响》。在《新博物学》系列书籍《蝴蝶》中，福特描写了第39张插图中的一些标本。它们可以与第一插图里的坎伯威尔蝶、绿斑粉蝶一起称为是“历史性的蝴蝶”。值得一提的是，其他的业余蝴蝶收集者也同样做出了不少的历史贡献。福特父子就是为了开拓那些只收藏不发表科学观点的人们的视野，告诉他们科学有无限可能。他们研究沼泽豹纹蝶的工作一直持续到了1935年。他的父亲在1943年去世了，于是福特编写了《蝴蝶》这本书以纪念他的父亲。他在书中这样写到“一个陪我抓了30年蝴蝶的人”。

沼泽豹纹蝶的故事带领我们走进福特的传奇人生。福特或许是跟随他父亲的步伐，在坎伯兰圣比斯学校学习古典文学。然而，他却对实验科学兴趣浓厚，这与他所学科目背道相驰。“从事考古学让我习惯了从自己的观察中进行推理判断，通过搜寻鳞翅昆虫，我便开始将这种习惯运用到科学中来。去牛津之前，我便开始了进化研究。我深信达尔文主义学说，早在孩童时期我就读过《物种起源》，虽然只是

E. B. 福特，20世纪70年代早期在田野间的装扮。(摄影：约翰·海伍德)

些零星片段,但还是间接地受其影响。”1920 年,福特去了南部,到他父亲曾就读过的牛津学院学习古典文学。早在之前他就想过要转到动物学专业,但又面临一个问题,瓦德汉学院不是理工院校,显然他需要支付全部学费。他成功说服像加文·德·比尔和朱利安·赫胥黎这样有才干的人来给他进行私人授课。他并没有多么喜欢动物专科学校,这些学校当时专门研究比较解剖学和胚胎学,对实地研究不予重视。他晚年曾回忆到,“作为一名大学生,我无法找到一位既是遗传学家又是博物学家的人。我想研究野生物种的基因遗传……但我很困扰,虽然动物学似乎源于进化理论,但进化理论却没有从遗传学角度进行研究”。因此福特不得不从书本上来学习。他研读了各类教科书和学刊杂志上的论文。在那个时候,这样做还不是一件太难的事,因为遗传学在那时还是一门年轻的学科。福特敏锐清晰的头脑此时已经能让他甄别文章的优劣了:

> “我认为达比肖的著作写得最好。潘耐特有关拟态的描述显然缺乏对蝴蝶的深入观察……有关家禽的著作意义也不大。我认为摩根的《遗传的物理基础》是我看过最差的著作之一了……那些页面上的墨渍真糟糕,居然还被叫作图案。如果说有什么能阻止我对遗传学产生兴趣的话,那么一定就是那本书了,索然无味,表达无力。”
>
> 福特《关于进化综合论的一些回忆》

在这点上,福特展现了他多重性格中的另外一面。他有信心也有雄心去找寻他所选领域里最聪明或可能对他有帮助的人。而他们也发现福特与众不同。在福特后期的一些著作里,他曾提及过一些朋友,或许是因为他们也曾给他讲过有趣的事情,也或许是为了阐明某个观点。毫无疑问,福特为他的朋友感到骄傲,他的朋友来自各个领域,有文人、政客、牧师、公爵,也有同行科学家。查尔斯·达尔文的儿子伦纳德·达尔文(我曾经常向他询问他父亲对各种话题的看法)、上了年纪的埃德温·兰克斯特以及著名的剑桥遗传学家费希尔都曾是他大学时期的好朋友。后来他的朋友又有罗斯、蒙塔古·罗德斯·詹姆士(两人经常在一起讲恐怖故事)、林德曼、战时丘吉尔的科学顾问、考古学家马蒂摩尔·惠勒爵士以及万灵学院的学监约翰·斯帕罗。他也认识托马斯·哈代,哈代曾给他讲过一个多塞特郡的故事,一个男人死后,有一只白色飞蛾从他的嘴里逃窜而出。他与温斯顿·丘吉尔是点头之交,也曾与教皇庇护十一世会过面,他甚至将他称作"我的教皇朋友"。

继福特父亲之后,朱利安·赫胥黎是另一个对他的科学观有重大影响的人。福特早年在牛津的时候曾有幸遇到朱利安·赫胥黎,当时(1919—1927)赫胥黎在牛津进行短期的演讲和基因研究。两人第一次见面是在1921年。虽然朱利安·赫胥黎是一位鸟类学家以及研究进化的学者,但那时他的事业与遗传生理学和胚胎在体内的发展更为密切。赫胥黎建议福特与他一起合作,共同研究生活在咸水里的片脚虾,又叫钩虾。这种虾的眼睛时而呈红色,时而呈黑色。通过饲养并研究这些虾的神秘双眼(慷慨的赫胥黎坚持要这样),福特和赫胥黎得以说明黑色素及它的发展由基因所控制。他们将其称为"基因速率",它是进化的关键,这就意味着黑色素的发展速率因基因而异,因此要面临物竞天择,也就是说,基因能控制黑色素在体内的发展进程。这个发现为进一步研究人类进化提供了新线索。福特后来又阐释人体血型受物竞天择的影响,并预言有些特定血型更易受某种疾病侵袭。片脚虾不仅仅只是实验室里的培育项目,福特的建议对它的研究也应公布在相关领域。赫胥黎和福特曾多次去普利茅斯采集样本,研究普利茅斯湾野生咸水虾不同基因的频率。有许多工作都需要进行漫长的实地观察,有时还需要驻扎在偏远区域或无人居住的岛屿。

20世纪20年代,福特也曾与约翰·贝可、查尔斯·埃尔顿合作过,共同研究林鼠的健康和身上的寄生虫。这项工作需要对上百具尸体进行解剖,活捉身体状况良好的老鼠十分重要。所以他们要在凌晨两三点的时候在巴格利森林看是否有老鼠进去陷阱。贝可和埃尔顿一开始很担心福特对这项工作提不起兴趣,于是决定在深夜藏在林子里观察福特如何工作,结果并没让他们失望,因为福特正认真地工作。刚开始,他们只是听到黑暗中传来的哀叹声,随后一个高挑的身影从黑暗中走出来,他扛着一盏灯,高声呼道:"我就是真理,我就是光明!。" 这一幕或许正是福特演给他们看的。

赫胥黎于 1927 年离开牛津,同年福特继获得动物学学士之后又获得了硕士学位。之后福特又与费希尔(罗纳德爵士)合作,费希尔是当时最杰出的遗传学家,早在本科时期福特就与他相识。福特以特有的方式描述了他们是如何相遇的。

> "朱利安曾向费希尔提起过我,于是他便决定亲自来牛津拜访一下我。他当时并没有提前告知我他要来,当他来到瓦德汉学院时,我刚好出去了。于是他便在我房里等我回来。费希尔经常来牛津看我,我也时不时会去哈普顿(洛桑试验站)或剑桥拜访他。他来牛津除了我谁都不拜访。"
>
> 福特《一些回忆》

费希尔利用数据分析来预测基因是如何在野生物种体内运作的。从 1927 到 1928 年,他通过他著名的显性理论阐释了物竞天择是如何影响基因的。正是他的这项工作,才"让我有了写《生态遗传学》的计划,费雪 1927 年发表的论文为我多年前把遗传学应用到实地研究的想法提供了实现的可能",50 年后,福特这样写道。他的发现与福特多年前对沼泽豹纹蝶体内基因选择的观察相一致。从 1928 年起,福特决定投身于野生物种进化的研究,探寻数量发生剧变的条件,并结合实验室里的基因试验来分析野生群体的变异。他打算将这门技术称作"生态遗传学"。这样一来,基于一种新形式的博物学,他创立了一门新的学科。

在《新博物学家》里,福特详细地描述了他那个年代。他最先发现蝴蝶和飞蛾是研究野生物种进化的理想对象,因为它们每年繁殖,羽翼多样且易于观察。他通过标记、释放及收回样本,完善了预估蝴蝶及飞蛾群体大小的技术。费希尔的资料统计法又帮他完成了余下的工作。刚开始他们选择深红虎蝶作为研究对象,它们总是呈一定的组合三两出没,当然在柯德尔湿地附近也有一些孤立的群体。它们也会在漫长暑假刚开始的时候出现,那时刚好福特不用处理教学事物,有益于研究。1947 年后,研究深红虎蝶的工作由菲利普·谢帕德继续进行。后来他以惯有的福特式谦虚将这项工作描述成对地球上野生物种进行的最彻底的定量研究。最好去福特《飞蛾》中有关进化的重要章节里读下他的原话，在那里他将这项工作描述成"第一次对难题的实际检验，这个难题已被证明是现代生物学、物竞天择相对重要性及孤立小群体在进化中任意存活等问题的关键。"同时期他的其他工作还包括对飞蛾工业黑化现象的第一次科学研究。飞蛾工业黑化现象即为了适应树干变黑和其他受烟灰和大气污染的植物，某些物种体内黑色素加深。另一项重要的研究基于费雪的数学原理，对草地褐蝶多变的羽翼样式进行了分析。在以上几项工作中，福特都得到了克蒂威尔的帮助，他是一名优秀的医科学生并最终接管了这些工作。

为了找到可以进行进化研究的孤立蝴蝶群体，福特经常在他的同事兼好友多德斯韦尔的陪同下，在夏末去锡利群岛安营观察。他们两人在无人居住的岛屿上安营扎寨的本领非常强大，以至于在他的著作《遗传学》中，他突然偏离了话题，用了很长的篇幅描述了野外生存技巧。那些已经读过他《新博物学家》书籍中有关蝴蝶部分的人，或许会对以下节选的科学背后的故事感兴趣。

"非常庆幸我们生活的这个时代，已经发明了便携式烤炉，这种内部配套有隔板的小型烤炉，在野外使用最好不过了。在野外艰苦的环境下，一顿可口的饭菜显得尤为重要，人可以在对美食的期待中获得心灵慰藉。试想一下，在临近岛屿上辛苦了一天，回到营地时，配着热茶，吃着准备好的司康饼干，仿佛是在享受着别人送上的祝福一般。"

"别指望在野外就地取材：虽然有时候会好一些，但是不要期待太多。早餐过后，要清理营地；准备好便当；科研工作可能在不同地方展开，一干就是好几个小时。要烹饪；晚餐前安静地喝一杯；洗漱；深夜或许还要分析结果，规划下一步。没有时间收集食物或钓鱼。至于鲜肉和蔬菜，要自食其力了。记得要用消毒片给饮用水除菌消毒；带些简单的医疗工具；太阳镜；捕鼠器；还要谨记：半永久性的露营通常由逛杂货店开始。"

福特《走进遗传学》(1979)

特安的营地,1950年。(摄影:福特)

尽管福特在牛津总是穿得规规矩矩的,黑西服加领带,但在研究场地他便穿着耐磨的花呢甚至牛仔裤。福特年轻时大部分头发早已脱落,所以他通常会戴一顶软毡帽。本书的首张著名插画是福特和其他三位顶尖生态学家的合照,照片中他头上戴着一顶棕色软毡帽。他趴在地上认真观察一些昆虫的样子与众不同。因此,人们给这幅画起了个非正式的名字,叫"新教派"。据说这幅画准确地捕捉了福特的性格特点。帽子没有遮挡他的脸时,样子又很特别,一下子向前探出他的脸,一下子又将脸缩回,仿佛感兴趣的同时又略显怀疑。他有个高挺的鹰钩鼻、尖下巴和一副永远充满好奇的圆八字眉,还带着玳瑁眼镜。他生性也算和善,同时也是一位热情的主人,至少把林肯,一位受人尊敬的美国科学家介绍到了英国到博物学界,林肯称之为"英格兰最优秀的传统"。林肯曾记得福特说过,"我亲爱的林肯,试验要仔细观察控制","你知道的,林肯,好的科学是门艺术;但不幸的是艺术并不是好的科学"。福特当时的礼貌话语在现在看来是再寻常不过了。马里亚姆·罗斯柴尔德看到他时,他边倒沁扎啤酒边高呼,"我亲爱的莱恩太太,你真的必须写本关于这方面的书"。他有大量的奇闻轶事,"每一个都脍炙人口"。当马里亚姆提到他的儿女都有一头橘红色的头发时,福特想起一位著名昆虫学家的女儿,也有着这种颜色的头发。这位昆虫学家曾在沙丘被一群处在发情期的斑蛾追赶。当他们的话题转移到各种各样神秘而有毒动物的味道时(福特经常收集飞蛾的体液,来检查它们是否真的有毒),他回忆道,"我在德克萨斯曾吃过响尾蛇,它们的味道有点像冷却过后的炒鸡蛋"。谈话结束时,他再次说道,"说真的,亲爱的莱恩太太,我真的认为你应该写本关于这方面的书”。

德文郡多佛顿，捕蝶，1972年，图左为福特（摄影：约翰·海伍德）

福特自尊心很强，容易被冒犯，但在某些特殊情况下他似乎又很包容。比如说看到飞蛾在马里亚姆·罗斯柴尔德儿子的头发上爬也并不感到意外，他儿子有一头橘色的头发，是基因遗传的结果。然而，当他用沾了硝酸铵的抹布擦黑板的时候，他却十分不悦并且大发雷霆。直到有学生站出来坦白道歉他才开始上课，事实上当事人并不是他的学生，而是他的同事。一位同事说他喜欢吓唬学生，把他古怪的脾气发挥到极致以便控制学生。他讲课面面俱到，说话严肃正式。托马斯·赫胥黎（朱利安·赫胥黎的侄子）告诉我他按点上课，下课时间一到，他就停止讲课了。“就像说话说了一半，几天后上课时又接着后半句开始讲一样。”也没有引导性的开场白。如果有人迟到了，他就停下来盯着那位学生直到他找到位置为止，期间真是静得可怕。他的另一个学生约翰·普西回忆到他在讲遗传学时提及动物的方式十分奇特，比如“像蛇一样的动物”“像鸫一样的鸟”。福特在授课时的神态和他的父亲在布道时是一模一样。

下了课之后，他通常显得十分平易近人。学生经常和他一起共进晚餐，他特别友好风趣。对于他人，福特要么喜欢，要么厌恶，对于厌恶的人，他通常采用忽略的方式。当提到一些他漠不关心的人时，他经常挂在嘴边的一句话是：“你不可能喜欢所有的人。”如果男学生聪明专注，彬彬有礼并与他趣味相投，他就十分热情，毫不吝啬自己的时间鼓励他们。他具有一种魔力，可以使人更加聪明有趣。另外，他十分擅长挑选研究人员，并充分发挥他们的想象力，特别是在一些他自己创作的有前景的领域。从 20 世纪 50 年代起，他的遗传学实验室就聚集了一代杰出的科学天才，比如伯纳德·卡特维尔、菲利普·谢泼德、肯尼迪·麦克沃特和罗伯特·克里德。

可以毫不犹豫的说福特有些自命不凡，但他的爱与憎与财富和地位无关。例如，我们可以举出这样一个例子：出于某种原因，福特并不看好霍尔丹，他是一位著名的遗传学家，但他有些迟钝，并没注意到福特对他的偏见。据说在一次牛津之旅中，福特听说霍尔丹正在找他。

> 罗伯特·克里德说：“福特找到了一个同事，显得非常不安，说道，快带我回家，我不想和那个人说话。”那时克里德有一辆布鲁克林·赖利的赛车，车很小，双座敞篷式的，其中一个座位离地只有 4 英尺（约 1.21 米），福特戴上帽子和公文包上了车，克里德则坐在前座发动引擎，这时霍尔丹出现了，弯下腰说道：“亨利，我有事和你谈谈。”听到这，福特回答道：“杰克，非常高兴见到你，和你谈谈我会非常高兴的，但是现在我们还有事要做。事实上你也看见了，我们只得坐赛车去办了。”
>
> 《林奈学会生物学杂志》39 期第 320 页，

众所周知，他有点厌女症。他似乎没有把女性看作是一种不同的性别。在牛津大学流传着一个著名的故事，或许可追溯到战争的前期，他的男学生被一个一个地召去服役了，很快只剩下一个，上课前福特的开场白总是“先生们”，现在却说“这位先生”。最后这位学生也被带走了，福特发现自己面对的全是女生，在这种情况下，他感觉教室空无一人，所以他宣布：“由于这里一个人都没有，我也不会讲课了。”当然，他也反对男女混合学校。1978 年学校提议允许女生入校吃午餐，他十分不满，认为“这将会打破独特的风格，破坏所有人的信仰”。他担心这将会是招收女学生的第一步(结果确实如此)。但是,有的女学生回忆起他时十分深情,一位女学生说他“是一位了不起的老师”,是她在牛津大学“唯一的好朋友”。还有人说他是最善良友好的人。他致力于他的搭档伊夫琳·克拉克在康沃尔的考古探索,与马里亚姆·罗斯柴尔德惺惺相惜,他们俩都一样,才华横溢,性格单纯。

或许,与其说他怀有偏见,不如说他有些守旧。福特不喜欢任何形式的小零件,只要涉及到一些手工操作的东西就有些笨拙。约翰·海伍德记得一次福特试图将一些东西钉在一起,却从他房间传出刺耳的噪音,最后不得不求助于自己,求助时还十分自豪地说:“我在做一些手工活。”福特特别崇拜那些精通技术操作的人,特别是约翰·海伍德和萨缪尔博福,他们精通他所谓的照相机。直到晚年的时候他才开始学车,但他还是经常找别人送他去想去的地方。他蔑视电视和广播,也不看报纸。他不吃快餐,至于披萨和汉堡店就只是想象一下,但他非常不喜欢炸鱼薯条。当卖炸鱼薯条的车第一次出现在牛津时,有人为了取笑他,大声说道:“看,亨利,车上有炸鱼薯条。”听到这,他想不到世上竟有这么可恶的人。

《蝴蝶》的撰写和插图

福特在他职业生涯的中期创作了《蝴蝶》,那时他还只是一名普通的遗传学讲师,而且刚获得博士学位不久,然而因为战争而暂时停职,在这之前他已创作出四本书:《模仿》《模仿、孟德尔遗传学说和演化》(福特,卡彭特共书,1931)、《遗传研究》(1938)和《医学生遗传学)》。这4本书都通俗易懂,插图精美,意义非凡,充分体现了福特著作的风格,其中有两本30多年来一直被用作标准教材。福特在科技杂志上发表的作品相对较少,但每一篇都具有里程碑意义,因为他从不会发表一些无足轻重的文章。1940年,基于对蝴蝶和飞蛾的实地研究,他写了一本关于遗传多态性的文章,这可能是他最具影响力的作品。这篇文章简单地概括起来就是,他发现一个群体中有一些个体的形态明显不同其他个体,而且比例相当固定,在排除了地理和环境因素的影响后,他认为这是由遗传导致的。多态性的存在使得自然选择能够在一致性和多样性之间保持微妙的平衡，这意味着某些少见的形态可以提高昆虫个体的适应性，从而转变成一种优势，比如，桦尺蠖最喜欢栖息在有煤灰的地方。

当福特创作《蝴蝶》时，所有这些都记忆犹新。对于任何了解福特和他作品的人来说，这本书显然远远不只是一本普通的自然历史书。我们想了解的是他是如何在战争年代快速创作出这样一本内容丰富并意义非凡的作品的，那时几乎所有人比任何时候都要努力工作。为了探索这个问题，我们非常想知道在战争年代他是怎样度过的。福特就是福特，这是漫无边际充满传奇的谣言，但不幸的是缺乏事实根据。早期的故事是这样的，说福特身兼重要的情报任务出使美国，或者福特在唐宁街10号出席会议，或者福特在伊斯坦布尔担任特工，这些也许就是他的传记作者布赖恩·克拉克所说的缺乏事实的空想，而福特也不打算阻止。一位同事问他为什么在1931年之后停止研究草地褐蝶，福特神秘地回答说："我们马上被召走了。"有些故事还被记载下来(因为有人亲眼所见)，例如在战争时期他为海军织帽子和袜子。事实的真相是什么呢？真相是他继续战前关于昆虫颜色的研究(于1941－1942年发布论文)，描述了第一次成功地将化学和分类联系在一起，并发表了相关的书籍，他和往常一样利用一部分时间讲授遗传学，在战争结束时创作了《蝴蝶》。但是谣言也不一定都是空穴来风。可以想象他从事了与战争相关的秘密工作，或许是依照其好友林德曼(如今最具影响力的科学家)的吩咐。不管真相如何，也许是因为太过机密，也许只是为福特的传奇人生又增添了一笔，他从不提及。但很明显的是，至少在有些时候，他在校园的生活是平凡普通的，也许是福特利用男学生不在学校的那段时间完成了这本书。

福特并没有收集整理信件的习惯，所以关于《蝴蝶》一书的由来也就无从查起，博德莱安图书馆里保存的他的私人文件里没有相关年限的记载，柯林斯出版社的内部会议记录簿和文件里也没有。1943年8月，朱利安·赫胥黎给一大批杰出的科学家寄信，询问他们是否愿意为这个系列写一本书，福特也许就是其中的一员。由他编写《蝴蝶》一书的现存记载在他与出版商订立的合同中可以找到，时间是1944年1月20日，而3月底出版商要求提交手稿，这并不意味着福特仅仅只有两

福特(左)和阿利斯特·哈代爵士,合照于牛津动物学组(图:约翰·海伍德)

个月的时间来写这本书。柯林斯有一个惯例,往往在书编写到一定程度才开始签订正式的合同,称之为“协定书”。但无论如何,在特定情况下产生的《新博物学家》的合同确实是到 1943 年 11 月才准备好。福特比他的同事阿利斯特·哈迪晚些才拿到合同,这意味着福特并不是第一批柯林斯委托写书的人。但《蝴蝶》这本书却是这个系列的第一本,这并不是因为福特比其他人开始得早一些,而是他比别人写得快一些。1944 年夏秋之际,《蝴蝶》必须成为第一本完成的书籍,因为埃利斯要用《蝴蝶》为书名来设计《新博物学家》第一本书的封面。就我们已经知道的和推想的情况而言,《蝴蝶》写于 1943 年 8 月,很有可能是在 1944 年 3 月完成的。这本书似乎早已在福特脑袋里构想好了一样，就像《死海古卷》中的某一卷一样，等待时机被人发现。

1944年，福特为了给《蝴蝶》做插图花费了大量的空闲时间，裱好的标本插图相对直观。福特从众多的标本中挑选组合，其中大部分是他和他父亲在过去的30多年里慢慢收集起来的，还有一些是从大学博物馆的昆虫学希望部门收集来的，包括戴尔早期的收集，历史意义显著，因此数目不断地增加。大英博物馆的威廉博士和多德斯韦尔也给福特提供过标本。插图的排列很便于学习，这也许是受福特收集的特点的影响，他这样设计布局是为了表现出地理的多变性和一些其它的普遍法则。他独具匠心地将几百种标本仅用31张插图排列出来，设法涵盖了所有英国的蝴蝶物种和它们最重要的变化，他并不是按照传统的分类顺序进行排列，而是以主题标题的方法，比如森林的蝴蝶与粗糙的地面，季节形态与地理类别，大型铜矿的再介绍，种族变异等等。戴尔收集的“历史上著名的蝴蝶”这幅插图有着特别的意义，详细介绍了第一批稀有蝴蝶的标本，其中包含一只有着250年历史的斑粉蝶。每一幅插图由皮克林拍摄，几乎与实物一样大小。皮克林是用一种巨型的相机来拍摄的，他在艾德布里特公司工作。“我们遇到了很多技术上的困难。”福特在前言中说道，但是他克服了这些困难，结果令人满意。他没有提到的是，由于他的一再坚持才有了高质量的彩印技术。刚开始，校样的效果十分不理想，几乎没有一副能完全再现蝴蝶的颜色和色调的。他很不满意，但印刷厂却表示这已是最好效果。福特不为所动，花大价钱买了一套英国皇家园艺协会颜色图表，切割成方块，贴在校样边缘，表示他想要的颜色。他给艾德公司的答复是：皇家园艺协会能做到的，他们应该也能做到，显然技术上是可以实现的，他们应该为此感到惭愧。最后，他做到了，蝴蝶标本的插图是《新博物学家》系列前6本书中最精美的，是彩印的最好范例。在我看来，它们依然是其后50年里最全面最有趣的英国蝴蝶插图。

博物馆用动物和昆虫的标本做插图，这很普遍。但《新博物学家》系列的理念包括用活的动物和昆虫的彩色照片来配插图，这大大增加了难度。1994年，英格兰的汽油供应有限，彩色胶卷更是少之又少，而且很多采集样本的最佳场地都被军事封锁了，所以收集和拍摄工作实施起来困难重重。为了完成这项任务，埃里克·霍斯金拜访萨缪尔·比尔弗伊,时任伊普斯维奇技术学院的电子工程系的主任,他在很多年里成功地拍到了许多英国蝴蝶的生活画面。然而,他的所有照片都是黑白的,没有人能够拍到活蝴蝶的彩色照片,这种技术虽然不难学会,但是困难也很多。柯达彩色胶卷是当时唯一可用的胶卷,但其感光乳剂对活动频繁的对象,比如蝴蝶来说,反应速度太慢。此外,还存在着光平衡和色彩平衡的问题。这也难怪山姆·比尔弗伊会如此谨慎,而且艾德公司异想天开地认为,可以不管昆虫生命周期这个生理事实,在一个季节完成所有的工作。一年之后,柯林斯写道,这项工作"几乎让比尔弗伊伤透了脑筋……在柯达告诉他试验失败之后,他一遍遍不断地尝试。"拍摄和洗照片之间的时间差是另一大难题,因为胶卷洗出来要一段时间,如果失败,很可能会错过蝴蝶生命周期中的某个阶段,一旦错过就得再等上一年。

> 萨缪尔·比尔弗伊写信告诉我:"《新博物学家》这项工作占据了我所有的空闲时间,我的妻子和年幼的女儿也参与其中,帮助我养育蝴蝶。不仅如此,当时唯一能够符合我的技术要求的一款相机就是爱克山泰,所用胶片只有35毫米。艾德布里特公司的斯坦姆先生,他只能在周末借到这样一款相机。因为在工作日内,伦敦一家教学医院需要时常用到这种相机以供医学摄影之用,所以只有在每个周五这款相机才被送到利物浦街火车站,搭上开往伊普斯维奇的火车,然后由我或者我的妻子来这儿取相机,然后每个周一早上又被送回原火车站。"

最终,他想出了一个方法,规定灯光和物体的距离需要按照一定的标准,准确计划好滤光器和曝光时间的有效配合,这种方法非常成功。因为事实证明要想在户外拍到满意的蝴蝶照片是不可能实现的。现在大部分的昆虫都是从卵或者幼虫孵化起,部分来自于比尔弗伊在野外的搜集,部分来自于福特自己的养殖箱。每一只成年蝶被小心翼翼地放置在天然的食用植物上,然后拍摄它们在从翅膀变干到开始飞之前的这个过程,往往需要几个小时。这件事说起来容易,但在实际操作中又是另外一回事。有些物种拍摄起来容易,但是另外一些则不然。博福回忆道,

“有一只小苎麻赤蛱蝶特别配合，只花了五分钟就拍好了。但是有一次，在一个闷热的夏天晚上，为了拍一只蓝翼小蝴蝶，我在封闭的工作室里呆了近三个小时。

那是唯一一个蓝翅小蝴蝶样本，而且照片要得很急。每一次它都会到处飞，藏在某个隐蔽的角落里，每次我都要仔细找遍整个房间才能重新找到。最后，它总算同意消停一会儿，我这才拍到了照片。”

山姆·博福伊回忆说，那年夏天他去德文郡度假的时候，不仅带着沉重的摄影设备，还带了很多养殖箱，箱里装着一些蝴蝶种类的幼虫，这些幼虫跟着他来回奔波了大约885千米。还好房子空间够大，能充当临时工作室。因为这次共同为书配插图的经历，比尔弗伊和福特成了好朋友，两人惺惺相惜，比尔弗伊欣赏福特研究蝴蝶的独特方法，而福特则钦佩比尔弗伊高超的摄影技术。20世纪50年代，两人时不时会在康沃尔或德文郡会面，那时福特正在研究眼蝶的阶梯变异，比尔弗伊满怀热情地加入了研究，负责实地研究鳞翅目和报春花属植物，同时还读了福特的一些书籍手稿，用他自己的话说，他只是一个兴趣昂然的门外汉。

图为1947年萨缪尔·比尔弗伊正在用干板照相机和闪光枪拍摄一只蜻蜓蛹（照片为萨缪尔·比尔弗伊）

序言可能是最后完成的，延续了福特高超的写作风格，通俗易懂，措辞严谨。序言中的第五段是了解全书的关键所在：

> “我希望这本书能对昆虫学家和生物学家有所裨益，此外，我也希望这本书能满足蝴蝶收集者和热爱自然的人的需求，也许此书能够激发他们的兴趣，为他们的生活增添乐趣。毫无疑问，很多人会止步于此，不再继续深入研究，因为很多收集者和博物学者并不打算成为一名业余的科学家。事实上，我也不想他们再继续深入研究，但我还是希望部分人可以，因为这确实是一大乐事。所以，我标出了很多关于有趣的实验和观察的描述，这些实验和观察都简单易行，可自行开展。”

福特并没有刻意地按照《新博物学家》的风格来写，因为那时候并没有这样一种风格，只有一些很宽泛很普遍的要求。《蝴蝶》成为整个系列中第一本印刷的书，这对出版社而言，无疑是一大幸事。不仅是因为蝴蝶在数量和吸引力上仅次于鸟类，而且福特在很多方面都堪称新博物学家的原型。其一，他喜欢在户外研究，热爱乡村和野生动植物；其二，他获益于后达尔文时期在进化、生态学和行为学方面的研究成果；其三，他是将实验室研究和野外实地考察相结合的代表性人物；其四，得益于传统的训练，他笔头功底强(在他的作品中几乎找不到一处语法错误)；其五，他学识渊博，富有想象力，能全面地看待事物。读《蝴蝶》一书，你会发现福特兼具多重身份：史学家(过去对解读现在的重要性，让我印象深刻)、收集者、优秀的遗传学家、解剖学家、生理学家和科学思想家(他有时在草丛蕨簇间研究，有时在书桌下思考关于进化的问题)。这本书的成功之处不仅体现在知识广博，具体原创性上，还在于这是属于福特的书，就像新博物学家系列中其他的书都各有其主一样，《蝴蝶》只能由福特来写。我们不仅要看到《蝴蝶》中蕴藏的智慧和见识，还要看到福特投注其中的心血和热情，他在书中写道，有一次他抓到了一只很稀有的英国蝴蝶，他甚至“想咬上一口，来判断它是不是很难吃”。

畅销书

是什么成就了畅销书？书籍介绍？促销活动？相关系列电视剧？还是小报上的连载？这些都值得探究；有时书的内容也会起一定的作用；但其中最重要的因素还是恰当的时机。《蝴蝶》一书上市发行时，适逢军队遣散，举国厌倦战争。最令人惊讶的不是实际销量而是该书出版之前庞大的预定量，比利·柯林斯将原定出版量翻了一番，达到两万册。

第一版(1945)	丰塔纳平装本(1975)
第二版(1946)	
第三版(1957)	20,000
再版(1962)	20,000［合订本(1946,1947)］
再版(1967)	3,000
再版(1971)	2,000
最新版(1977)	3,500
	2,500
读者协会版(1977)	2,500［根据丰塔纳平装本于1977年再版黑白版］

图6 《蝴蝶》各版本出版量

该书售价在当时价格不菲，即便如此在推出数月之后便销售一空。这本书连续翻印了35年，售出约53000套精装本，这个销量足以让一位小说家功成名就，且远远超过了当今大部分自然历史类书刊。

正如编辑在《飞蛾》一书的前言部分写道：《蝴蝶》的成功向世界证明英国博物学界正在掀起一股新风潮。这股风潮究竟源于何处？至少书评中没有提及。在此后的几年里，《新博物学家》系列吸引了一批忠实的读者，其中不乏象西里尔·康纳里、杰弗里·格里格森和布赖恩·维西·菲茨杰拉德这样的名人。图书在主流大报、杂志和自然科学期刊上反响强烈。但这些声誉需要花费时间进行宣传，后期《蝴蝶》增订本扉页中还有少数“溢美之词”，但都平淡如水，有点滥竽充数的味道。我自己搜索了大量当代报纸的微缩版，却一无所获。我也没找到《伦敦新闻画报》引用的评论，1945 年这个画报也不过是个画廊，充斥着大量被炸弹炸得满目疮痍的城镇和战争中涌现的英雄的图片。《约克郡邮报》是最好的地方性报刊之一，秉承关注自然历史的传统，赞扬该书鼓励博物学家进行“调查研究工作”。西里尔·戴弗在《生态学期刊》中言辞辛辣的评论或许会让编辑们大失所望。虽然他对《蝴蝶》一书的销量和文章的流畅表示欣赏，但他也一针见血地指出，由于本地蝴蝶稀缺，难以找到好的案列，使得该书在生物进化问题上的讨论存在一定问题。

本书将遗传学及蝴蝶博物学的内容放在一起实属不易：前半部分讲遗传学，涉及大量蝴蝶案例；后半部分讲蝴蝶博物学，以蝴蝶为研究主题。此书的关键章节是有关进化论的内容，但只有在充分理解消化前三章理论遗传学及应用遗传学后才能读懂此章。当然只有一小部分读者能够坚持到底。大部分博物学家及收藏家对有关蝴蝶的行为、分布区域、地理族群及与其他昆虫的关系兴趣更甚，也有许多新东西可以说。人们可以略过无聊的章节就像在《大卫·科波菲尔》里跳过艾妮斯·维克菲尔德一样。虽然在这里做出这种建议，但这对 1945 年成千上万的读者并不公平。人们对此书的关注可能更久，战争引发的文化革命席卷了所有阶层的有识之士并在战后结出硕果。或许福特的书是为数不多能满足所有读者的书籍之一。正如米里亚姆·罗斯柴尔德所说：“福特写出了有关蝴蝶的最好的一本书，一项令人敬畏的成就，人们一致认为将昆虫学家的身份和作家的身份相融这本身就有其精妙之处。福特对自己的成功也十分惊讶。他为《蝴蝶》一书感到骄傲但他不认为这是他写过的最优秀的作品，这一点与福特的传记作者布赖恩·克拉克有所分歧。

《蝴蝶》一书究竟为福特带来了多少收益？读者可能会对这一问题感到好奇；我推测他从中赚了一大笔钱。福特与《新博物学家》出版商签订的特别设计版合同中规定：首印一万册将有 400 英镑收益，一半私人所得，一半作为出版费用。第二次印刷一万册收益按销量计算，千册 40 英镑，10%版税不计所得之内。据我估算，福特第一年约有 1000 英镑的收益，此后每年收益约为 75 英镑至 150 英镑。在 1945

年，1000英镑是相当可观的一笔钱，编辑也认为这是相对优厚的收益。但写书并非是真正的生财之道，金钱对于《新博物学家》的创作诱惑不大。随着书籍的销量下滑，赚到的钱也越来越少。很多书都是在作家们闲暇时或者退休后才写的，这就是系列书籍的推出速度如此之慢的主要原因，从1945年至1949年，每年推出两本新书；另一方面，也解释了为什么到了20世纪50年代丛书忽然铺天盖地地都出版了，因为这些作家们陆陆续续地在这个时期完成了丛书的工作。

1946年，做了稍微修改的第二版《蝴蝶》再次印制了两万册。这一次柯林斯直到1956年才销完这本书。此后，随着系列图书中每本书籍的销量都在锐减，《蝴蝶》的发行量也随之减少，书本定价从1基尼涨到1962年的每本35先令，再到1967年的每本45先令。

《蝴蝶》的第二版和第三版修订之处不多，直到20世纪70年代，为了适应丰塔纳平装本的需要，他才得到允许对文本进行了全面的修订。这或许是他接受平装本的真正原因，因为此前他对此是拒不接受的。平装本的销量不佳，福特对此这样解释道："我早已不是普通意义上的昆虫学家，多年前就忽略了生态遗传学的发展和新研究成果。因此英国的蝴蝶早已不在我关注或了解的范围之内。"而让人尤为沮丧的是书中的所有彩色印刷都被删去了，也就是说整本书中看不到任何原版的痕迹，取而代之的是福特的助手约翰·海伍德的单色印刷。这样做完全是暴殄天物。福特写到："这本曾经炙手可热的著作如今被砍削的面目全非，实在可惜了。我讨厌这样做，我想，我也知道，我现在正在做一件糟糕的事情。"

最终，平装本于1975年在一片褒贬不一声中出版了，销量不佳。虽然丰塔纳平装本系列在20世纪60年代后期有过昙花一现的成功，但销量下降。《蝴蝶》是最后一本以那种形式出版的书。出版商两次未回答作者有关版税的问题后，二者之间的关系变得紧张起来。可以想象，福特眉毛跳上镜框，一脸惊怒的表情。他写到："出版商如此对待我，我想整个牛津都会大吃一惊！"

《蝴蝶》的最后一版出版于1977年，书本采用了传统《新博物学家》的编排，却少了彩色印刷的至高荣耀，而且由于通货膨胀，售价调整为每本8英镑。那时印刷板已严重损坏，由于疏忽，并没有留存备用的模板，原来的彩色印刷板上已满是尘土、遍布划痕。如果要制作新的彩色印刷板，就不得不提高书本售价，让读者掏更多钱。按照以往的做法，直接宣布该书不再印刷或许是不错的选择。但是柯林斯想继续出版这本书,不是为了赚钱(因为再版旧书没有任何利润可言)而是希望大众继续接触到这么一本著名而且实用的书。不幸的是,他们忘了将改变告知读者,而沿用了原版的前言,前言中提到的彩印板早已不复存在了。福特的反应与众多读者一样,他写到:“……事情看起来糟透了,彩印板已经损坏,编者在原版前言里的话现在就变成了笑柄,尤其是人们读了平装本的前言之后。”无数读者要求书店退货,并对柯林斯的解释表示愤怒。这便是20世纪一部自然历史经典著作的悲惨结局。柯林斯那时的自然历史编辑罗伯特?麦克唐纳认为单色印刷就是一个错误,他说:“要么就不再出版此书,要么就不惜任何代价再版此书的彩色版,无论是哪一种情况,这都是一个必要的教训。”《蝴蝶》一书于1983年宣布不再出版,此书销量比《新博物学家》精装本的总和还多,当然,《英国的地理和风景》除外。

柯德尔沼泽,近牛津市,艾德蒙·布里斯科·福特在此数年研究红虎蛾的遗传。(摄影:皮特·韦克利/《英国自然》)

《飞蛾》

艾德蒙·布里斯科·福特的第二本《新博物学家》著作原意为扩展一下《蝴蝶》一书中的某些概念并以插图的形式放在《飞蛾》中。他打算在完成《蝴蝶》一书，签订《飞蛾》的合同后就动笔创作。1945 年 2 月 23 日，他签订了《飞蛾》的合同，约定在来年年底完成书稿。但是战后数年，福特异常繁忙，直到 1951 年才开始撰写这本续集。由福特亲自打印的原稿最终于 1953 年年底完成，并给赫胥黎和詹姆斯·费舍尔阅读，他们对这本书的评价和《蝴蝶》同样高。由于出版延迟，直到 1955 年一月这本书书店才有售。喜欢《蝴蝶》的读者们急切盼望着《蛾》，此书得到了广泛而热切的评论。它被看做《蝴蝶》的姊妹篇，正如米里亚姆在《星期日泰晤士报》中所表述的那样，"我们怎样才能在兼得收集的惊险与乐趣的情况下从一名单纯的收集者转变成为一名科学家?"《泰晤士报文学增刊》上一篇深度长评及《观察家》上约翰·摩尔的文章都与米里亚姆的观点相呼应。

摄影技术精湛的山姆·比尤弗伊拍摄了书中的插图，其中包括样本印刷板，这些图例采用类似的形式，分别来源于福特自己的收藏、他所在学院的收藏和他同事的收藏。如同《蝴蝶》一样，他们拍摄了 48 张彩色图片，但是由于彩色印刷成本增加，于是将原定计划削减为 32 张。虽然越来越多的博物学家拥有先进的胶片乳胶和特写设备，但比尤弗伊拥有其他人无法企及的成就，他花费毕生心血拍摄出第一组飞舞的黑飞蛾照片，这是一种不同寻常的小昆虫，幼虫以真菌为生，而蛹就像吊床一样悬挂起来。可惜的是在本书的第二版中这些后来拍的奇特的图片都被倒置的标题毁掉了，冲淡了福特在发现整本书几乎完美无瑕时的喜悦。

《飞蛾》并没有像《蝴蝶》那样在商业上大获成功，鉴于这本书的主题没有那么有吸引力，因此也不太可能获得那样的成功。除此之外，还有其它原因。此书第一章就是关于蛾在解剖学和生理学的介绍，这时阅读下去已经变得相当困难，然而接下来福特直接进入了四个"沉重"的章节即理论遗传学和应用遗传学，作者认为掌

印刷样品(左)，《飞蛾》封面的铅笔彩绘草图(下)(私人收藏)

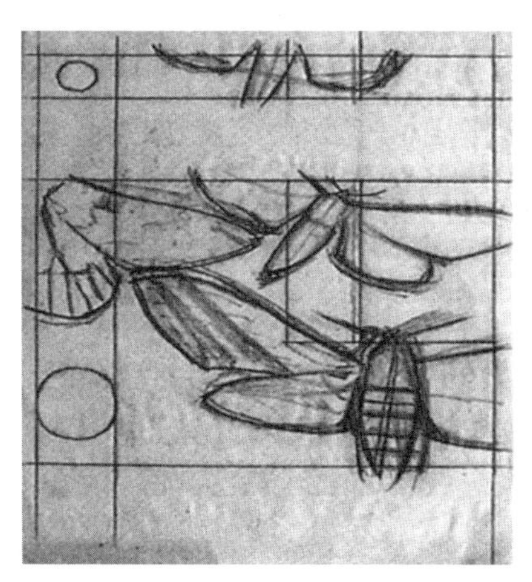

握了有关蝴蝶的资料与知识,这本书就应该比《蝴蝶》更有深度。之后的章节虽然又回归到了传统的主题,但总体上《蝴蝶》那种清新自然的感觉已经不复存在。飞蛾种类繁,福特有些无所适从。他只将这些飞蛾进行列举,而不是将它们作为主题阐述也使问题变得更糟。同时福特还热衷于写他的遗传学研究,甚至用了一整篇来写草地褐蝶。尽管有些瑕疵,但《飞蛾》作为《蝴蝶》的姊妹篇仍然不失为一片篇作。内容同样的清晰明了,通顺易懂,同时又充满了对进化论及生活在暗夜里的小昆虫的深刻洞察力,这就像一道彩虹为文章增添了色彩。曾经有传言说福特和阿利斯特·哈代一同登上英国皇家空军防空气球,研究飞蛾是否会飞向月亮,类似于这样的事情,可能他还做过更多。在提供新的信息方面,比如有关飞蛾灭绝的地区和本地品种,这本书可能比《蝴蝶》还要有价值,因此《飞蛾》一书不论是用于学习研究还是在黑夜里提着灯笼拿着网去捕飞蛾作为娱乐,这本书都有很大价值。本书第一版印制了 8500 本,销售时间长——《飞蛾》是丛书中销售时间长但销售量稳步增长的书籍之一,1981 年之后此书不再出版,这本书共推出三个版本,售出 14000 本。可是如果还有更多书关注飞蛾的生活与习性,这本书还能否畅销就是一个值得探讨的问题了。

福特的晚年时期

前文根据其出版的著名书籍,已经对福特的科学事业作了一些详细的介绍,所以现在要对福特的生平做一个补充,确切地说,就是细谈一下他的晚年生活。《蝴蝶》发布后不久,因其作品的原创性和重要性,福特得到学术界的一致认可,并获得了一系列荣誉。1946 年,他被选为英国遗传学会主席以及英国皇家学会院士,并于 1954 被授予达尔文奖。1958 年,他被马里亚姆·罗斯柴尔德提名为牛津大学万灵学院的第一位科学奖学金获得者并正式当选,此后,他被戏称为"莱恩夫人的好同事"。万灵学院,以其宏伟的图书馆和餐饮设施著名,并且当时学院里都是男生,从那时起,万灵学院就是福特的生活重心:他担任学院主教牧师,主要负责在学院的教堂传教布道,1977 年,他获选为该院的杰出学者和高级主教牧师。

1964 年,福特的毕生研究《生态遗传学》一书出版了,为了此部巨作他准备了 30 年之久。尽管此书成功地引起了大众对这门学科的关注,但其许多题材早在《蝴蝶》和《飞蛾》等书中出现过:福特与其父亲在一起收集标本;八月在特安和"兔子"道兹韦尔一起露营;在柯德尔湿地与罗纳德·费舍尔和菲利普·谢泼德一起举行的"猎虎行动"。在这一时期,福特在牛津创立了遗传学系,讽刺的是,早在 20 世纪 50 年代该校就专门设计了实验室,但由于位于一片废弃的空地上,被称之为"亨利的杂草花园",平时福特就在这里观察毛毛虫。1963 年,福特被任命为生态遗传学教授,虽然这个职位并不负责行政,但却是对其创立了一个新兴学科的认可。此外他还有一群有天赋的学生,其中有些靠自己的努力当选上了学校的领导职位。作为一名科学家,福特已经攀登到了科学的顶峰,受到了应得的尊重,也得到了皇家学会和牛津大学的认可。然而英国政府却没有依照惯例授予他应获的爵位。

20 世纪 40 年代到 50 年代期间,福特参与了发展英国自然保护区的工作。在朱利安·赫胥黎和阿瑟·坦斯利的领导下,任职于野生动物保护特别委员会,1949 年,他发表了著名的 Cmd. 7122 白皮书,促使英国皇家宪章设立了自然保护协会。此后福特成为这个协会的董事,并任职长达 10 年之久。除了 J. A. 斯提尔斯和 W. H. 皮尔索尔,福特比其他同期科学家的任期都要长。福特交际广,影响力也大,不仅如此,他对于离岸岛屿与本地昆虫之间的关系有着深刻研究,这是其他人无法媲美的。在目睹了战争前后,许多美丽的蝴蝶和飞蛾都因为耕地的扩张而消失灭绝之后,福特渐渐对建立自然保护区产生了兴趣。于是他批准并帮助建立了许多自然保护区,其中就包括他位于柯德尔沼泽的赤虎研究区。同时他也参与了自然保护协会的行政工作,其中包括科研奖学金候选人和科研岗位的面试工作。德里克·拉特克利夫常常回忆起那次难熬的面试。他记得当时现场有三个英国皇家学会的面试官,其中一位就是福特,他记得福特目光尖锐地盯着他,不时地问着刁钻的问题,当德里克说道他从动物学换到植物学专业,是因为动物学很枯燥无聊时,其中一个面试官对福特开玩笑说:"又一个逃兵,亨利!"而福特只是厌恶的哼了一声。

对于福特来说,他从未真正地退休过。虽然他从 1969 年起不再担任教授这一

1971年,福特、朱利安·赫胥黎和约翰·贝克在伯纳德·凯特尔韦尔的花园。(照片来源:约翰·海伍德)

正式职务,但是他在动物学系还留了一间办公室,他几乎每天都要去这间办公室。他的晚年时光基本都是在出差旅行中度过的,受邀到各个国家,包括芬兰、约旦、加拿大、法国等指导设计基因实验室。此外他还在继续研究鳞翅昆虫,在他和西里尔·克拉克爵士最后的研究项目中,研究了关于吉普赛飞蛾的异常遗传学调查。他还写了好几本书,都与他的考古爱好有关,有田野考古、纹章学和中世纪教堂探索等。他最后一本书《牛津区的教堂珍宝》(1984)的主题就是中世纪教堂探索,在这本书中,福特用其在科学观察中的细节描述法,对于每个"珍宝"都唯恐描述不尽。一次,他和约翰·海伍德在纪录卡姆诺尔教堂内部情况时,他们听到门外砾石小路上有脚步声,突然脚步声在门廊外停住了,他们猜想可能是教堂老人每晚都会来锁门,约翰·海伍德说道:"亨利,我们还是走吧,别被锁在这了。"但是开门后,门外根本没有人。这时福特的科学思维派上了用场,他说道:"我们应该把这段马上记录下来。"很显然他们并没有这么做,因为在《教堂珍宝》这本书中,并没有提及到这段插曲。海伍德告知我说,他们并没有作记录,而是直奔了最近的公共酒吧,以平缓他们内心的恐惧。

在他生命最后几年里,福特还是回到他的老本行收集蝴蝶标本,可能是为了在牛津散步时尽可能有事可做。因为他是一个从不浪费时间的人,在乡村小路上享受散步的乐趣,不是他的风格。我曾有幸见到过由福特亲手制作的最新蝴蝶标本集,这个蝴蝶标本集是他在生命的最后10年里完成的,每一件作品都设计的极其精准,都是他在工作之余制作的。可悲的是,作为《蝴蝶》和《飞蛾》的示例,福特早年间收集的标本集都已毁灭殆尽。海伍德告诉我说,福特用来装收藏品的的陈列柜一直都保管在福特的阁楼里,几年来都没人看过了。福特离世后,人们去察看了他的陈列柜后才发现几乎所有的藏品都让螨虫和甲虫吞食了。就这些藏品在福特作品中起到的作用而言,这是科学界的一大损失。而另一方面,为了科学实验,福特甘愿牺牲掉自己的藏品和样本,并逐渐养成了用完就毁掉的习惯。他似乎从来都不是个感伤主义者。

尽管福特患有哮喘,1971年还得过心脏病,但饱受病痛侵扰那应该还是他人生的最后一两年。在晚年时期,也就是20世纪80年代中期,他和海伍德还在筹划再写一本《教会瑰宝》的书,这一时期福特一直住在科茨沃尔德(位于英国西南部),在英格兰,他最喜欢的地方就是科茨沃尔德。他还想把视野跳出这个世纪,写一本关于进化和灭绝的书。大致是在1985年,他一直青睐的女管家死了,同时也因为遭受盗窃损失了不少宝贵的财产。他再也不能像以前一样了。福特于1988年1月22日辞别人世,享年86岁。应他生前要求,遗体火化后,将骨灰撒在伯德利普附近的一片丘陵山坡之上,那里夏花绚烂,鸟儿在花丛中翩翩起舞。

作为本世纪最著名的遗传学家,福特的作品并不是都经受住了时间的考验,但其独创性和影响毋容置疑。身为一名科学家,在某些方面都会与较早时期的科学家有相似之处,比如说牧师博物学家雷和吉尔伯特·怀特。那么福特到底是怎样的一个人?在这一点上,布赖恩·克拉克是最了解他的人。他承认,他对福特的情感可以说是钦佩与恼怒掺半。一方面,福特的作品原创性很高,才华横溢,并且文辞上佳。另一方面,他书中有些观点也往往狭隘极端。福特是牛津的一员,他受到牛津人的共同仰慕。他唯一欣赏的剑桥人就是费舍尔。对于来自大西洋彼岸的同胞,在《生态遗传学》一书中,福特几乎不承认他们在此领域的研究。在《新博物学家》这套书中,读者可以从中领略福特的优缺点。本书从广义上看,并不是纪录自然历史的书，它主要是记录了福特和其最亲密的同事的辛勤工作成果。同时，因为纪录的都是第一手材料，其所涉及的知识也极其广泛，书中洋溢着新颖的真知灼见。因此读者要准备好接受来自这套书中关于自然科学历史的挑战。

对于福特此人，一千种人有一千种看法。很显然，许多学生和同事都不大喜欢那种被他忽视的感觉，不喜欢因为迟到一场讲座，他充满敌意的目光，还有他的冷言冷语。但有人却只记得此人的友善。白眼和刻薄的外表掩盖不了其善良的本质。福特注定是不寻常之人，从几个熟知他的人的口中，我听到过这句话："你们永远都不会忘了亨利·福特的。"当然我们也不会忘记他。最后我想引用两段悼念词的选段，第一段来自迈克尔·马耶鲁斯，他是一位遗传学家，同时也是这本书前卷的作者，第二段来自科学家马里亚姆·罗斯柴尔德，她应该是最了解福特的人了吧。

"1964年，在10岁生日那天，我收到了一本书，是福特的《蝴蝶》。其后我便用零花钱买了这本书的姊妹篇《飞蛾》，这两本书无疑影响了我的生活。从那个夏天开始，我开始大量地收集蝴蝶和飞蛾标本。当时年幼，做出来的标本集大都杂乱无章。我还诱捕飞蛾，为了弄清楚捕到飞蛾的品种，我还把飞蛾的外形特征和行为都仔细地纪录下来，最后我还按福特书中的建议，成对饲养不同特征的飞蛾幼虫。我做的实验证明了福特书中所言，福特的书让一个11岁的孩子在一个午后便学会了孟德尔遗传学的基本要素，然后运用到实践中去。（虽然当时我才10岁）

"我认为我的职业生涯深受到这本礼物书的影响。1964年，多态性鳞翅目激发了我的兴趣，此后我坚持研究多态性鳞翅目，到如今都25年了。1972年，我有幸拜读到福特的《生态遗传学》，我攻读博士学位时，对绿色鳞翅目幼虫与棕色的鳞翅目幼虫的研究，就是在阅读和潜心探究这本书之后想到的。尽管我从没见过福特和凯特尔韦尔（但我确实是听过他们在不同地方的演讲，但当时我还只是一个不善社交的腼腆青年），说真的，福特深深影响着我对这门学科的兴趣。

——迈克尔·马耶鲁斯《工业黑化现象与斑点蛾》(1990)

“遗憾的是，英语形容词没有法语形容词那么贴切，不然一定会有个词可以用来形容亨利的多才多艺以及其独到的见解，还有他对细节敏锐的观察能力、富有成果的研究和执着的追求。此外，他的人格魅力还吸引了无数的学生在蝴蝶研究领域从事专业或业余工作，让他们认识到了这些无与伦比的昆虫，领略它们的独特魅力。他带给我们孩子般的想象力，如今我们年岁渐长，智慧也渐长，但福特带给我们的最好的生物研究工具，会让我们怀念当年的黄金岁月。它不仅仅有益于科学领域，更显示了对自然历史的热爱和永恒的喜悦。我将永远感谢亨利·福特，感谢他让我脱胎换骨，像一个愚蠢的跳蚤插上了智慧的翅膀。”

——马里亚姆·罗斯柴尔德《蝴蝶生物学》(1984)

6 风格问题

1953年3月8日《星期日泰晤士报》上刊载了一篇对“新博物学家”丛书的评论文章，作者西里尔·康纳里这样写道：“‘新博物学家’丛书正在开创一项极为引人注目的事业。与其它致力于科普领域的项目不同，“新博物学家”丛书几乎囊括博物学领域知名专家的所有经典著述，甚至还包括一些针对高年级学生撰写的博物学教材。这样的书籍如果要有所突破，成为大众读物，关键在于其写作风格是否可以为普通读者接受。”不过这种专业书籍赢得普通读者青睐也有成功的先例，康纳里认为米里亚姆·罗斯柴尔德的《跳蚤、寄生虫和布谷鸟》以及詹姆斯·费舍尔的《管鼻藿》就广受大众欢迎。这第一本无所争议，而对于《管鼻藿》这本书，我个人却更赞同毛瑞斯·伯顿的看法：“该书风格过于严肃精谨，没有给读者留下任何发挥想象的空间”，费舍尔恐怕是雇佣了他的仇敌，才把好好一本书删减成这样的吧。

第一批十几本“新博物学家”丛书从其销量看来，显然“做出了突破，成为了大众读物”。不过，购买后期几本书的则主要是大学生。就广泛吸引力而言，如今很少能有与其相媲美的书，这些早期的经典之作的确具有很强的可读性。该丛书的早期编者总是能成功地说服该领域的一流专家加入写作团队，而专家们对于编辑部为他们挑选的写作主题也是相当满意。那时，许多“新博物学家”丛书的作者拥有一种与生俱来的写作偏好：如福特曾接受过系统的经典文学训练，杨格学习过新闻写作，而哈里森·马修斯则天生是位讲故事的好手。作品主题都经过了精心挑选。没有一个超出专业范围：每本书涵盖了至少一个广泛受欢迎的主题，即使好几个主题混合成集也会尽量避免无谓的重复或落入俗套。即便《乡村教区》，采用的也是18世纪以来英国博物家所熟悉的写作手法。

同样重要的是，时机刚刚好。早期的“新博物学家”从书中很少有能在二战之前完成的，或者说即使完成了，也没有在战后各种条件都具备的情况下完成的效果好。当热，这一时间点也不可能过于后延，因为随着战后博物学领域各方面研究的飞速发展，之前的选题可能已变得过于宽泛，再研究广度上难以把控。于是，这一时期的很多作者放弃了研究整片“海滩”，而选取了一块“鹅卵石”来仔细钻研。对比 E. B. 福特的《蝴蝶》(一本真正以蝴蝶作为例子来探讨环境遗传学的书)和后期 R. J. 贝里的《遗传与博物学》，这两部书都写得很好，而且呈现给读者的信息尽可能简单但不过分简化。不过，《蝴蝶》很大程度上是基于作者一人的实地研究证据，但《遗传与博物学》是以生物化学、细胞生物学和应用数学等这些更为晦涩难懂的学科为理论支撑，所以《遗传与博物学》没有《蝴蝶》的可读性强，而这也并非批评。如果作者忠于解释理解生态问题中遗传特质的重要性，那么这本书可能更加令人摸不着头脑。其实，这是一位重要而完整的专著，让它通俗易懂的期望有些过高。《遗传与博物学》精心挑选的参考目录多达 28 页，而且全是小字印刷。当 E. B. 福特开始研究野生种群的遗传学时，全世界关于这一主题的文献也不过几个书架那么多吧。

1945 年，科学前沿领域仍然在福特、杨格和伊姆斯等人的知识结构把控范围之内，生物学和地球科学的最新发现可以通过熟练的技术手段让普通蝴蝶收集者或野花收集者容易理解。“技术手段”在这里至关重要。许多早期“新博物学家”从书的作家是优秀的老师，他们可以用简单平实、热情随意的语言来写作，而不必诉诸行话，他们有意无意地将其个性展示于作品之中。科技期刊的死板形式一时遭到抛弃。阅读这些人的作品时，不难理解他们这样写作的原因。这些战后作家认为，推广作品主题是他们的责任，这符合时代的精神，也符合他们自己的偏好。

在这个丛书中，几乎每一位作家本质上都是一位实地博物学家。皮尔索尔清晰地记得，他沿着奔宁山脉的山顶和湖区大踏步地走，拉姆斯博顿曾穿着正装完成了一趟实地研究的短途旅行，马坎手里拿着瓶子和渔网走出他的游艇。实地博物学研究和科学发现之间并不存在不可逾越的鸿沟。各个阶层的人们保有一颗好奇心，所以首批印刷的十几本“新博物学家”丛书的销量就超过了一万册。

但是，任何事情都不应一概而论，这些书由不同的作者写成，风格迥异。而且那个年代很少有作者严格遵守引用的规则，所以常会有达德利·斯坦普和杨格的句子杂糅在同一段落之中，于是更加风格难辨。不过总的来说，大多数作者都静静地、不自觉地进行文学创作。为了提醒我们自己这个系列涵盖了不同主题和风格，让我们能简要地回顾一下这首批十几本书(除了已经说得够多的《蝴蝶》)，其中包括在 20 世纪 40 年代写作并出版的大多数书籍。整体而言，这些书构建了丛书的统一框架，但对于每本书而言，由于其题材不一，风格和方法也各异。

在精装书销售方面，整个系列中最成功的便是达德利·斯坦普的《英国的地质和地貌》。这本书被广泛用作大学的入门教材，其成功可能得归功于斯坦普是一位教科书作家。教科书有教科书的要求，虽然它讲求叙述的完整性和简单明了的风格，但更强调实地观察并真实地展示出作者非凡的知识广度。结合自然地理学、地质学、土壤学和植物学(以及个人对英国岛屿各部分的熟悉程度)等独立学科，斯坦普提出一种综合理论。虽然这种观念在如今已经是这个学科的基础理论，但在当时却具有突破性的意义。该综合理论的核心基于地质研究，描绘了“我们的山河如何起伏、分裂、沉淀，如何被分割成无数美丽的风景，在这片国土各处呈现”。这本书至少在 30 多年内仍然是一部经典，在 1984 年平装版的序言中，克莱顿教授认为尽管部分主题已经过时，但这本书仍然极具参考价值。在 1944 年和 1945 年，斯坦普似乎利用空闲时间，以他惯常活泼的笔调创作了这本书。这本书的主题和整个“新博物学家”丛书的构想让他产生共鸣，克莱顿也曾评论这本书为“一位多产作家的最好作品”。

R. J. 贝里和奥克尼群岛的野鼠，图出自格拉纳达《进化》(1981)系列(图：R. J. 贝里/格拉纳达电视台)

同时期出版的《不列颠狩猎》与其形成了有趣的对照:就像是一边是一位固执己见的编辑在修改《野外》时的严肃认真,另一边则是一位温文尔雅的大学教师对他的图表和幻灯片娓娓道来。布莱恩·维西·菲茨杰拉德可以说是专业的乡下人,最后的文艺性、冒险博物学家。他以一位乡下人的眼光看待事物,写下了《不列颠狩猎》,其风格与《野外》以及其《野外猎物》一致。这本书里他几乎全是口述,如此活泼,那么口语化,那么抒发己见,好像菲茨杰拉德就在你身旁,戴着布帽,叼着烟斗,身着射击服和你聊天。如果这本书是针对"乡村生活"杂志的读者,那么这种风格是合适的,但将它放在一部严肃的科学丛书中则有点儿不协调。菲茨杰拉德书中的男主人公是亚伯·查普曼,一位维多利亚时期的平底船枪炮长,他是从运动员和猎场守门人的视角看待博物学,与科学家眼里的博物学截然不同,而且他似乎十分鄙视科学家这个身份。《不列颠狩猎》也许不是被刻意挑选为丛书中的第二本的,因为这本书最初曾被列为"特别题材"。但与大多数"新博物学家"丛书的作家不同,布莱恩·维西·菲茨杰拉德是一位职业作家,他的作品能按时完成。《不列颠狩猎》这本书很成功,时至今日它仍然是二手书店里最常见到的"新博物学家"丛书。

《伦敦博物学》不需要任何这样的保留,因为正如布莱恩·维西·菲茨杰拉德自己说的,"这是针对伦敦这座伟大城市的真正意义上的第一部博物学专著,它通过追溯各种野生动物的分布变迁展示了伦敦城市化的发展进程"。这本书在当时比它的姊妹篇《蝴蝶》引来更多的关注,在历史和野生动物的合理协调方面的见解影响了无数的城市生态学家。作为这一领域"第一个吃螃蟹的人",《伦敦博物学》无疑极具开拓精神,而且成果斐然。理查德·菲特作为一位政府报告的作家,已经具备了积累写作内容和数据的经验。他还是伦敦博物学协会的领导人之一,在伦敦的野生动植物研究方面积累了一个非常大的"数据库"。看来,他已经做好一切相关准备工作。因此,当他的朋友也是英国鸟类学基金会的同事詹姆斯·费舍尔邀请他来为"新博物学家"丛书执笔时,一切仿佛顺理成章。在近一次采访中,理查德·菲特坦诚正是詹姆斯·里奇教授的《苏格兰:人类对动物生活的影响》,使他想要分析人类各种活动,如挖掘、交通、垃圾处理、烟尘排放和体育运动等对

理查德·菲特,《伦敦博物学》(1994)
(图:安娜·菲特)

野生动植物的影响,尤其是在大伦敦的背景下。相比“从哺乳动物开始,一直讲到到昆虫,这可能是另一种新的研究路径”。这一思路更有趣有益,并且与生态新视野保持一致。当然,这本书也带有鲜明的时代色彩。毕竟,只有在战时写出来的书才可能将它最吸引人的部分放在炸弹和炸药的影响力上!这一部分的细节描述详尽复杂,而整本书的语言风格也大致如此。文中,作者提到,德国空军空袭死伤了几只鸟兽,甚至树木也避免遭到严重的破坏:“在坎伯韦尔的一棵马栗树,7 月份它的叶子几乎掉落,9 月份又完全长了出来;在赖盖特,紫丁香又盛开了;在第一批庄稼被收割到房子里之后,匍匐蔓藤又逐渐长满绿叶”。在前言里,编者认为伦敦“激进的生物灭菌”是过于凄惨,于是删掉了这个故事。查尔斯·埃尔顿在评论时,将该书浓缩为“野生动物与人类之间的不断变化的平衡史,并在这片广袤的温带沙漠地区业已变化的新条件下,寻找野生动物找到新的栖息地、研究其新习性”。《伦敦博物学》不应被认为是编者的“枯燥读本”,而应当视作对自然的适应能力和智慧的致敬。

如果菲特的作品是一个城市的生态形象,那么 A. W. 博伊德的《乡村教区》就是“一座普通乡村教区的博物史”。这本书依据的是詹姆斯·费舍尔的想法,费舍尔曾编辑过学术性极强的《塞耳彭博物学》,并想要在“新博物学家”丛书中将这一传统沿袭下去。而又有谁能够比他的叔叔和良师阿诺德·博伊德更适合写作这本书呢?博伊德是 20 世纪上半叶的一位重要的业余鸟类学家,精通博物学。他一生都居住在柴郡,从 1920 年起,他就住在大巴德沃兹柴郡平原的教区,这里有迷人的村庄、小湖和一片片林地。在交付稿件给柯林斯出版社时，他用那惯常谦的虚态度说，“我没有什么大的期待，只是希望它不会严重拉低了早期“新博物学家”丛书的高水准。”事实证明，这本书没有让大家失望。但在我看来，《乡村教区》的成就一直被低估了。部分原因是因为它在 20 世纪 50 年代就被宣布绝版，很难获得。博伊德根据他在“曼彻斯特卫报”上每周发表的乡村日记而写成了这本书，并把收集的 500 篇日记另行集结成册，命名为《一个柴郡人的乡村日记》，由柯林斯出版社在 1946 年出版。和《塞尔彭博物学》一样，《乡村教区》一次是“个性的探索”；和《伦敦博物学》一样，它将人类和野生动植物作为讨论的对象。与《伦敦博物学》不同的是，《乡村教区》将人类与自然分开研究。这本书的前半部分是对社会历史的精彩描述，用心关注当地的风俗和方言(有一整章是关于本地的哑剧表演)。这种脚踏实地的朴实风格是博伊德的典型文风。书中还有一些有关乡村生活的小故事：

阿诺德·W. 博伊德(1885－1959)，《乡村教区》作者，1956 年摄于默西塞德郡(摄影：埃里克·霍斯金)

> 小径沿着大巴德沃兹墓地往前延伸，越过围墙有一座新挖的坟墓。据说有恶作剧者知道会有人在深夜经过这里，便在空坟墓里躺下，当过路人走近时，他便开始呻吟：“嗯！下面好拥挤，诶！嗯！我被挤的不行。”过路人便会向坟墓里看去……大喊道“我想你才不会挤得慌，又没有尸体压在你身上”，并开始铲沙来埋住这假装的尸体。
>
> 《乡村教区》，第 9 章，民间传说

《乡村教区》的后半部分遵循乡村日记的格式，以传统的手法，逐个编写关于鸟、植物和蝴蝶等内容。这可能是过于在意“新博物学家”丛书编辑的想法和建议，而没有顾及读者的阅读感受。这本书编绘的是在战后变化侵蚀乡村传统之前的乡村教堂的赏心画面，这种传统让每一个乡村独一无二。20 世纪 60 年代和 70 年代，曾有读者请求科林斯出版社重新印刷此书，也许有一天，它真会再版。

从《乡村教区》布鲁盖尔似的风景，我们转到弗兰克·弗雷泽·达林的《高地和岛屿博物学》中描绘的兰西尔风景。这本书极其重要，可能在那当时没几个人敢尝试。就其初稿而言，其实毁誉参半。这并不令人感到意外，因为达林当时远在苏格兰西部，与战争隔离。这是一本个人色彩浓厚的书，带有他博物学杂志的元素，参合了他早期有关于鹿、海鸟和海豹的一些作品，以及他为后来的生态学研究《西部高地研究》(1955)中的笔记。这本书的部分内容写得潦草，而其他部分则包含了一些不同寻常的抒情内容：

> 要在几个小时内爬上杂草丛生的阿尔卑斯山，然后几个小时内下山，时间明显不够。带一个小帐篷……如果你恰好碰到 7 月初的好天气，你会听到鹩哥婉转的呼和，环颈鸫长笛音似的欢畅，亦或是金鸻短促的哨声，金雕嗞嗞咕咕的啸叫。这些都是很好听的声音，不会打扰此刻的安静。看看褐红色毛皮的鹿群是如何悠闲地躺在高山草地上休息，如果你已经大步靠近，听听小牛像高兴的孩子一样的欢快交谈。这里覆盖新鲜牧草还没遭到其他牧群的啃食，11 月份，鹿群到这里之前，这里的土壤被刚被大量的雨水滋润过。这里的草鲜嫩，所以鹿儿也长得肥美，这样它们才能熬过寒冷的冬天。请勿打扰它们世外桃源般的生活。
>
> 《高地和岛屿博物学》，第 8 章，山峰

自从我第一次读到它，这段特别的话使我内心极为震撼，特别是最后一句温柔的倡议。这是弗雷泽·达林写得最好的一段文章，甜蜜惆怅就像是最好的酒，与尖锐的措辞和坚实的科学定义形成了微妙的平衡。这算是上乘的科学类写作文笔，也只有如此具有想象力的表现手法，你才会很容易想象自己在山颠，置身于

大自然的静谧之中的情景。达林长期在山林中工作,静谧的环境和充足的时间足够他好好磨砺他的文笔了。

《高地和岛屿博物学》得到的评价是整个系列丛书中最为犀利,也是最广为人知的。弗雷泽·达林和詹姆斯·费舍尔从圣基尔远途归来,在他的邮件中找到了《苏格兰博物学家》的最新版本。其中还包含了由魏恩·爱德华教授对这本书写出的三页纸的严厉书评。魏恩·爱德华教授不仅批评了作者自己的失误,还批评了"新博物学家"丛书的编者,后者敢于宣称"已经采取谨慎态度……以确保事实陈述的科学准确性",简直是可笑。正如其他的评论所指出,这本书的植物部分确实是充满了"模棱两可的陈述和不可原谅错误"。但这些问题并没有得以恰当的修正:

> 有关用线来迁移鲱鱼的事实在托马斯·彭南特的《英国动物学》的时代(1761—1766)算是最新的东西,他一直被视为一个幻觉……鲑鱼部分包含许多可质疑的结论……小双壳豌豆蚬伪装成"蜗牛"……我无法理解干燥度和湿度之间的假设关系,甚至在超现实主义图的帮助下也未能理解。

在此背景下,经过大量评阅,评论家的结论是:

> 进一步进行这些无情剖析没有好处。显然,像这样的书非常难写,而我们大多数人并没有尝试的勇气。弗雷泽·达林对这句话的观点,我几乎是衷心赞同,他对这片土地的深切热爱,能引起人们的共鸣,我非常敬重。在对待作家所犯的错误的问题上,我希望评论家可以不用使用那么残忍的笔触,否则,我们可能会走向错误的另一个极端,即只有单调的纲要,通篇全是脚注。至少这本书还有温暖和个性,传达对生活中美好事物的珍惜。

这样的评论震惊了达林，因为这揭露了他缺乏正规的科学训练的弱点。在伤害他的同时，编者们也感到愤怒和警醒，这致命条款自此从“新博物学家”丛书的信条中移除。批评很公正，尽管评论家不是那么善意地聚焦于事实的细节错误，而忽略了达林的书所带来的新风、他漂亮的表达以及他的勇气。正如他后来的修订者和合著者莫顿·博伊德所指出的那样，达林诠释主题所使用的方法显然惹恼了当时的一些学界同行。韦罗·魏恩·爱德华其实平常十分宽容，他后来也表达了悔意，认为这个评论弊大于利。但它至少拉近了苏格兰两位最伟大的博物学家的关系，这也算是一大收获吧。因为有这些评论，他们成了好朋友，直到 1979 年达林逝世。1991 年 7 月，魏恩·爱德华远道而来，现身于邓恩·唐奈为弗兰克·弗雷泽·达林举办的纪念仪式。差评也是初版《高地和岛屿博物学》未再版的原因之一，虽然它似乎并不影响销量。在 20 世纪 60 年代早期，莫顿·博伊德修订该书时，修正了一些书中的一些错误，并起用新的标题，即《高地和岛屿》(1964)。“达林和博伊德”这一版逐渐成为该丛书中最成功的一部，总销量精装版超过 4 万册，平装版达 8 万多册，并保持长达 36 年的印刷历史。

在筹划植物学系列书籍时，编者们希望先出版两本植物学介绍性书籍，对这一宽泛的领域从不同的角度进行一次推介；然后再考虑出版一系列以“野花”为主题、研究其主要分布地区及品种的书籍。实际上，丛书的顺序由于第一本书《野花》的推迟面市而被打乱，因此序列的第一本植物书是 W. B. 托里尔写的更为专业的《英国的植物》(1948)。这本书推陈出新，试图向大众展示英国植物的进化生物学，涵盖遗传学、生态学、细胞生物学和分类学。简而言之，《英国的植物》涉及的更多的是“生物学”方面的知识，而不是《野花》中“户外”植物采集方法。最初的题目是《英国植物的生物学》，这能比后来所采用的题目更好地描述托里尔的书。《英国地植物》是目前出版过的最为难懂的书籍，不过它也帮助扩大了丛书的受众范围，是“专业人士为高年级学生撰写的书”。即便是一些专家也会觉得它难懂。在这本书中令广大读者难以理解的“大量需求”那一章，哈里·吉德温曾表示，它冒了两头失利的风险，既不足以满足普通读者需要的清晰解释，也达不到高级课程的学生教材的严格标准。E. F. 瓦伯格也曾怀疑作者是否有些过于贪心，而导致两头失策。《英国的植物》似乎是两本书的碰撞，它是一本有关生态学和植物历史的入门读物，也是一本关于遗传和进化的晦涩的学术专著。这本书值得关注，但有时在写作手法上较为笨拙，是托里尔“在过去三年（1943—1946）的空闲时间里，物质条件困难的环境下”完成的。但是在“新博物学家”丛书受重视的时代里，即使是《英国的植物》也卖得相当好。

W. H. 皮尔索尔（1891—1964）《山脉与湿地》作者，德玛尔·班纳的铅笔肖像画，1961年（图：淡水生物学学会）

比原计划推迟了8年，姗姗来迟的《野花》并不是像最初的计划一样，只扮演“引子”的角色，它确实值得等待。副标题“英国植物的研究和采集”完美地表达了主题。这本书邀请读者跟随吉尔默和沃特的脚步顺着小道和山谷，经过森林和田野来研究与采集植物。一位匿名评论者在伦敦新闻画报上提到，它“可以在田野里、森林里、山顶上或是悬崖上阅读”。事实上，它可读性非常高。查尔斯·辛克曾说过“只要一坐下来，就想把这本书找来读”。“听众”杂志发现了合著者们风格的差别：“吉尔默更具诗情，沃特则更具散文性，但两者都表达清晰，直接明了，不做作，几乎不带一丁点儿技术行话”。另外一位评论者特别赞叹约翰·吉尔默“植物是如何发现的？”这一章。读者读起来感到十分新鲜有趣，不过，对吉尔默来说，这可是驾轻就熟。早在10年以前，吉尔默就为“图说英国”系列中有关英国植物学家部分而写作过类似的内容。还有“野生植物的解剖学”的简短介绍章节，这一部分在他的手里变成了激情的剖析，尽现业余作家独立的写作风格。这本书的特征鲜明，专注户外，好奇而欢快，“充满有趣的细节”对于有关“野花”的研究有极大的促进作用。对于当时还是本科生的我，这本书达到了其期望的效果，我不过翻了翻书页，便发现自己对森林和偏僻小路重燃向往之情。

古德温用一句话总结了 W. H. 皮尔索尔的《山脉与湿地》:"一页页都很好地诠释了生态学的精华"。作为第一本栖息地系列的书籍,《山脉和湿地》可算作是有关英国高地生态学的经典书籍。它应当是英国生态学最具影响力的书,也是博物学永远的经典作品。他的同事 A. R. 克拉彭,为该书写了两页有关皮尔索尔的回忆录,显然将该书视为皮尔索尔充实繁忙生活中最重要的成果。他的风格平实,没有散文似的辞藻,像达林一样,皮尔索尔擅长于想象在山景的感觉。皮尔索尔出生在西部,平时沉默寡言。他的文学天赋表现为清晰的表达和丰富的想象力,同时从近景和远景看待自然。有意或无意地,他总是将《山脉和湿地》作为大学野外短途旅行的伙伴,不管路程和天气有多糟糕,他还是更喜欢独自旅行。在该书的引言中皮尔索尔捕捉到了"新博物学家"丛书一贯秉承的精神:

> 到英国岛屿参观的游客通常在英格兰低地下船。他叹服于其整齐排列的街道,广阔的自然景观,这是人类智慧的结晶;同时也是千万年历史的沉淀。对我们很多人而言,英国是一个山脉和湿地的国度,一个太阳和云的国家……至少对于生物学家,英国高地具有不可比拟的乐趣,因为高地显示了有机物对环境在绝大程度上的依赖性,为英国特有的动植物提供了广袤的栖息地。在那时候,这些栖息地接近有机生命存在的极限条件,为避免物种灭绝,人类选择了让步。因此,我们不能仅仅从整体上研究影响动植物因素,还要考虑一些影响人类分布的自然因素。此外,在这些边缘栖息地中,我们一定要将人类视为生物系统中的一部分,而不是周边环境的主人。
>
> 《山脉与湿地》,第一章,引言

在大学里研究生态学的人会很了解这本书,也许会同意克拉彭的想法:"皮尔索尔成功地完成了自己所设定的任务。" 威尼弗雷德·彭宁顿在 1971 年修订了这本书的某些章节,她也对这位大师充满了敬畏:"不可轻易改动"。

《蘑菇和毒菌》以"真菌活动的研究"为副标题,彰显该书为博物学文献做出贡

约翰·拉姆斯博顿(1884—1974),《蘑菇和毒菌》作者,图中他正在向学校的孩子们解释样本的细微之处,摄于1955年(图:博物学博物馆)

献。只有约翰·拉姆斯博顿才可能写出这本书,他是"奇怪学大师",他读过所有有关真菌的东西,见过每一位在世的真菌学专家,并且牢记得所有与真菌有关的信息。布赖恩·维西·杰拉德说:"我想在这本书里,你想知道的任何有关真菌的东西,都可以找到。"拉姆斯博顿带给我们一场穿越真菌的哥特式世界之旅,在人类和真菌碰撞或结合的地方停驻,每一页都散布着从植物学经典作品中摘录的相关引用。它成功地成为"听众"杂志所称的"舒适的幽默"。人们可以想见在现实中无论这个故事如何奇异,作者一定也是拉着一张没有表情的脸,讲述着"他喜欢的故事,才不管合适的还是不合适的"。

这本书也是拖延了好久才最终完成。1943年,拉姆斯博顿应邀写这本书,但他一再借口往后延迟交稿日期,他的讣告作者写道:"拖延到让人愤怒的程度是他性格中不可或缺的部分",当他最终完成的时候,他写出了像狄更斯小说那样庞大的史诗般的作品。初稿反馈回来的意见是"将它删减三分之一到一半的内容",令拉姆斯博顿感到懊恼的是,栖息地章节在编辑看来不过是"类似大章节的无谓重复"。这种大幅度的删减很可能改变原文的结构平衡,使它不怎么像是一本生态历史的书,而只是研究真菌和人的关系。当拉姆博顿表示可以对初稿做出调整,但不知何时可以完稿时,绝望的编者使出诡计。他们以希望再读一遍为借口,派了一辆出租车到博物学博物馆,决定不惜一切代价地确保文本安全。出租车司机直接将初稿拿去印刷了。正如《山脉和湿地》对皮尔索尔一样,于是,《蘑菇和毒菌》也将成为对拉姆斯博顿的永远的纪念。

《昆虫博物学》又是一部经典之作。A. D. 伊姆斯是《昆虫学通用教材》的作者，这本书出了名的枯燥无味，但编者和读者都会惊讶地发现读起来倒也没有什么困难。笔者把注意力集中在那些不太吸引人的昆虫上，而非像蝴蝶、飞蛾和蜻蜓这样较受欢迎的昆虫，因为已有了针对这些昆虫的专门论著。即便如此，昆虫王国太过广阔，不能仅用一本书来覆盖。伊姆斯明智地决定另辟蹊径去考察所有昆虫的共有习性：感官、食习、防护设备和社交生活。在相对意义上来说，这可算是一本书，因为它几乎是由一系列散文组成的。有一章有关于水生昆虫的章节简直没有理由被涵盖进来，不过，收录进该书的理由又是什么呢？伊姆斯认为它们有趣。在这些主题内，有很多巧妙、离奇、有趣和令人震惊的例子。这本书实现了科学和大众博物学之间良好的平衡。有人说《昆虫博物学》的写作时间可以稍早或稍晚一些，因为这个主题的相关文献内容很快就超出了一本书的范围。不过，在它出版 20 年后，仍然被人们誉为“无与伦比、写得最好、备受欢迎的英国昆虫的故事集……吸引了各层次的昆虫学家”。从技术上讲，原书的薄弱环节是有关昆虫飞行的篇章。它后来经过伊姆斯的审校、乔治 · 瓦利教授改写，效果依然不尽人意。瓦利后来承认，“当我终于想明白这件事后，我只能这样安慰自己：我怎么也弄不明白苍蝇是怎么飞的，这可真是太糟糕了。”

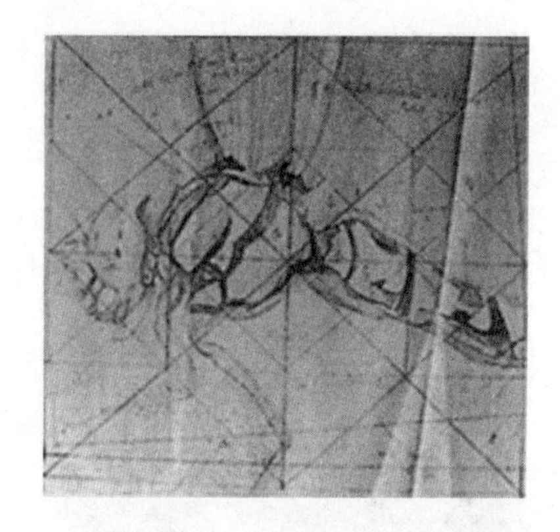

克利福德和罗斯玛丽 · 埃利斯给蓝晏蜓做的铅笔画，《昆虫博物学》封面的原型（私人收藏）

至于有关海边生物的书，皇家学会成员莫里斯 · 杨格爵士出版的《海滨》，完美融合了精心磨炼的文章、可爱的彩色插图和精细的线图。即使按照早期苛刻的评判标准来看，《海滨》也极其罕见地受到了认可。杨格的书文字浅显易懂，但这些朴实文字折射出了杨格对海滨生物相关文献的广泛涉猎：从不起眼的期刊上刊载的双壳类动物的解剖实验到《克拉布故事集》，甚至还涉及了维多利亚时代英国海滨生物博物学研究的相关成果。杰弗里·泰勒在《新政治家》中，对比了杨格和高斯的风格，称杨格写作风格简洁，眼光敏锐。他特别指出，事实上，自维多利亚时代起，没有几本书可以与《海滨》相提并论，"新博物学家"丛书中的书籍也不例外。杨格极具文学天赋，这可能天生而来，因为大家都说他是一个魅力的人，一位很好的老师，尽管他有些缄默和口吃。他就是少数将普及主题作为积极义务的作者。早在1926年，他与他的朋友弗雷德里克·拉塞尔(后来的海军骑士成员)合著了一部博物学的经典作品《海洋》。30年后，他又与约翰·巴雷特写出了畅销书《柯林斯海边袖珍指南》。像约翰·拉姆斯博顿一样，他与年轻人相处得很好。他是一位天生的老师。对于他的杰出学生莫顿·博伊德，莫里斯·杨格更是一位"大师"。

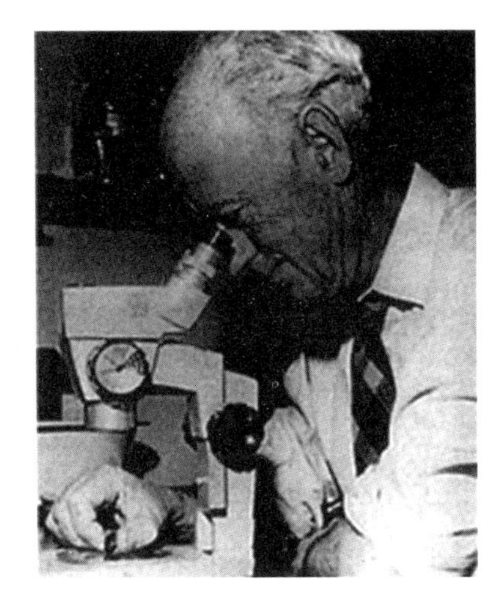

莫里斯·杨爵士(1899－1986)，《海滨》的作者，图中他正用显微镜观察双壳贝，1979年(图：自然历史博物馆)

开始写作《海滨》的时候很痛苦。杨格的第一任妻子玛蒂在1945年死于脑瘤，留下两个年幼的孩子，他开始用写作来缓解内心的伤痛。它是所有"新博物学家"丛书书籍中最沉痛的致敬："M. J. Y. 再也不会和我一起在海滨散步。首批12本'新博物学家'丛书涵盖英国博物学方方面面谨以此书纪念她。"这样的广度和深度在以前流行的博物学书籍里是没有的。它们在一定程度上与生态学和行为学的发展相关，其中的四本书：《伦敦博物学》《高地和岛屿博物学》《山脉和湿地》和《海滨》全都关注动物或植物与环境的关系。这种粗线条的处理可能是它们成功的重要因素。幸运的是在这个阶段，在这一丛书里还没有能专门针对鸟类的书，因此，关于鸟类或其他主题的专著正是急需。每一本书，以它自己的方式反映了一种了解英格兰或苏格兰生态状况的途径，涉及在自然环境中生物体、岩石、气候和风景之间微妙和交叉的影响，并以细致的观察作为研究手段。此时，正值英国领导世界生态学和实地博物学融合的潮流，专业和业余的博物学家携手并进推出了该领域最具影响力的书籍，吸引了整整一代的英国博物学家为之奋斗。

国家公园与地区博物学

20世纪40年代，国家公园的提法在新闻报道中频频出现。“新博物学家”丛书的编者们开始着手准备个别国家的博物学公园指导手册，并将它们作为地区公园书籍的一部分，即“吸引博物学家和乡村生活热爱者”的地区博物学书籍的一部分。他们急于扩充这个方面的系列书籍，这并不奇怪，因为斯坦普和赫胥黎个人曾参与公园建设的计划，前者是斯科特委员会的副主席（主要起草人），而后者则是上一届斯科特委员会（阿瑟·霍布豪斯爵士主持）的成员。好几本国家公园的书如，《斯诺登尼亚国家公园》《达特穆尔国家公园》《湖区国家公园》的相关信件和正式联系方式得以幸存，显示的时间是1946—1947年，这说明著书的计划要明显早于国家公园的建成时间。当公园还在规划的时候，比利·柯林斯已经准备好了指导手册，迫不及待地将“国家公园系列”丛书呈现给热切期待的读者。不过，没有人确切地知道公园边界的范围。在当时，最终的边界问题还在协商当中，因为还需考虑国家公园建设影响的当地民众的需求。所以，作者对国家公园的边界止于何处也只是猜测，在斯诺登尼亚一事上，他们就猜错了。尽管它的副标题为“北威尔士国家公园”，《斯诺登尼亚国家公园》仅包含卡那封郡，而原计划却还包括了大部分梅里奥尼思郡。

在1949年出版的《斯诺登尼亚国家公园》的扉页上，列举了四本当时尚在写作中的“国家公园”系列书籍。这四个地区是达特穆尔、湖区、彭布罗克郡和布罗兹湿地（那时候，布罗兹湿地是国家公园选址之一）。董事会最终是否打算向所有国家公园提供指导手册仍然是不确定。他们倾向于采用更为实际的方案，即先着手准备更受欢迎的国家公园的指导手册，以观察读者的反馈，再来决定下一步计划。这些指导册就每个地区的自然和社会历史进行了全面描述，强调人与自然，现在与过去的联系。他们将与这一系列的其他书籍一起成为“新博物学家”丛书不可或缺的组成部分。

对此，编者们处理的方式非常怪异。对于大多数国家公园指导册，他们坚持采用一位作者完成一本书的策略，强烈反对多位作者共同著书。另一方面，对于国家公园系列书籍，他们却委托给由三位或四位作者组成的编写小组，认为以单个人的能力不足以涵盖一整个领域。每本书会选出一位作者负责协调其他成员的工作和不同的文本。鉴于每本书都会被有意无意地往后拖延，这也能帮助避免类似麻烦。《斯诺登尼亚国家公园》是唯一一本基本按照计划完成的书。布鲁斯·坎贝尔作为“资深作者”，负责自然历史；而 F. J. 诺斯，威尔士国家博物馆的地质学管理员，负责岩石部分；瑞奇安达·斯科特，一位热衷于乡村生活的经济学家，负责社会和历史背景。不过，这三位笔者都没有住在北威尔士，而是住在南威尔士。布鲁斯·坎贝尔在战后对这个地区进行了一次走马观花似的旅行，所到之处便从当地博物学家那里搜集相关信息，从成书的内容来看，其实他对这一领域的把握还十分有限。另外，他也未对该书的编辑工作下功夫，最后不过是三块内容硬拼在一起没有引言也没有概论。《斯诺登尼亚国家公园》长达 468 页，是系列中最长的一本书。由于它篇幅长，它在书店的寿命就短，因为一旦这个版本售完，再想要重印，也会考虑成本过高的问题。其实，也没必要这么做，因为这本书中的内容已经严重过时了。布鲁斯·坎贝尔似乎乐得不再插手此书，不过威尔士地质学最热情的宣传者诺斯却对这本书的过早消亡深示遗憾。

相反，董事会决定重新撰写一本更为短小精悍的书，来介绍斯诺登尼亚国家公园，并邀请了博物学家威廉·康德利执笔。康德利的书，直接地讨论博物学相关问题。前半部分按照传统方式依次处理岩石、风景和野生动植物，而后半部分有关该地区的野生动物迁徙。有康德利作为导游，这将是一次非常愉快的旅行。该书描写生动，笔触细腻，甚至还包含了一些作者无伤大雅的偏见，如威廉·康德利厌恶汽车，《新博物学家》丛书的编者们显然（埃尔加同康德利一样，他逃到西部，逃离内燃机）也很讨厌汽车。《斯诺登尼亚国家公园》在 1966 年出版，平装版保持重印达15年。

虽然少有人知道它的第一版，第二版《斯诺登尼亚国家公园》是图书馆中第一本“替代版”。因为编者们想要保持它的重印记录，这也是唯一的方法了。然而，它却带来一个更敏感的问题：将丛书中“过时”题目换成新题目是否明智？在我看来，这是不明智的。经典书目往往有着超越时代的品质，人们会继续阅读它们，就像他们仍然在阅读《物种的起源》或是《水獭塔卡》一样。“新博物学家”丛书代表了英国博物学的传统，不会过时，经典书籍所具备的完整性和广阔视野，这是今天的书籍难以仿效的。我们可以用当代的见解和视角来补充它，但是丛书应该提供一片犁出的新地，而不是重新播撒去年的种子。所以，第三版《斯诺登尼亚国家公园》也不大可能面市了。

1962年，威廉·康德利，摄于应邀写作《斯诺登尼亚国家公园》后（图：埃里克·霍斯金）

在余下的国家公园的书籍中，最令人满意的一本是《达特穆尔国家公园》，因为它主要是L. A.哈维教授独立完成的。《达特穆尔国家公园》也曾沿用《斯诺登尼亚国家公园》的整体框架构思，计划由不同作者写了关于自然历史、风俗、民间传说和史前遗迹的章节。实际上，有一位投稿家逝世，另一位退出，道格拉斯·圣莱杰·戈登的两章有关于达特穆尔人的历史和社会习俗的章节与哈维的文本风格相吻合，没有不和谐之处。摄影师E. H.韦尔与哈维紧密合作，将插图和文本结合得完美无缺，只不过印刷出来的效果差强人意。哈维承认，韦尔的照片“使我本已难懂的文章增色了不少”。此外，达特穆尔已在1951年就被拟定为首批国家公园，让哈维有足够的时间在出版前进行修订，并加入了“达特穆尔成为国家公园”这章节和一则谴责继续将公园用于军事训练场地的附言。哈维在修订时认识到,该书唯一的严重不是文末的物种名单太长,“虽然我有些舍不得,但我还是乐意删除它们……”。

《达特穆尔国家公园》与系列中的前一本书《威尔德地区》形成了一个有趣的对比。两本书的篇幅相似,且都由大学教授写成。但是,莱斯利·哈维的生态学方法更适合“新博物学家”丛书,并保持了在细节处理的一致性和完整性,如达特穆尔沼泽、荒野和河流都有涉及;西德尼·伍尔德里奇则采取了相反的方法,专注于“陆地刻蚀”。伍尔德里奇是伦敦大学的一位地貌学家,利用威尔德地区作为露天实验室以研究地区风景的变化,演算并制定土地侵蚀的一些普遍原则。因此,自然地理学成为该书的核心部分,植物、动物的章节和人类定居章节的质量马马虎虎,经不起推敲,风格就像是亚士顿森林里的沙子一样枯燥无味(个人而言,伍尔德里奇绝不是位枯燥的人)。地理学和地质学似乎难以成为简单的大众读物。在将系列背景作为一个整体来回顾《威尔德地区》时,西里尔·康纳利发现它“满是普通读者不熟悉的事实和理论”。普通读者去附录中查找相关植物分类列表时,“结果却只发现一张蚯蚓和木虱的简单分类表”。在写《威尔德地区》时,伍尔德里奇心中首先想到的是他在伦敦的学生们。它可以用作大学教科书,也用作实地研究课程的指导手册,以确保《威尔德地区》的稳定销售,但是难以说这本书有更广泛的吸引力。

《威尔德地区》和《达特穆尔国家公园》的共同之处在于他们的作者能确保这本书从写作到出版都保持了一定的速度和效率。缺乏这样的原动力使得《布罗兹湿地国家公园》和《湖区国家公园》的写作变得拖沓,也使它们的出版推迟了数年。两本书原计划于20世纪40年代出版,虽然它们直到1965年和1973年才最终得以出版。如果需要详细地解释一本书为何需要耗费那么多时间来写成,那可能用一整章也讲不完,因此不再赘述。《布罗兹湿地国家公园》的根本问题从没有得到真正的解决,因为参与者众多,风格实在难以协调。泰德·埃利斯,诺福克博物学家的前辈,收到了包括流行指南到大学硕士毕业论文等十来篇稿件,要将这些风格迥异的文章集结成册,实在是有点为难他了。而且埃利斯个性仁慈缺乏判断力,他自己也承认,事情“不受控制了,我的投稿人不让我编辑或删减他们的文章,

《威尔德地区》封面(1953)

就像是骑着他们自己的木马飞开了”。不巧的是,制版工又遗失了所有彩色插图模板。紧接着,在1952年,乔伊斯·兰伯特居然有了一个令人吃惊的发现,布罗兹湿地几乎确定是由于古代切割草皮而形成的人工湖。这个发现意味着这本书的大部分内容不得不重写。詹姆斯·费舍尔重新草拟刚要又花了一年多的时间。于是,在整个20世纪50年代,这本书仍在以蜗牛般的速度缓慢推进。泰德·埃利斯的另一个问题可能是包含的信息太多太杂。他的抽屉、柜子和纸箱塞满了关于布罗兹湿地的文件,遍布他在威特芬布罗德地区各处“小据点”里,詹姆斯·费希尔看到时吓了一大跳。最终,在斯坦普和吉尔默以及费舍尔的帮助和共同努力下,《布罗兹湿地国家公园》在1965年出版了。作为一本由不同作者的文章拼凑起来的书,它不可避免地缺乏连贯性。让泰德·埃利斯写独立撰写可能更好,只是虽然这位谦虚谨慎、深受喜爱的博物学家可能一直不愿这样做。《布罗兹湿地国家公园》不久就过时了,这不是作者的错误,因为20世纪70年代布罗兹湿地生态系统遭到灾难性污染。如今,当我们读到埃利斯描述的“美妙的水上花园”,读到水獭“在布罗德的每一条河里都过着怡然自得而心生感慨时,这本书便已然实现了它的价值。

《湖区国家公园》的风格更为协调。事实上，从专业内容上来看，它可能是所有地区书籍中质量最为上乘的一本，虽然它不是那么最容易读懂。不过，这还与人们等了25年所期待的那本书有差距。这本书原计划是由卡莱尔的博物学家欧内斯特·布理查德和五位合著者共同完成，合著者也同意在1950年之前各交付1万字的手稿。布理查德希望按照传统方法将这本书分为地形学、地质学、植物、鸟类等章节。布理查德自己写的"过去的鸟"这一章节生动活泼、合乎标准，但是其他的文章则不是这样的（虽然J. A. 简森摄影师拍摄的照片据说是"令人惊奇的好"）。截止日期过后，他仍然没有新的进展。到1953年，董事会决定将让W. H. 皮尔索尔之前已成功撰写《山脉与湿地》的作者来接手写作任务。但是那时，皮尔索尔进行的也不顺利。显然，在1964年突然离世之前不久，他已经完成了初稿，但是大概是他还不太满意，据说他要把它烧了，打算重新开始写。当威妮弗雷德·彭宁顿（T. G. 图汀夫人）同意完成这本书时，她仅拿到了皮尔索尔的原始笔记和一小部分粗陋幻灯片作为参考。最后，在11位"特约撰稿人"的协助下，她完成了任务，这些作者包括T. T. 马坎、戈登·曼利和威尼弗雷德·弗罗斯特。这本书的大部分（本身就是一本厚重的书）是由彭宁顿完成的，而将皮尔索尔作为第一署名的合著者也着实慷慨。《湖区国家公园》的文章结构也显示了过去25年间这一领域的巨大变化。地形学、野生动物和土地使用的简化论划分法已过时，取而代之的是生态学章节，它结合了历史、土地使用和生物学等不同元素。因此，这是所有地区或国家公园书籍中生态学方面最完善的一本，它超越时代，即便今天读起来也非常新鲜有趣。皮尔索尔自然也会为此深感欣慰。

我们要谈的最后一本书是K. C. 爱德华于1962年出版的《峰区国家公园》。与同系列的其他书不同，《峰区国家公园》个人色彩浓厚，反映了作者对于区域地理学的独到主张。这本书篇幅不长，其中有一半的内容以人的活动为中心展开，涉及该地区的乡村、工厂、供水系统、农物以及采石场等。由于对自己在科学主题写作能力方面的不自信，爱德华邀请了诺丁汉大学校外进修部的导师R. H. 霍尔共同撰写有关植物的章节，H. H. 斯温纳顿则撰写了有关自然风光的两个章节。

当时,"新博物学家"丛书中没有任何一本书能引发轰动,而这本书恰好弥补了这一空缺。唯一遗憾便是,在这本书中,除附录中涉及的少量关于鸟类和鱼类的简短注解之外,并没有专门讨论有关动物的章节。这本书似乎是爱德华主动争取而非编委会指派给他的。《峰区国家公园》在当时,不过是一个周末休闲之所,所以编辑们很是怀疑这本书的销量,确实,这本书的主要购买者主要还是大学生。幸好,他们一次印刷的量足够大,使得读者在20年后还能有幸一睹其风采。

合著

大约四分之一的"新博物学家"丛书是由两位或多位作者合著的。但实际上,单个和多个作者的划分在某种程度上是模糊的,合著作品在这一丛书中意义大有不同。大多数书都是一个人领头,平等合作的合著作品占少数,而且合著者越多,风格越难以统一。《布罗兹湿地国家公园》和《峰区国家公园》的书脊上仅有一位署名作者,但是其扉页署名则承认了其他合作者的努力。另一方面,《湖泊与河流里的生物》和《大黄蜂》虽计划为合著作品,者,但主要是由一位作家担刚完成的。1970年修订的《英国人类博物学》在扉页说明该书被委托给多位作者,但是只有原作者 H. J. 弗勒的名字出现在封面和书脊上。这样看来,合著带来的问题很多,不过每一部书的具体情况又有差异。《湖泊与河流里的生物》被分配给 E. B. 沃辛顿,他是当时淡水生物学学协会(FBA)的会长。沃辛

T. T. 马坎,《湖泊与河流中的生物》作者(图:淡水生物学学会)

顿曾告诉我："那是1944年，朱利安·赫胥黎让我和柯林斯、埃里克·霍斯金讨论，看看霍斯金的照片是否可用。他们当时建议，我应该做做有关淡水生物学的东西，于是我便做了粗糙的概要，写了一两章。"接着事情又发生了变化。1946年，沃辛顿"突然返回到非洲"任职东非高级专员公署，于是T. T.马坎作为他的代理人被拉进来，成为该书的合著者。沃辛顿在非洲旅居的这段时期，大部分书都由马坎来写，虽然他仍然把主要精力放在了淡水生物学学协会的工作上。《湖泊与河流里的生物》反映了马坎在坎布里亚河流域无脊椎动物研究方面卓越建树，及其对生态学研究方法的青睐。从这本书的结构可以看出沃辛顿对全书的规划，它强调的是湖泊的不同种类以及其对鱼类繁殖能力的影响。当时，这本书被认为有些高深。但如果放在1960年代生产生态学流行的背景下，完成起来应当容易得多。

《大黄蜂》情况类似，科林·巴特勒建议由约翰·弗里来完成该书。弗瑞是巴特勒指导的博士生，他的博士论文正是有关于黄蜂的。巴特勒也为该书提供了大量精美照片并参与了编辑出版的相关工作。没有巴特勒，也不知道这本书会花落谁家。正如比利·柯林斯的惯常做法，插图是"新博物学家"丛书的关键卖点，他是如此地着迷于巴特勒拍摄的蜜蜂高清晰近照，因此，他曾要求巴特勒根据这些照片写出了一本销量极好的《蜜蜂的世界》。《蜜蜂的世界》的成功使得柯林斯乐观地坚信《大黄蜂》也一定能再创佳绩。遗憾的是，那些疯狂追捧"蜜蜂"的国内外养蜂人和大学生对野产大黄蜂却兴致索然。这也不能责怪作者，只是这个领域的书实在是太少了。

《植物插图艺术》是另一部合著书，只是它的合作方式介于联合著书和单独著书之间，究其原因，颇有些令人混乱。1946年左右，编辑们认为有必要出版一本附有植物插图的书，以"增加'新博物学家'丛书的情趣"。可惜的是，当约翰·吉尔默向他剑桥大学的老同事威廉·斯特恩求助时，另一位编者（也许是詹姆斯·费舍尔）单独接触了伊顿大学的艺术大师威尔福雷德·布伦特。结果，两位不同的作者写了同一本书，且彼此不知道对方的存在。用斯特恩的话来说：

尴尬的编辑建议我们应该合作。布伦特来到英国皇家园艺学会的林德利图书馆时，我还是图书馆的管理员，我们同意采取联合行动。他是一位未结婚的艺术导师，也没有功课占据他夜晚时间，并且，他的假期长，有足够的时间和金钱去观摩荷兰、法国和意大利的公众收藏；另一方面，我比较忙，没有那么多条件，并且已经忙于《植物学拉丁语》和参考文献的资料收集。于是我们决定他来主要执笔，我负责后来的修改和增补工作。

1994 版《植物插图的艺术》引言

R. J. 贝里(左)和劳顿·约翰斯顿(右)，《设德兰群岛博物学》的作者，图中在设德兰的奎恩德岛上晒干草期间捕捉野鼠，1972 年(图：R. J. 贝里/丹尼斯·库茨、勒威克)

因此两人的合作和友谊开始了，这种合作和友谊延伸到后来的几本书中，直到 1987 年威尔福雷德·布伦特逝世。编者们犯的误打误撞的安排，却让这本书效果出奇的好。正如斯特恩所说的："《植物插图艺术》比任何单个作者所能写出的作品更加全面和均衡"。他们达到了完美的互补：布伦特是一位技术精湛的工艺大师和唯美主义者，而斯特恩则是一位专业植物学家和摄影师。

《设德兰群岛》和《奥克尼群岛》分别出版于1980年和1985年，合著权方面形成了一个有趣的对比。《设得兰群岛》是R. J. 山姆·贝里的主意，贝里经常上岛寻觅稀有的野鼠、飞蛾和其他生物种群。它们已经形成了贝里早期文章中的部分题材，见《遗传和自然历史》。当时没有一本有关设德兰群岛的完整博物学书籍，贝里便想要写一本。他觉得需要找到一位本地合著者，他说服了劳顿·约翰斯顿，他是一个土生土长的设德兰群岛人，还是当时岛上自然保护委员会的代表。出人意料的是，鉴于设德兰群岛是野生动物的"麦加圣地"的角色，以及它在20世纪70年代石油开采繁荣过程中的突出作用，它难以引起出版商的兴趣。柯林斯出版社首先拒绝了它理由是20世纪70年代中期是书籍本销售淡季，设德兰群岛又远离伦敦。随后，英国石油公司对该书的资金支持扭转了局面。两位合著者大约在1975年开始着手工作。劳顿·约翰斯顿记得他曾在装有玻璃围栏的阳台上写作，那里能俯瞰设德兰岛西岸美景，偶尔从欢腾的野生动植物身上找到灵感，包括潜鸟和水濑。本书中，他写作是有关于鲸、海豹、鸟类、海湾和燃料的章节和大部分自然保护章节(第6、7、9、10和14章)。贝里负责第1、3、5、8和12章，其他四位"特约撰稿人"每人负责一章。

山姆·贝里单独酝酿编辑工作，但结果有一些混杂，处理难免不均衡。贝里自己承认，这本书包含一些"言过其实的东西"，更适合大学的研讨会，而不是博物学的大众出版物。他决定用不同的方法来处理与读书互补的《奥克尼群岛博物学》(同样受到一家石油公司的资助)，"我打算按照温斯顿·丘吉尔写书的方式来写：请专家撰写其中部分章节，然后将它们改写成连贯的一篇文章。"对于这种书而言，这当然是正确的决定。但幕后的复杂情况和分歧依然存在，特别是贝里不了解奥克尼群岛和设德兰群岛，因此，他们更多依赖于当地帮助。作为单个人的成果，《奥克尼群岛博物学》有风格更协调，行文更平稳。最大的遗憾是印刷字体容易让眼睛感到疲劳，如果出版商更好地考虑读者的需求，那么读者会认为这是近期"新博物学家"丛书时代写得最好的一本书。

三本植物学领域的书的合著情况倒是出奇的好，两位合著的文字居然能完美

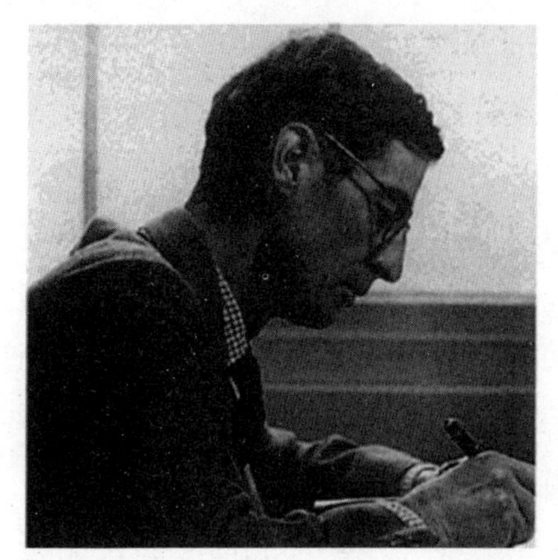

左图约翰·雷文(1914—1980),《山花》合著者(图:费斯·雷弗);右图是马克斯·沃尔特斯(1965),《野花和山花》的合著者(图:S. M. 沃尔斯特)

融合。这三本书是,《野花》《山花》和《花的授粉》。在《花的授粉》这本书中,迈克尔·普罗克特和彼得·约两个人的风格十分相似,这本书可以很容易地被视为一个人的作品。但是,《山花》的一个优势是马克斯·沃尔特斯的科学讲义和约翰·雷文的丰富植物游记两者之间的对比,而不像是《英国的植物》和《白垩及石灰岩上的野花》的结合。这也许是在整个系列中业余和专业观点的最完美结合。正如《植物插图艺术》,它因此实现了两种风格的平衡,让人易于理解。当然,有些读者则更愿意读到原汁原味的雷文作品。约翰·雷文是一位剑桥古希腊罗马文学学者,但他终生爱好是植物。他的生活离不开植物,他曾不远千里,前往边远山区寻找植物的样本。他还喜欢栽培植物,描绘植物,当然还包括用手中的笔将它们记录下来。他找到的每种植物,背后都有说不完的故事。他对山景的外形和氛围,如艺术家般过目不忘。作为一名植物学作家,他非常招人喜欢。正如杰弗里·格里格森所言,他对苏格兰丘陵的调查,"非常诱人,使人希望立即在路线图上计算出到格伦多尔或斯托尔或本劳尔斯的里程。"

出乎意料的是,人们同样喜欢马克斯·沃尔特斯的更枯燥更为专业的风格。不过,格里格森却不以为然:

作者完成各自的工作。雷文先生从历史和感性角度介绍花。沃尔特斯博士用令人惊讶的专业植物学家的口吻来解释它们。当雷文想要给一个地区一个地区地给山区植物素描时沃尔特斯博士持则更为参观。一人想要说:“雨雪下得大很重要。”另一个人则说:“雨或雪形式的降水量通常很高,这极为重要。”复杂的是对花卉生活方式、它们如何在这样高的山上存活、以及山植物区系的起源的事实和猜测……

杰弗里·格里格森《山花回顾》,载于1956年8月《观察家报》

马克斯·沃尔特斯反驳说,“这不是一个自己可以为自己辩护的控诉,除非是说,他从它的上下文选择特殊例子,成为众矢之的,即‘降水’是一个技术术语,使用它可以避免逐个说:雨、雪、雾、雨夹雪或露水。”今天读沃尔特斯的《山花》到一半时,读者不禁会想这有什么大惊小怪的:当然,作为一种科学文本,可读性也非常重要,要么避免专业术语,要么仔细解释那些被使用的术语。在损害沃尔特斯的代价下赞美雷文,格里格森没有注意到结合专业和业余博物学家观点的重要性,这才是“新博物学家”丛书的核心。没有生态学背景的游记就像一尊没有三角墙的雕塑,尤其是在山区的背景下,那里自然环境是如此具有主导型,而又如此极端。这是会议室和实地短途考察的混合,使《山花》脱颖而出。《新博物学家》丛书试图温和地引导读者提出问题,为什么植物在一个地方是罕见?它是从哪里来?以及它是如何生存?有这一目标,我认为这本书会成功。对我来说,它是合著作品的典范,是“新博物学家”丛书中杰出的代表。

丛书不断完善

首批12本“新博物学家”丛书的执行标准通过第二批(也许是第三批)12本书得到了保持。不可能对第二批书籍中每一本都详加推介,甚至能给予它们的笔墨也非常有限。幸运的是,第二批丛书中的佼佼者在自己的领域已占据了一席之地。这里仅以出版时间顺序，进行一粗略梳理，以便厘清一些影响丛书影体风格的新趋势。

20 世纪 50 年代初一系列新书得已出版，这是因为在 40 年代中期，接受写作任务的作者终于克服万难，完成了书稿。这一时期大多作者仍然保持了和他们的前辈们一样认真严谨的写作风格，我们注意到《白垩和石灰岩上的野花》和《英国野生兰花》在彩色插图印刷质量上的提高。漂亮的插图搭配流畅有趣的文字，为这两本书的成功奠定了基础。《白垩和石灰岩上的野花》是业余植物学家的杰作。40 年后的今天，它的学术价值依仍存在。唯一美中不足的就是，J. E. 劳斯利未明确提出这些花的产地。《野外》也是一本不可多得的好书，不过它能在科学类出版社也广受好评着实让人有些意外。哈里·古德温被作者"对自然环境中植物美的热爱"迷住了。尽管他笔触平实，虽没有理查德·杰弗里斯式的狂喜，但这本书确实带有夏天空气和百里香草的甜味。由于这本书中所用的都是第一手资料，可见作者擅长捕捉每种稀有花的独特性，并把它置于它的景观环境中考察。劳斯利增加了一些有关生态学浅显内容的章节，但他知道我们最想要的东西，并继续将其呈现出来。《野外》是仅次于约翰·雷文《山花》的又一游记力作。《英国野生兰花》恐怕更适合植物标本馆长阅读，它页页充满英国兰花植物从外形到功能的详细描述。除此之外，在罗伯特·阿特金森可爱彩色图片的帮助下，这本书还营造出一种野外空旷的愉悦感。兰花一直有一种特殊的神秘感，V. S. 萨默海斯给湿地植物学家的正是他们梦寐以求的那本书，无论从业余还是专业的角度评判，它都无懈可击。

具有同样影响力的两本脊椎动物类书籍是：利奥·哈里森·马修斯的《英国的哺乳动物》和马尔科姆·史密斯的《英国两栖动物和爬行动物》。两本都是几十年来首批关注此主题的书籍，并帮助重新引发了对被忽略的四足动物的兴趣。马尔科姆·史密斯的书在今天仍然被爬虫学家奉为经典，虽然它现在在某些方面已经过时，不怎么受喜爱，但仍然受到极大的尊重。史密斯曾在 1947 年(就在这本书开始不久之前)帮助创建了英国爬行动物学会，被认为是现代爬虫学之父。同样，马修斯宏大(不止一个方面)的作品给予了哺乳动物学家们所需要的东西，它

J. E. 劳斯利(1907—1976),《白垩和石灰岩上的野花》作者,1960 年摄于威肯沼泽(图:英国的植物学会)

的出版,直接促成了 1955 年哺乳动物学会的建立。两本书都反映了他们专注于解剖学和传统生活的历史时期的特色。作者在 1958 年逝世后,安格斯·贝莱尔斯和 J. F. D. 弗雷泽不断地将史密斯的书更新了至少五个版本,弗雷泽也在 1983 年写出了"爬虫"替代版。而另一方面,《哺乳动物》到 1970 年已经严重过时,但出于经济原因考虑,重写这么长篇幅的书有些不划算。当马修斯知道这一决定时已为时已晚,于是他更利用这些已有的资料写成了一本新的、更短的哺乳动物书,并在 1982 年出版。《大不列颠群岛上的哺乳动物》反映在过去 30 年中发生的变化。第二版《哺乳动物》放弃了第一版的系统处理方法,对有关野生哺乳动物的行为学和进化的话题做出对比,其中很大一部分素材是近年来通过无线电追踪设备和考古学家来收集。这是一部对哺乳动物研究的全面综述,既包含权威观点,也不乏个人见解分析，并巧妙地避免了与之前哺乳动物研究相关文献的重复。但在有些地方上，马修斯拒绝与时俱进。他认为保护是徒劳的。对他重要的不是好心博物学家的点滴补充，而是“新栖息地和栖息地的进化以及野生哺乳动物和人类之间如何实现共存”。这是随物种兴衰而发生的动态进化，使他为之着迷。他试图保护自然的想法在那时不受欢迎，但它们确实应该得到更多的关注和思考。

“新博物学家”丛书在20世纪50年代继续出版高品质的书籍。有《植物插图艺术》(1950)中“金光闪闪和令人陶醉的花儿画廊……展示了新世界的美丽”。40年后，它仍旧独一无二，在品味、眼界和风格上无可比拟，被认为是该领域的国际典范。《湖泊与河流中的生物》(1951)仅次于《山脉与湿地》，也是一部流行的生态学杰作。《英国人类博物学》是“关于人类与环境之间关系变化的研究”，它简明扼要但富有想象力，“英国人的生活画面”将人和动物的发展与不断演变的环境联系在一起。正如一位评论家指出，这是人类最初的生态学。戈登·曼利在《英国的气候与环境》中(1952)提出了另一种综合论，这一次是有关大地与天空的关系，他自信地涉足专业气象学家和博物学家之间的无人涉及的区域；而在他心里，他却永远地向往着在群山间漫步的时光。选择编写这样的书，让作者能有机会在工作中驰骋他们的想象力。简单地拼凑有关识别风景和天气的书，这很容易，但也很枯燥。所有这些书籍和大多数同领域的书能将读者引入主题，因为它们是读者能见到或找到的东西，但这些东西以一种新颖、惊奇和(最重要的是)有趣的方式呈现出来。布伦特·曼利以及弗勒的作品极好，紧扣主题，而且也不会为某些复杂的细节所左右。他们处于阐释自然的黄金时代，这些新博物学家秉承了维多利亚时期老辈的热情与探究精神，又具备了更多的新知识新视野，他们的作品至今仍为所有的爱好者所欣赏。

也许在最初计划出版的两本书中，“新博物学家”丛书精神被视为最大的优势，这两本书是：《大海》(共两卷，出版于1956年和1959年)和《蜘蛛的世界》(1958)。阿利斯特·哈代的简介已经足够宽泛：“将大海作为栖息地来写”。正如许多“新博物学家”丛书作家一样，他概括地解释了他的用意，但最终的成果却是一本超乎想象的书，或者说是两本书。哈代对詹姆斯·费舍尔解释说：“我想尽力写一本好书，并在继续努力，心想那你一定要让我写的作品同《海燕》的差不多长短。"比利·柯林斯抱怨第一部分太长，"科学术语复杂"，但费舍尔有他自己的安排，在做出一些修改后，《公海》分两期出版。对于朱利安·赫胥黎来说，这本书恰好是他们想要的样子。他尤其喜欢"不显眼的个人注释频繁地出现"和"坚信业余作品的可能性……最后，似乎将科普写作和低俗新闻之间的混乱一扫而空……自《海滨》以来，没有一本书能做到这一点。"

事实上，正如"约克郡邮报"所说的那样，它是"一本为所有博物学家而写的书"。《大海》的成功绝大部分应归功于哈代的清晰热情的风格，这与40张漂亮的水彩画（让人想起他仰慕的维多利亚时代的书）和大量的文本图形（大部分也是作者自己所做）达到完美互补。《大海》耗费几年的努力才完成，这并不足为奇。对任何人而言，这两本书都代表了非凡的成就，更不用说像阿里斯特·哈代这样忙于建立牛津大学新学院以及其他事情的人了。没有人比他对《新博物学家》丛书更具有献身精神。

W. S. 布里斯托(1901—1979)，《蜘蛛的世界》作者，摄于1977年他正为在德文郡斯拉普顿利举行蜘蛛学会议准备着装（图：D. R. 内尔斯特）

W. S. 布里斯托的《蜘蛛的世界》出版时间介于《大海》两卷之间。它也经过了长期的酝酿，但当手稿和图片一提交便造成了一场轰动。费舍尔大声向董事会宣布："这是我们最好的一本书！"布里斯托以第一人称写了大部分，因为他所描述的在很大程度上是他自己一生的工作经历。能成功找出这么多有关蜘蛛的文献，不仅在英国，甚至在全世界，在过去和现在，都令人难以置信。很难用言语形容布里斯托愉悦的文字的风格，字里行间充满了谦虚、幽默和欢乐的奇闻轶事。但是让我们读一段节选，感受一下布里斯托对蜘蛛的无畏探索。节选中描绘的是一只看起来十分恐怖的成年长腿蜘蛛：

> 居住在英国南部的人们一定知晓家幽灵蛛……她挂在天花板和墙壁之间毫不起眼的角落里，一动不动地待在看不见的细网上。她的存在没有遭到怨恨，因为她很少移动，被视为一种无害动物，也许有助于驱赶蚊子或衣蛾。童年时期，我家在萨里的斯托克达贝尔农，那里没有幽灵蛛，不过，她的栖息地离我家也不远，往南走十英里(约 16 千米)就到了。为了更细致的了解她，我想要去追寻她的足迹。我好不容易弄到了一辆电动自行车，满心欢喜地骑着它蜿蜒地穿过英格兰各地来寻找客房或出租屋，面无表情地看着他们的天花板。我不得不常常向那些拉客的旅店老板撒谎，对此我深感抱歉。他们无心的帮助让我最终画出了家幽灵蛛的栖息地分布图，恰好与年平均气温超过 10℃的狭长南部地块相吻合，而在这一区域以北，就只能呆在地窖里了。
>
> 《蜘蛛的世界》第 10 章 花皮蛛

看吧，每个人都可以做到！

如果《蜘蛛的世界》的文字是迷人的，那么插图简直是令人大吃一惊。仿佛是为了弥补主题的平庸乏味，布里斯托的这本书的插图是整个丛书中最出色的了。相比画廊里由 200 多线条画成的活蜘蛛淡彩画，极少使用四种彩色的彩色插图显得十分渺小，所有的蜘蛛插图都是由亚瑟·史密斯完成，他是博物学书籍主要的插图画家。为了《蜘蛛的世界》，布里斯托自己掏钱支付了大部分插图的费用，这只能说明他太热爱这本书了。他也许从这本书中没有赚到钱，但只要人们研究蜘蛛，这就是对他的纪念。

通过高超的写作技艺，布里斯托将一本相当专业的专著变成了一本通俗博物学读物。随着 20 世纪 50 年代和 60 年代后期出版了一些其他书籍，我们开始发现科学和学术变得越来越严谨，作者和主题之间越来越脱离。在早期阶段，编者认为，对于一些更具专业(虽然不是非常专业)性和特殊兴趣主题的书籍，让它们成为畅销书仍有余地。他们将《垂钓者的昆虫学》(1952)描述成"迄今为止系列中更具专业性的书……"。为垂钓者写的一本有关蜉蝣的书似乎对于一般博物学文库而言是不大可能触及的话题。但竟然后来又出现了另一本以充满想象力的方式思考自然与人类关系的书籍,封面上是一只活苍蝇和一个飞钓。在销售方面,它在英国、爱尔兰和美国都销售得不错。作者J.R.哈里斯在垂钓者中间有很大的威信,尤其是在他的家乡爱尔兰,这本书与《蜜蜂的世界》有一样的大市场。两本专业书《昆虫迁飞》(1958)和《鸟类的民间传说》(1958)的销售则更让人担忧。《鸟类的民间传说》以20世纪40年代的乐观时代为背景。作者爱德华·阿姆斯特朗他想写这样一本书并得到了詹姆斯·费舍尔的支持。然而,到1958年,购书习惯发生了变化,这样的书已不再可能具有广泛的吸引力。事实确实如此,《鸟类的民间故事》的上架时间是"新博物学家"丛书中最短的。它和《昆虫迁飞》都是无可挑剔的学术型作品,但不可否认的是,与《蝴蝶》或《山脉与湿地》相比,它们的路很艰难。

菲利普·科比特,《蜻蜓》合著者,摄于1951年剑桥大学期间(图:菲利普·科比特)

博物学研究变革的发端可以追溯到1960年出版的《蜻蜓》,它是一本广受赞誉的书。虽然比尔·布里斯托以法布尔和怀特一样的认真精神撰写了这本书,《蜻蜓》里的大多材料是基于其博士论文。书中严谨的学术风格受到T.T.马坎的认可,他认为"(《蜻蜓》)也许比系列中任何其他的书要符合'新'和'博物学家'的精髓"。在此,他的意思是指在自然环境中对活动物的研究,其中菲利普·柯尔特和诺曼·摩尔是这一领域的重要人物。书中提到,摩尔曾追逐一只蜻蜓长达几个小时,当它终于进入睡眠时,摩尔也在附近的睡袋里睡着了。这些文字同丁伯根

《银鸥的世界》中的故事一样,“一点也不难”,但当时大多数博物学家并不熟悉英国蜻蜓。《蜻蜓》对于当时的市场而言,还是太专业化了。数十年之后,当博物学家们的知识结构已结成熟到能接纳这一主题的时候,这本书却已悄悄退居二手书店的某个角落了。

这种趋势随时间的流逝而越发明显了。《野草和外来物种》也有类似的经历,这本书主要关注种子重量、根长、发芽期等细节。它已经和不列颠群岛植物学形成了一个现成的市场。1972 年,当《野草和外来物种》从出版名单上被删除时,“悲痛的呼喊”一时不绝。《英格兰和威尔士的公共土地》(1963)根据当时一个皇家委员会的报告而写成,它价值很高,但几乎没有令人兴奋的内容,尽管平常令人愉悦的 W. G. 霍斯金参与了部分章节的写作,也无济于事。《草和草原》(1966)大概是针对农业院校所写,因为书内几乎不含任何博物学的内容。彼得·约记得翰·吉尔默“扯了扯他的头发”,递过稿子,告诉他其中有几个地方需要重写。关于野草这本书的原始概念遭到反对,当时,哈伯德的《草》于 1954 年在企鹅出版社出版。吉尔默反而决定写一本以农业为主的书,即“一个牧场的博物学”。

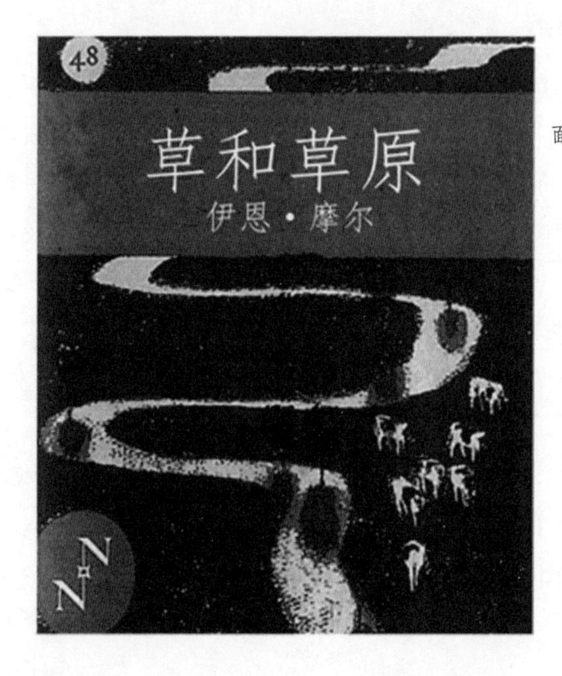

《草和草原》封面(1966)

从1960年代开始,“新博物学家”丛书开始变得更加学术化,这可以由几位供职于自然保护协会的科学家出版的书籍探知,这些书包括:《杀虫剂与环境污染》(1967)、《人类与鸟》(1971)和《树篱》(1974)。当时,自然保护学会是一个有名的机构,它几乎是新博物学的一个典范,它致力于栖息地调查、管理自然保护区和研究农药对野生动植物的影响。不过,它和任何其他专业机构一样,就是一个个专家们都耗在一起自说自话的地方。自然,他们的工作其实符合同行业的评价标准。该机构的许多成员都是有才能的实地博物学家,但他们采用了大量的数据、理论和分析,给自己的专业课题增加了实验科学的严谨性。

克斯·霍伯,《树篱》合著者,摄于1988年(图:陆地生态学研究所)

伊恩·牛顿,《鸟雀》的作者,摄于1972年(图:帕姆拉·哈里森)

《杀虫剂与环境污染》是该系列中最具争议性的书,同样也是最短的一本书。它被编者誉为“平静的书,思想深厚的书,明显平衡的书”,堪与雷切尔·卡森的畅销书《寂静的春天》抗衡。对于一些人来说,它有点过于平静和平衡,尤其是它明显辩护针对杀虫剂的诽谤。在科学出版社,G. R. 塞格尔也写道“发现主题的生态学方面如此散乱时很失望……读者可能需要更多地了解关于化学药品而非生态学方面的内容”。其他人还发现梅兰比的处理相当粗略,甚至在某些话题上很肤浅。在我看来,至少在风格上,《杀虫剂与环境污染》是值得钦佩的:它干脆,好争辩,必要时说话尖刻,以某种方式设法同时做到冲动和冷静。这是一本个人风格浓郁的书,就像丛书中的所有最好的书一样,它花费多年时间钻研这一流行的主体,因此销量很好,尤其是学生的平装版。不过,它缺乏繁琐的文本参考引用规范,完全没有使用专业术语,这也是丛书在未来亟待加强的方面。

彼得·约,《花的授粉》合著者,摄于1977年(图:彼得·约)

遗憾的是,一些接下来的书更像《人类与鸟》。这并不是说 R. K. 莫顿的书不好,相反,它涵盖的主题非常全面,材料似乎很有条理,内容也非常有趣。但它是杰弗里·格里格森和西里尔·康纳里所抱怨的典型。书里充满了“科学矫正”,后者最好说,“成年鸟多意外死亡”而不是“成年鸟一般意外死亡”。我们注意到图表设计和数据收集方面的进步,这是克洛普弗和麦克阿瑟在1960年共同完成的。这本书可以在自然保护协会和世界各大学作为一本非常好的生态学教材,但它不是费舍尔和柯林斯出版社想要的博物学专著。

即便如此,科学写作不一定是夸夸其谈,甚至是最难懂的以数学为基础的科学经彼得·约(《花的授粉》的合著者)的手一摆弄也会变得有趣。《树篱》中部分有着欢乐的、掏鸟蛋的精神,这正是人们对欧内斯特·波拉德、马克斯·霍伯和诺曼·摩尔等这样优秀全能博物学家作品的期望。《鸟雀》被公正地赞誉为“清晰而合乎逻辑的写作模式”。《花的授粉》深植于英国业余植物学。但是,像《蚂蚁》(1977)和《家族:自然的语言》(1973)的沉重色调是纯日耳曼式的。我尽力试着读《蚂蚁》,但看了几页就发现自己为法布尔祈祷了。莫里斯·理查德森用一长段话解释了原因：

……当你去了解蚂蚁时，重要的是要坚持事实。这可以相信 M. V. 布莱恩……他的文本的大部分来源于自己的观察。他的文字是清晰的，就是有点枯燥。他很少冒着使用比喻的风险，也很少有使用拟人的任何暗示。当描述工蚁拖着一只大猎物进入它们的巢穴时，他不把它们比作拉着笨重东西的一群劳动力（原文如此），他给你确切的说法，即由实验得出的马力。"单个小红蚁产生 0.8×10^{-6} 的马力，单个福尔米卡丽蚁产生 3.2×10^{-6} 马力。当这种测量方法用于计算多只蚂蚁时，就显得很难。然而，在 30%案例中，第二只蚂蚁没有任何贡献。"

莫里斯·理查德森，1977 年《泰晤士报》文学副刊评论

此时，比利·柯林斯、詹姆斯·费舍尔和朱利安·赫胥黎已淡出了"新博物学家"的舞台，而现在活跃的编辑肯尼思·梅兰比对这种语言的容忍程度要高得多。该系列的最后一本畅销书是《英国猛禽》（1976），这也是一本业余博物学家的杰作。这本书的成功是实至名归，甚至在批判的、刻薄的英国鸟类学家关注中存活了下来。移居国外的布朗此前只是希望他们的评价是，"如果没有实际的诽谤，不好、吝啬的评论也是好的"。《英国猛禽》是一本合乎标准的"新博物学家"丛书之一，但还是有人质疑当时在丛书中加入一本鸟类的书籍，时机是否合适。毕竟在 1971—1985 年，出版的 20 本丛书中，有 8 本都是关于鸟类的书籍。但在早期出版的 40 本丛书中，仅有两本是鸟类的。这样做的理由在于早期的编辑希望使用鸟类家族主题的书来替换掉某些不成功的鸟类学专著，以提高销量。而且有许多学识渊博、经验丰富的鸟类学家愿意供稿，但其他领域的专家就没有这么积极了。不过鸟类书籍的数量确实过多，这不利于丛书的健康发展，也不利于柯林斯出版社赢得市场竞争。在当时，"新博物学家"一直被诟病过于学术化，这也是自然。

我们注意到，在后来的书中这样的令人遗憾趋势还不止这一个。论题类的科学书籍比宽泛的自然史过时更快。我们注意到《杀虫剂与环境污染》就是这样的，

这在《英国的自然保护》(1969)一书上更明显，书中的典型例子在当时较受欢迎。大多数早期的书(《高地与岛屿》《山脉与湿地》《英国人类博物学》《河流与湖泊中的生命》都被赋予了新的生命)经历了几个版本，但基本理论框架则保持不变，而大多数的书籍后来都没有享受到这种待遇。还有一种做法是让一位老作家来撰写，这就是《化石》(1960)的麻烦。年逾八旬的 H. H. 斯温纳顿写了一本可读的、图文并茂的书，是为数不多的专注于英国化石的书，以时间序列叙述出来。但是，正如后来的一位同事指出的，“内容似乎比书更老”。《化石》成书已是 1940 年代，1940 年以后的参考文献很少引用。《人类与土地》(1955)的文献范围也是这样，它是达德利・斯坦普的有关地形演变的《英国地质和地貌》的续集。斯坦普以他习惯的效率写成，基于他的社会和经济地理学的一般知识，其文献范围涵盖过去十几年的时间。他的史前章节即便在 1955 年看起来也相当陈旧，从现代的角度阅读起来就像神话。在对这本书的不利评论中，杰弗里・格里格森注意到各种“谎言”并声称发现了其他东西。这本早该被淘汰的书一直被完好的保存在中学和大学图书馆中，1983 年以前，一直被作为一种文学活化石而印刷。

将赫伯特・艾林的《树木、森林和人类》(1956)放在这一类中是有些不公平，但这本书是那个时代的产物。那时，树木被大量砍伐，针叶林被无情毁坏，艾林做的事表达了他自己的心声。他自己喜爱树木和传统工艺，但作为林业委员会的一名雇员，他的思想多少还为他人左右。当然，如今态度发生了变化，“新博物学家”丛书的林地书籍不仅关注公园和种植园，更是关注天然古林。《树木、森林和人类》中最有名的一句话是有关于榆木的:“我们不必担心这些极好的树木会被砍伐用作我们的篱笆”，这本书写成不久，榆树都不见了。

这次评论变得无情。如果我对系列最新书提出了某些批评，那也只是为了实现早期书籍高水准，更是为了强调该丛书在如今瞬息万变的教育、商业环境下，还能不改初心、保持本色。“新博物学家”丛书的科学性几乎无可挑剔。关于风格的问题，不同的书籍有不同的亮点。在可读性方面，我很高兴的发现该丛书近年来在这一点上有了一些明显改善:《蕨类植物》《洞穴和洞穴生命》及《野生植物和花园植物》都是佳作。也许，十年或二十年的“科学矫正”后，我们也许会经历一种旧式文学传统的复兴，可能回归到对“新博物学家”丛书创始作家的普遍诉求上来。

7　众博物学家

正如人们所期望的那样,“新博物学家”丛书的作者有着各自的背景,个性、见解和职业方面千差万别。他们的一个共同之处当然便是为我们的“新博物学家”丛书承担写作任务。大多数作者在写作过程中牢记“新博物学家”丛书的宗旨,将他们的真知灼见毫无保留的奉献给了广大读者。虽然,这些作者在写作工程中接触的多数是无生命的样本,但博物学以其本身的魅力吸引着越来越多的爱好者投身其中。无论这些爱好者之后成长为专业的生物学家,或一直保持其爱好者的身份,“新博物学家”丛书都为他们认知这个多彩的世界打下了基础。在 20 世纪 40 年代,这个利用新的科学技术引领自然研究道路的新时代,他们成为了“新”的博物学家,但在另一种意义上,他们的研究方法依旧没有大的突破。他们对科学发展的贡献虽然很大,但他们的研究还未完全与新技术接轨。几乎所有这些作者都是基于观察和简单实验的实地研究大师。相比数据集和理论模型,他们对野生动物和植物的关系与行为或地形的外貌变迁更感兴趣。当然,这些作者也具备现今科学家们所不具备的优势:他们沟通能力一般极强,写作能力也让人刮目相看。他们能用平实的日常用语写作,但又不至于过度口语化,读起来让人回味无穷。该丛书是幸运的,至少在前 20 年可以这么说,丛书作者的人选可以说水准都相当高。在任何其他时期,对于如此宽泛的主题,也许是不大可能做到这样。这些人无论在自己的个人素质,还是在经验方面都表现得超乎寻常。

我们可以发现,其实丛书的作者可以划分为“两代人”:老一代开创了新的学科并尝试了新的研究路径,他们成为如今仍然与我们相伴的自然保护机构和实地研究项目的创始人;年轻一代则曾经投身于这些科研机构,或现在仍然是其中一员。我本人在自然保护方面的专业背景要归功于马克斯·尼克尔森、朱利安·赫胥黎、达德利·斯坦普以及其他同系列作者的作品，我也曾有幸与诺曼·摩尔、莫顿·博伊德、尼尔·坎贝尔和柯林·塔布斯一起共事，在这一章中，我对老一辈博物学家的介绍更为仔细，除篇幅考虑之外，更重要的原因则是"新博物学家"的精神在新一代作者身上的体现更加明显，更容易把握。而对于老一辈作者而言，他们作为生态学和当代实地研究的创始人，参与创建了众多的科研院所，但他们独特的个性却并未被相关制度消磨殆尽，反而给后人留下更多可以体味的传奇故事。

"新博物学家"丛书共有100多位作者，所以本章为避免笔墨均分，将其划分为四种类型：童年时期(因为对博物学的兴趣几乎总是植根于童年的经历)，第二种我将它称之为系列的"苔藓收集者"，指那些待在同一个地方完成绝大部分工作的人，这与第三种人相对应，我将第三种划分为"世界探险者"(这一划分可能并不严密，但想来林奈恐怕也不会介意)。最后，我专门对弗兰克·弗雷泽·达林和约翰·莫顿·博伊德两人另辟一节，介绍其从事的苏格兰博物学研究。

童年时期的新博物学家

当我从各种剪报和单行本中了解到"第一代""新博物学家"丛书作者的生活时，我很惊讶，他们中很少有人有着专业背景的优势。少有人去了伊顿公学、哈罗公学或其他顶尖的公立学校，多数人仅仅是从文法学校毕业。他们自学成才，他们的财富并没有在他们的口袋里，而在于他们的优良的家族基因。世纪之交，"典型"的"新博物学家"丛书的作家来自殷实的中产阶级，家里往往有商业背景，或祖辈中也曾出现过相关专业人士。福特父子、索尔兹伯里和皮尔索尔都是古老家族的子孙(分别居于坎伯兰、赫特福德郡和乌斯特郡)。更重要的是，他们的祖辈是维多利亚时代后期的富有的城市中产阶级。S. W. 伍德里奇、A. D. 伊姆斯和G. B. 威廉姆斯是银行经理的儿子。阿利斯特·哈代的父亲是一名建筑师，哈里森·马修斯的父亲是一位化学家，马坎的父亲和坎贝尔的父亲是职业军官。W. B. 特里尔的父亲似乎是托马斯·哈代的一本小说里的原型,他是一位食品商人,还曾任职伍德斯托克市长。令人惊讶的是,只有少数"新博物学家"丛书的作者来自于学术家庭,赫胥黎自然是最出名的例子,但莫里斯·杨格、詹姆斯·费舍尔和 W. H. 皮尔索尔也都是学校校长的儿子,肯尼思·梅兰比可能由于他的家庭背景(由科学教授和杰出的医疗人员组成的家庭)而拥有了无穷的自信。约翰·雷文、梅兰比和 E. J. 索尔兹伯里的成长环境中满是杰出的成功人士。约翰·拉塞尔的成长经历可能不那么顺遂,他的校长父亲据说"相当特立独行,导致他与员工频繁起冲突,后来只好另谋饭碗"。他最终成为了英格兰中部地区的一位神教带职信徒。此外,老拉姆斯博顿是曼彻斯特皮革贸易的邮递员,这是不太可能有特别优厚的待遇。他的儿子约翰,未来的真菌学家,兼职做老师赚取学费,最终顺利通过了剑桥入学考试。J. E. 劳斯利,据说也是在艰难的情况下成长起来的。但是,在"新博物学家"丛书作者中,很少有一夜暴富的传奇人物,甚至连百万富翁也为数不多。该丛书的两位贵妇作者——米里亚姆·罗斯柴尔德和辛西娅·朗菲尔德则有优越的家庭背景。米里亚姆的父亲和叔父都是杰出的博物学家,也都是众所周知的,不再重复(我推荐有兴趣的读者去读德里克·威尔逊有关罗斯柴尔德家族的书)。辛西娅·朗菲尔德(1896－1991),是富裕的科克郡英裔爱尔兰家族德继承人,在克罗地区拥有大片房产。两位女士却毅然走上科学职业生涯道路,如辛西娅,她在世界各地寻找蜻蜓,仅靠一比家庭信托基金过活。她是"新博物学家"丛书中最具个性的作家,坚韧、无畏,在探险中似乎却保持了充沛的精力和女子的本性。她有些话让人印象深刻:"如果你对世界各地的人感兴趣,那你就得习惯当地的交通",还有一句"弯刀在丛林中确实很有用",像她这样的人已经不多了。

世纪之交,很多年轻人的家庭生活背景都带有强烈的宗教色彩。有时候,甚至会蒙蔽他们的思想。但也有幸运的,就像 W. H. 皮尔索尔、H. H. 斯文纳和 E. B. 福特,宗教反而让他们对自然更加好奇。对于这些人,博物学启发了他们对道德和宗教上的思考。今天,这种思考通常表现为对濒危物种及破坏环境的关注。老一辈作者对此类话题更加冷静,很少将人与自然统筹看待。约翰·雷文的父亲,卡农·查尔斯·雷文写过法国科学家忒拉德·德·查丁的传记,在神学并不

布鲁斯·坎贝尔(1912—1993),《斯诺多尼亚》的作者之一,摄于1975年(图:埃里克·霍斯金)

科学的前提下,他们对物种形成和人类进化二者关系的超然理解,使他转向研究那些证明神存在的原始理论。爱德华·阿姆斯特朗(1900—1978),英国圣公会牧师和博物学家,发现他的信仰和对自然之美的热爱是毫不相违,前者与后者其实唇齿相依。这些相似的观点和随之而来的伦理方面的思考引起了一批"新博物学家"作家的共鸣,无论是英国圣公会教徒,像阿利斯特·哈代、山姆·贝里和W. H. 皮尔索尔,或是公理主义者,像西德尼·伍尔德里奇,都深受影响。由于宗教信仰的原因,同时身为社会主义者与和平主义者的布鲁斯·坎贝尔(1912—1993),曾在1963年"国家自然周"的开幕时,在《环保与基督教》节目中播出过一则来自塞尔伯恩教区教堂的布道。对于坎贝尔来说,男人能"在一夜之间改变事态的能力"是与节约使用自然资源的道德责任相辅相成的。基督徒在接受了进化是神对待众生的一种方式之后,他们有义务成为合格的环保主义者:"当然,为了接近神的光辉而进行的脑力锻炼,包括对神的世界的研究和理解以及对想要颠覆思想的遏制"。30年后,人们很少再听到自然保护主义者谈论上帝,环境问题已经渐渐变成人文问题。但是,如果不是在承认上帝存在的前提下(即使只是作为一种象征),博物学家们对自然的好奇又从何而来?没有它,自然类写作不过是一堆表示对乡村风光的病态向往的和无聊主题的文章。

博物学就如同艺术和音乐一样,似乎是人与生俱来的一种热爱,"新博物学家"丛书的作者也都毫无例外。据说爱德华·阿姆斯特朗"在年幼时,就已经对大自然的美丽着迷,并且他自信自己能发现一些大人都无法发现的事情"。也许有人会有一些不科学的猜测，认为那些新派博物学家虽然聪明但多半内向，像书呆子一样。美国作家斯蒂芬·福克斯指出，很大一部分杰出的自然资源保护论者都是独生子，也许，童年比较孤单的孩子都会倾向于投身大自然。阿姆斯特朗自己也表示，研究一个物种需要绝对的安静和专注，在有人陪伴的情况下是绝不可能达到的。然而，维多利亚后期和爱德华七世时代的英国，自然研究是一种很普遍的，甚至很时尚的活动，并且我们许多作者的父母也很支持。例子多的数不胜数。W. B. 托里尔(1890－1961)是牛津郡伍德斯托克镇人，从小在布伦海姆公园玩耍，它位于维西伍德和树木繁茂的依文楼德河畔处，这里有许多的野生动物和珍稀植物。如同他的传记撰写者 C. E. 哈伯德回忆说，“他成日里在树林里、田野间、宽阔的绿色小路上，池塘中和河道里寻找博物学标本，每个新鲜的发现都能给予他灵感和快乐，并且他会花上几年时间以更加专业的视角来研究它们。”在这方面，他身为农民的母亲给了他很多鼓励，并且划了一块地给威廉自己种植花草蔬菜。托里尔将对英国植物的研究归功于他对母亲的怀念，“是她让我找到了对植物的爱”。C. B. 威廉姆斯(1889－1981)的童年没那么幸运，他生活在利物浦中部的一个闹市中，那里远离河岸，“一英里(约 1.6 千米)之内甚至没有一棵树”。他的父母也不支持他，“但是，为了满足他们对乡村的向往，父母给他和他的姐姐买了很多博物学的书籍，他们还有一个水族箱，并且每个星期天都去默西河栈桥喂海鸥。”

W. B. 托里尔(1890－1961)，《英国的植物》作者，手中的《矢车菊》是与其长期合作者 E. B. 马斯登一同撰写的，琼斯拍摄于 1954 年

有些作者则非常幸运，至少有三位“新博物学家”丛书作者的父亲也是当时著名的博物学家：卡伦·查尔斯·雷文；W. H. 皮尔萨尔，原植物学会秘书长(现英国植物学会)；罗纳德·坎贝尔上校，

活跃的鸟类学家和专业鸟巢取景器操作师,他们的儿子都子承父业。查尔斯·雷文和约翰·雷文合作了一个项目,他们计划用水彩画出全英国的植物;布鲁斯·坎贝尔小时候,父亲曾帮助他在伊坎的河岸下观察一只灰鹡鸰的巢,接着他写了《寻找鸟巢》(1953)和《鸟巢野外指南》(1972 年与詹姆斯·弗格森·利斯同著)。

皮尔索尔父子经常一起划船去钓鱼和采集水草,他们一个人用加重过的双头挖泥器采集水草,另外一个人划桨。小 W. H. 皮尔索尔对艾斯维特湖的研究,最早就是从 1914 年的这些实践中获得启发的。总而言之,当人们一听到回忆录或者讣告的时候,第一反应就是对童年的美好回忆,而这些恰恰是对这位年轻的博物学家最好的鼓励。当然并非所有人都是如此,有些人虽然就读于某公学却并没有如此优裕的家庭条件,尤其是在一战期间。但是,就整体而言,大多数的人还是与“毕维斯”的经历相似一些,而不像“大卫·科波菲尔”。

艾斯维特湖　W. H. 皮尔萨尔英国湖区经典研究的现场记录(摄影:皮特·维客利/英国自然)

像达德利·斯坦普(1898－1966)和 H. J. 弗勒(1877－1969)这类杰出人物的

早熟现象可能是童年时罹患疾病导致的。斯坦普几乎没有上过学,因为他同时患有数种疾病。弗勒也同样脆弱,他有一只眼睛失明,并且胸腔充满积液,或许这是父母过晚生育的结果。弗勒的父亲出生于1803年,是根西岛的一名会计公务员,弗勒出生时候父亲已经74岁(从弗勒父亲出生到弗勒去世一共166年,居然跨越了拿破仑时代到披头士时代)。想要成为一名博物学家,生理上的疾病并不会成为阻碍,虽然这也有可能成为成败的关键。对于弗勒来说,只有两个追求可供选择:要么读书,要么当他有灵感时去远足。他自己对此感到非常满足,他的传记作者回忆道"当他一个人沉思时,他研究根西岛,希望了解这座他出生的岛屿,并成为研究根西岛的博物学家。少年时便对海岸动植物奇观异常着迷。"同斯坦普、弗勒一样,爱丽丝·加内特也是一个狂热的读者。此外,从他的阅读和对大自然的喜爱中衍生出"一种想要更加了解这座他所生长的岛屿的欲望,想要了解这座岛屿所有时期的物理以及人文特征,因而由此去研究现代进化论"。正如某些人所说,如果年幼时是过分懒惰的小孩,成人后会变成一个行业精英,这或许可以解释斯坦普和弗勒为任在他们后半生对其事业的狂热追求。虽然,从表面上看他们体弱并且谦卑,但弗勒却惯性地将自己逼迫到极限。他活到92岁,成了一名受人尊敬的教师,并且通过地理这个媒介,促进了国际交流与和平。

A. D. 伊姆斯(1880—1949)患有一种常见疾病:哮喘。同样,他的内心比外表看上去要更为坚强。他曾在英国皇家学会回忆录中提到,"那个被同伴们排斥的小男孩,读遍了所有畅销的蝴蝶收藏图册……随后,他还买到了一本托德的《解剖学和生理学百科全书》,这更进一步激发了他对科学的热情",自然而然的他又阅读了《昆虫学基础课程》和《昆虫博物学》。德里克·雷格·莫利(1920—1969)也同样早熟,他十来岁时身患许多严重疾病,从那时起,他开始研究那些爬上他轮椅的蚂蚁。博物学确实是一剂使人忘却逆境的良药。

一些作者回忆道,一生中某些决定性时刻促使他们成为了一名博物学家。朱利安·赫胥黎的决定性时刻发生在他4岁的时候,当时他的面前有一只蟾蜍:"从篱笆对面突然跳出来一只肥蟾蜍。这究竟是什么生物,皮肤上满是疙瘩,大眼睛鼓胀突出,动作笨拙难看!那只可笑的蟾蜍却成了我科学博物学家事业的起点。"

对于马克斯·尼科尔森来说，大约在相似的年纪，他亲眼看见了一只老鹰抓走一只小鸡。而阿利斯特·哈代童年类似的经历则数不胜数：去士嘉堡家庭旅行时看到的岩池，邻居家收集的各类甲虫，甚至他还记得邻居家书房里的大理石壁炉，这些大理石中含有许多恐龙时期的海洋生物化石。

在《环境革命》(1970)一书中，马克斯·尼科尔森将他的童年经历写成一篇散文，他总是孤独一人，或是只有一两名志同道合的朋友相伴。比起他读过的书或参观过的博物馆，真正的大自然更令他兴奋，而且更加具有挑战性："这些可见的现象中有特殊的魔力——雪花的突然坠落，水雾的漩涡，草地上的整晚凝结成的白霜，巨大的云朵慢慢飘过在地上留下影子，嫩芽和柳絮，春季的新叶，燕子和杜鹃的如期而至也总是带着惊喜。"对于此类事物的观察往往并不会特别使人兴奋："看见一个沙坑，一个小池塘，一片金雀花灌木丛或一条弯曲的溪流，它们自己就是一个世界，时光在那里静止"。这正是为什么我们需要博物学家，只要我们生存的环境中还有它们，我们就不必担心。

A. D. 伊姆斯素描肖像(1880—1949)，《昆虫自然史》作者，保罗·德鲁里于1945年(绘画：剑桥大学动物学院)

或许，说到他们童年时期的乐趣，最值得一提的就是这些作者们博物学职业生涯的开端——收集。老一辈作者年幼时通常都很着迷于标本收集，收藏的种类很多，从岩石、矿石到鸟巢、羽毛。其中，很多作者年轻时喜欢收藏各式各样的蝴蝶和鸟蛋，后来他们都成为了专业的鸟巢研究员。一些人甚至从来没有停止过收集。德斯蒙德素·汤普森和莱斯利·布朗之间的矛盾，部分是由于德斯蒙德素·汤普森在20世纪20年代和30年代鸟蛋的收集工作，布朗在《英国猛禽》中对汤普森的职业介绍是用的一般现在时，而这件事差点引起了一桩诽谤诉讼(由于布朗小时候确实收集过鸟蛋,所以他的这桩诉讼可能在当时胜诉的几率不大)。劳斯利,斯蒂尔斯和达德利·斯坦普都是邮票收集的终生爱好者,达德利还曾说服邮政局于1964年发行了一套地理邮票(其中8号邮票的图案几乎跟达特姆尔高原一模一样)。斯蒂尔斯和皮尔舍尔也是火车爱好者,托里尔则喜好收集小册子。杨格偏爱收集海洋珍玩和插图书,而劳兹利拥有一座国家最大的植物标本博物馆。

然而,在绝大部分情况下收集兽皮、贝壳和显微镜载玻片都是为了研究。并且很有可能生活在战争年代的杰出博物学家们几乎都是收藏家。也许这其中也有一些心理冲动的原因。现今一些鸟类爱好者看到这些都会激动地浑身颤抖,更别提那些新派博物学家的粉丝们了。如同园艺和钓鱼,收集能把人和其心爱之物紧密联系起来。现如今,那些自然资源保护论者们对大自然的宝藏毫无贪恋,这使人十分不解,不过这也是我们这代人和上代人最大的区别之一:从主动研究到被动观察;从特殊到一般。如今有多少自然学爱好者研究甲虫、黏液霉菌或者矽藻?如果你根本不了解甲虫,你如何能够保护它们?

在说完新博物学家的童年之前,让我们先聊一聊作者的教名这个话题。老一辈的新博物学家都通常用姓称呼对方,或者朋友同事间互相叫绰号。阿里斯特·哈代就是一个有趣的典型。他十分不喜欢他的教名,觉得它有点肉麻。他的中间名,“格莱温宁”是他母亲的娘家姓,只是为了表示母子之情。他的同事们更愿意称呼他“教授先生”(甚至他的家人也称呼他教授叔叔)。他的岳父岳母称他为“阿里”,老同学叫他“滑翔机”,而他在一战中担任代理船长的时候,所接触的那些水手和矿工都亲切地称呼他为“马克叔叔”,这更凸显了他的老练与智慧。当时,用首字母称呼别人还不是很流行。因此,威廉姆斯一直被人叫作“CB”,马坎叫作“TTM”,爱德华兹叫作“SKC”,甚至威尼弗雷德·弗罗斯特也被叫做“WEF”。我也从未听人叫皮尔索尔为“威廉”,或叫坦斯利为“亚瑟”。虽然这并不会惹人反感。称呼似乎是众人一种心照不宣的、公认的或者潜意识中的一种共同认可,我们已经讨论过了E. B.弗特那个奇怪绰号“亨利”的语源依据了。对我来说,同样奇怪的还有弗特的精神继承者R. J.贝里的绰号“山姆”。山姆·贝里告诉我,这跟他兰开夏郡的家庭背景有关,“山姆,山姆,拿起步枪”。弗雷泽·达林有一阵子称呼自己弗兰克·达林,但幸运的是,他将二者合并,改名为弗兰克·弗雷泽·达令,这个改名正好在《高地和群岛博物学》出版之前。自1960年以来,缩写已经过时而昵称缩写则成为称呼“新宠”,不过,在新派博物学家书籍的扉页上还没有开始使用,除非尼古拉斯·丁伯根同意要改。

教师和苔藓采集者

从某种意义上说,所有实地博物学都是靠自学的。詹姆斯·费舍尔成为伟大的鸟类学家之一,靠的是翘解剖课去观察鸟类。马克斯·尼科尔森通过W. H.哈德森的作品学习写作知识。理查德·菲特、泰德·劳斯利、罗纳德·洛克利、泰德·埃利斯和比尔·康德利全是最知名的英国博物学家,也是实地考察学的开山者,但是他们却都没有相关学位证明。然而,无论业余或专业领域,没有人比劳斯利更了解码头或两耳草,比洛克利更了解海鸥或塘鹅,比埃利斯更了解区域微菌。新博物学家丛书的一个显著特点就是业余与专业的融合,每一本书都融合了这两种风格。20世纪30年代,尤其是二战后,曾经四分五裂的世界彼此之间的联系日益紧密。《海滨》就是由一个爱好自主探索的学院派作家所写。泰德·劳斯利的《白垩与石灰岩上的野花》和伊恩·赫本的《海岸花》中有关生态的章节,就很有可能是皮尔索尔或者索尔兹伯里所写,肯定的是当时能将此主题写得如此绝妙的绝无他人。

大多数《新博物学家》作者都有科学教育背景,并且那些全日制大学毕业生通常还有相关学科的博士学位。众多植物学家、地理学家都曾是剑桥学子,利奥·哈里森·马修斯、肯纳斯·梅兰比和M. V.布莱恩,这三位来自国王学院的学者全是动物学家。约翰·雷文在圣三一学院时喜欢阅读经典(其后成为国王的研究员),W. S.布莱斯陶威上过冈维尔、凯斯和莱斯利·布朗热带农业的研究生课程。在这方面,牛津大学和伦敦大学并列第二位,出自牛津的杰出人物包括A. W.

博伊德、威尔弗雷德·布伦特、伊恩·赫本、V. S. 萨默瑞尔和玛格瑞特·布朗。而伦敦大学的代表主要集中在伦敦大学学院和伦敦国王学院，比如 L. A. 哈维、S. W. 伍德里奇、L. 达德利·斯坦普、E. J. 索尔兹伯里和 H. R. 修尔。战前的那代博物学家很少就读地方大学，但也有特例，比如杨格和 H. L. 艾德琳在爱丁堡学习林学，斯温纳顿在诺丁汉学习自然科学，而皮尔索尔在曼彻斯特学习植物学。

二战前，大学的科学专业所教授的知识比现今更加丰富，但是，除非某个人非常幸运地找到一位好导师，否则生物学还是以传授解剖学和生理学知识为主。当时，地质学、遗传学和动物行为学并不很流行，实际上"新博物学家"丛书作者可算是这几个领域的拓荒者。专攻植物学、动物学和地质学的学生们，在最后一年，将首先全面地学习基础化学、物理和数学知识。这是为了让他们初步形成一个科学框架，以便顺利进入公学或文法学校继续深造，那里更加注重英语及传统课程。值得注意的是，一些准新派博物学家在读了一些其他科目的书籍之后，选择在其中专修植物学或者动物学，詹姆斯·费舍尔、比尔·布莱斯通和利奥·哈里森·马修斯刚开始都是学医，都是后来决定投身动物学。皮尔索尔在曼彻斯特大学学习时，从研究化学转向研究植物学。即便如此，他们可能没有受到过 20 世纪 20 年代到 30 年代早地生物学课实地考察项目的熏陶。对他们而言，各种课外活动对他们启发极大：大学远征队探险斯匹次卑尔根岛和亚马孙河流域，普利茅斯海洋实验室里的特殊课程，或者同朱利安·赫胥黎这类专家交朋友。

许多出生于 20 世纪 30 年代的博物学家或多或少因为战争而影响了学业，有的是因为一战，有的则是二战，甚者两次战争都对其造成了影响。例如，阿里斯特·哈代在他还没来得及去牛津大学报道之前，就被调去军官训练团执行任务了。由于他的视力没有达到西线标准，整个战争期间他都被安排在管理一个由达勒姆矿工组成的自行车营，指挥其在东海岸挖战壕，后来他又去了特工学校，在那里他的动物伪装知识终于派上了用场(克利福德·埃利斯在 1939－1945 年的战争期间的经历也类似)。直到 1919 年他才回到牛津，那是他报道日期的五年后。还有一些学者在战争中变现出色，A. W. 博伊德曾因他在加利波利的英勇事迹而被授予十字勋章。约翰·拉姆斯波顿，在萨洛尼卡的陆军医疗部队服役，曾被三次嘉奖并获得了大英帝国勋章。服兵役时，有人会被地调派到一个他们从来没去过的地方，并且这将对他们的一生产生影响。W. B. 托里尔就是一个最典型的例子，由于他长期在马其顿服役，他在那里创作了自己的代表作《巴尔干半岛的植物》(1929)。而且，至少有两名博物学家因战争而残疾：博伊德一只眼睛失明，虽然这并没有妨碍他的观鸟事业；而皮尔索尔被炮弹击中而失聪。这样的人刚刚从战争创伤中恢复过来，但他们心中却涌现了一些新的观点和看法。这一观点在莫里斯·杨格(1899—1986)的《英国皇家学会回忆录》中表达的尤为清楚。在加入"新博物学家"写作团队之前，杨格本来打算做一名记者，复员后也曾申请到林肯学院、牛津大学去读近代史。过了很长时间他才发现，他真正的理想另有其他：

> 那些从大屠杀中幸存下来的人们，相信自己此生是为了让世界更美好，因为他们的祖祖辈辈已为此付出的太多。他们中的许多人向往寻求一种更有意义的生活，而不是一个安静的学者避难所。莫里斯也从他内心的孤独中走了出来，经历了战争之后，他的眼界更加开阔，并且希望用一种更加实际的方式来拯救他的国家。他推断，初级生产才是现在的重中之重……他烧了他的牛津船，卖掉了自己的历史书籍，并说服他的父亲让他去爱丁堡大学学习林业。
>
> B. 莫顿·查尔斯·莫里斯·杨格 (1899—1986)，
>
> 《英国皇家学会回忆录》(1992)

"更实际的方法"，即"实用性"，是前沿生态学的主旨，这门学科几乎在一开始就演变成了应用科学。部分新博物学家致力于研究粮食生产问题，还有一些研究热带卫生、农业或渔业问题等等。他们研究一些具有重要经济意义的物种——鲱鱼、鲸鱼、兔子、鳟鱼、船蛆和牡蛎。查尔斯·埃尔顿创立的动物种群局，在二战时期达到全盛，主要研究如何控制动物种群数量。这一研究具有重要意义，它能避免农业生产受到某些动物的侵害，例如白嘴鸦、兔子和斑鸠，从而提高农业产量

(它已经在控制麝鼠数量方面取得了令人瞩目的成就)。植物生态学家还是更加重视植被生长过程和动态,亚瑟·坦斯利、W. H. 皮尔索尔和 E. J. 索尔兹伯里在战争年代发展了这一学科。然而,他们的研究并没有受到农业部门的重视,其最显著的意义不在应用于粮食生产或林业上,而是在 20 世纪 40 年代和 50 年代的自然保护上。然而,皮尔索尔的湖泊研究也出现一项早期成果,那就是在 1929 年成立了英国淡水研究中心,即淡水生物学协会。

当 T. T. 马坎和 C. B. 威廉姆斯等新博物学家正在全身心投入研究时,绝大多数有大学教职博物学家都在专注于教育事业,且为数众多,尤其是那些在新兴专业任教的。大学教授的职位听上去也许很光鲜,但是在 20 世纪 20—30 年代,"大学教授基本上都在一线任教,只有一两个助教协助,并且必要的教学设施也很少,甚至连帮助打字的秘书都没有"。对 H. J. 弗勒研究的一番描述,让我们能够了解他们的书是在怎样的条件下写成的:

> 他所有的文稿都是纯手写的。他的书房面积很大。他与许多的合著作者、出版商打交道,需要进行大量的编辑工作,这些繁杂的工作一定会让很多人抓狂。但是弗勒却把一切整理地仅仅有条,即便他没有机器辅助,没有档案橱柜,没有卡片索引,但是他有自己的一套管理方法。他的地板上总是堆满了各种手稿、文稿和长条校样等。当你问他某个文件放何处时,他总是慢慢地巡视整个房间,然后停在某处说"它在这堆文件中部下方 30 厘米的地方"并且,每次他都准确无误。
>
> 爱丽丝·加内特、赫伯特·约翰·弗勒(1877—1969),《英国皇家学会回忆录》(1970)

《英国人类博物学》的手稿可能就是出自这些堆在地板上的文件中吧!

一些新派博物学家是当时赫赫有名的实地研究教授,弗勒就是其中极具声望的一位。他给学生们提倡的哲理就是:人类是自然的一部分,人类与其生存环境是不可分割的,所以也必须一起研究。半个世纪以来,他被尊称为英国地理学之父，但他还教动物学、地质学、历史学和人类学，并整合这些科目，具有很大的国际影响力。W. H. 皮尔索尔(1891—1964)是另一位伟大的教授，并且桃李满天下。同弗勒一样，他有能让学生自我思考的诀窍，而且他多才多艺，脑子里充满各种想法，心态也很年轻，充满孩童般的激情。马坎指出"一个外行去观察皮尔索尔绝对会认为，可能每个植物学家都能同时进行三种学科中的五项研究"。德里克·拉特克利夫曾指出，皮尔索尔所运用的方法，正是他的专长，斯蒂芬·波特称其为"先发制人"，"他十分懂得如何通过演讲显示他的权威，并且招揽信徒……"。"有人说，他曾说过一些过激的言语测试听众的反应，但我能肯定，他们或许会相信他那些更加讨巧的想法。"E. B. 沃辛顿回忆说，不论对还是错，皮尔索尔总是固执己见，而且他在开会时很会利用他失聪作为借口。

地质学家和自然地理学家长期进行实地考察，也许是因为这些学科本来就是索然无味的学科，只有在实地考察中才能发现其乐趣。实地考察的支持者之一便是地貌学家西德尼·伍尔德里奇(1900－1963)，《威尔德地区》的作者，他便是那批苔藓收藏爱好者中的一个。作为萨里银行经理的儿子，他于1918年就读于伦敦的国王学院地质学系，并且在那里度过了他大部分职业生涯，并成为了一位地理学教授。毕业后不久，他协助成立了"威尔德研究委员会"，从此威尔德地区成了他的户外实验室，在那里，他摸索出了地貌与岩石的关系，尤其是河流对地貌重塑的影响。这些研究为地貌学成为一门独立学科奠定了基础。他对该地区的人文地理也很感兴趣，尤其远古时期人类在此定居的原因。他在给学生上课时，很善于用一些"尖锐的短语"，并且逻辑清晰，这也许是他在公理会做传教士时锻炼

S. W. 伍尔德里奇(1900－1963)，《威尔德地区》作者

出来的。对他来说，威尔德是他圆梦的地方，他认为“傻瓜的眼睛才长在地球的两端”。伍尔德里奇是一个地地道道的英国人，“对生活的热情就像‘切斯特顿’一般”，尤其爱好板球、做礼拜和博物学。他最幸福的时刻是在萨里、苏塞克斯和肯特乡间做实地考察的时候。他总能发现大地的一些伪装，并寻找出岩石和地貌中的线索，因而逐渐成为新成立的实地考察研究会的重要人物。位于麦克韩瞻博物馆的第二个研究中心的成立，很大程度上是他的功劳，这为东南部研究提供了一个稳定的活动中心，并且也取代了他的合作者弗雷德·戈尔德琳所经营的汀博斯坎布招待所。

另一个实地考察爱好者是伍尔德里奇的地理学家同事，诺丁汉大学的K. C. 爱德华兹(1904－1982)。爱德华兹早期时同其他教授一样，教学工作都十分繁重。20世纪20年代，他会每个星期花30课时教本科和见习教师地理学和地质学，剩下时间刚好够培训本郡的采矿工程师。他一定很快发现了一些共通点，并将伍尔德里奇在创作《威尔德地区》时的技巧用于诺丁汉郡的教学工作，同伍尔德里奇一样，现场才是他真正的教室。他定期组织实地考察的课程，不仅针对自己的学生，也针对成人教育的学生。他欢迎来自内陆的学生和老师，尤其是那些来自他曾经留学过的国家，例如像匈牙利和卢森堡。

K. C. 爱德华兹(1904－1982)，《匹克区》作者(照片摄于诺丁汉大学地质学院)

他在复活节举办的野外露营十分受欢迎，并且十分具有创新意义，爱德华兹的一个学生通过露营，找回了曾经遗失的那些“友谊和美好”，这也使诺丁汉的地质学课堂充满了乐趣。他平时很喜欢散步，住青年旅馆，并且他还参加行人保护协会，所有这些都让他经常在匹克区往来穿梭，这也为他的写作提供了素材。

莱斯利·哈维(1903—1986)，《达特穆尔原》的作者，也有同样的爱好。哈维是埃克塞特大学唯一一位动物学家，1930年他从爱丁堡搬到了西南部，爱上了那里并在那里定居。同爱德华兹一样，他每天的教学工作量巨大，并且考虑到住址原因，他既培训老师又培训农民和肉类质检员。不仅如此，哈维在教学大纲中加入了实地考察课，并同他的妻子卡莱尔一起教植物学这门课。二战后他们经常有机会住在海边，哈维为此也学习了海洋生态学与海岸生物课程。他的同事蒂格温·哈维斯说："几乎任何有关于海洋生物的知识他都了解，就好像与生俱来的一样。并且作为一名优秀的生物学家，他上课的内容并非仅仅停留在列举名称和分类的层次上，而是会融入更多的关于生物学、生态学和行为学的知识。简单来说，他是一名新派博物学家。皮尔索尔，E.J.索尔兹伯里和一些其他的同行作家也是如此。哈维退休后不再教授那些在艾克赛特的锡利群岛展开的一系列有关海洋研究的课程。在他的房子里可以俯瞰"彭宁山山岬和博斯克里沙满盖杂草的海滩"，正是在那，欣赏着岩石花园，玩着字谜游戏，他安详地度过晚年，并于1986年在那里去世。

当地的实地考察比苔藓收集更加有意义。像达尔文一样的环球探险者，也许很了解自然进化的过程，但是当地博物学家在对细节的观察上已经做到了极致，甚至细致到观察木材的纹理。除了泰德·埃利斯(1909—1986)之外，还有许多科学家都弘扬了这一传统，而他们的名字将永远与他们所生活的城市诺福克联系在一起。泰德·埃利斯个人传记的副标题，称他为"社会的博物学家"，倒是十分贴切：他向"东方日报"定期供稿，录广播和上电视都是他热爱自然的表现。他是一位天生的演说家，仅靠一副眼镜和一本他随身携带的自然日记，他便能绘声绘色地描述他的所见所闻，这并非人人能做到的。然而，严格上来说他是一位专业人士，作为诺维奇城堡博物馆博物学馆馆长，泰德·埃利斯身上所体现的英国自然学爱好者的精神是少有的。他在笔记本中记下那转瞬即逝的天气，他的书桌上堆满了日志、样本、书籍、载玻片和数不清的东西；他无数次往返位于威特芬布罗德的小屋进行考察研究。他是研究真菌的权威，尤其是铁锈菌和黑粉病菌，不仅如此他对所有的事物都有极大的热忱，在博物学各项研究中都有所涉猎。伦敦的“帝国真菌学研究所”和位于弗雷特福米尔的实地研究中心都曾高薪聘请过他，但是他却没有离开。在当地，他不仅是一位博物学家，更是一个真正的诺福克人，一位伟大的诺福克人。他当年与家人所居住的那片芦苇丛生的荒野，现在已经是一个自然保护区，由泰德·埃利斯基金会管理，并且全年开放。

读过《海岸花》的人绝对想不到，它的作者伊恩·赫本(1902－1974)只是一个植物学爱好者，主业是奥多中学的一名化学老师。然而，对于赫本这样谦逊质朴的人来说，自告奋勇要出书立传似乎不大可能。也许是詹姆士·费舍尔说服了他，因为赫本在奥多中学当舍监的时候，费舍尔的父亲正好担任该校校长。他的朋友罗恩·托马斯回忆说，他们当时看了新生列表之后，肯尼斯·费舍尔领着所有的种子选手去了校队，而赫本则挑选了一帮聪明能干的小伙子去莱克顿做野外实地研究。这两位经常一起去观鸟，不仅如此，每年赫本都会去蒂奇马什和弥尔顿公园统计苍鹭数量。在奥多中学，伊恩·赫本对学校音乐教育的贡献甚至比博物学还要多。基本上没有人知道他加入了英国生态委员会，并且还是一位杰出的植物学爱好者。他绝对是一位乐观开朗的人，并且是一位好老师。他一定特别热爱昂德尔，因为他在那里一直待了 39 年，直到 1964 年他退休为止。植物学家都认为他是南安普顿郡和剑桥郡的博物学家活动的灵魂人物。每次去远足的时候，他总是随身携带一本麦克林托克和菲特合著的《野花邮珍指南》，那是他的“摇篮”。他教育自己的儿子说：“如果你对什么都不感兴趣，你就会变成一个很无聊的人，你希望这样吗？”他把《海岸花》推荐给作为音乐家的妻子菲利斯，“她喜欢大海，但是有时候却不认识那里的植物。”

或许，这个时候提到这三个“邱园①人”并不是很适当，E. J. 索尔兹伯里、W. B. 托里尔和 V. S. 萨默海斯都是苔藓收集爱好者，因为他们常常四处上课、旅行、收集植物标本，但是人们看见他们就会想到安静的植物学图书馆和植物标本。托里尔和萨默海斯都比较内向，他们大部分的职业生涯都在邱园中度过。维克多·

① 邱园：伦敦市郊著名皇家植物园。

萨默海斯(1897—1974)是兰花专家,邱园中的非洲兰全部是他亲自收集并照料的。然而,虽然接受了训练,但他并没有成为一名植物分类学家,反而成为了一名生态学家,并参加了牛津大学1921年组织的斯匹次卑尔根岛探险队,这次探险促成了他与查尔斯·埃尔顿的合作,他们共同完成了两本关于动物种群和生物链的书。他关于植物学的见解在《英国野生兰花》中一览无遗,书中有大量他对栖息地的一手描述和对马什兰花进化演变过程的讲解。二战前,他常坐着红头发埃德加·米尔恩的三枪牌三轮车去乡间观察兰花。不过,二战后他改坐同事唐纳德·杨的敞篷MG跑车。值得一说的是他书中的资料全是现场记录的,他并没有采摘兰花并带回基地研究。红头发的米尔恩回忆他的时候说道,"他身材比较矮小,但是思想却极其活跃,他特别喜欢边说话边打手势,当他在描述一种兰花特征的时候,他会很夸张用手势比划出来。"他在上课的时候总是戴着一顶旧帽子,并且坚持把物种念成"木种",惹得哄堂大笑。

泰德·埃利斯(1909—1986),《湖区》作者,1982年摄于威特芬布罗德(拍摄者:皮特·洛克伦)

伊恩·赫本(1902—1974),《海岸花》作者(拍摄者:老昂德莱瑞)

威廉·托里尔18岁的时候在邱园的皇家植物园做临时助理，他是从夜校获得的学位。之后他成为了一位杰出的分类学家，将当时最先进的进化论、细胞生物学和生物化学融入植物分类学，将其从一门标本收集学变成了一门现代实验学科。但是，那些植物学爱好者们却认为他也是其中一员，因为他最喜欢外出收集标本和在花园里赏花。他和植物学家E. 马斯顿·琼斯两个人是最佳搭档，一起做了大量的黑矢车菊和白玉草研究，并分别在1954年和1957年由以纪念英国著名博物学家约翰·雷而命名的“雷协会”出版了相关书籍。托里尔是一个自然收藏家，他收藏了许多参考书、手册和剪报。他讨厌繁杂的行政工作，不过也还是能应付得来。当年，他完全是准植物学家梦想的标杆。

V. S. 萨默海斯(1897－1974)，《英国野生兰花》作者，邱园中专门研究非洲兰科植物(图：邱园——皇家植物园)

二战前后的13年里，托里尔和萨默海斯在爱德华·索尔兹伯里爵士(1886－1978)手下做事，索尔兹伯里的著作包括《野草与外来物种》等。索尔兹伯里在邱园的主要任务就是战后修复，但是修复所用的资金却不够。索尔兹伯里还加入许多咨询委员会、政府机构和学术委员会，所以并没太多时间投入邱园的工作。此外，他也并不擅长管理工作。同达德利·斯坦普和詹姆士·费舍尔一样，他的职责似乎太多了。爱德华·索尔兹伯里十分自负，他更是个话匣子，并且从他话语中明显可以感觉到他“对自己的热爱”。大卫·斯特里特说他是“典型的19世纪代表人物”，无论是从他深色的衣着，过时的衣领，还是争吵时的话语中都能明显地看出。米里亚姆·罗斯柴尔德在谈到他时，曾夸赞他过人的才华：他对每种植物都略知一二，并且他在博士山和其他地方的实地考察时表现相当出色。当你让索尔兹伯里就一个比较深入的话题写一本关于英国植物学的书的时候，他一定会

爱德华·索尔兹伯里爵士(1886—1978),《野草和外来物种》作者(照片摄于:邱园——英国皇家植物园)

回答,他宁愿写一本关于杂草的书,因为他对“活体植物十分感兴趣”。

无论是野外的还是自己培育的植物,为了向大众传达他这种热爱,他更是成为了一位成功的演说家。他在17年前发表的关于林地和海岸植被的书籍,直到现在仍然值得一读(因为书里写了很多被人遗忘或忽略的知识),比方说《生机勃勃的花园》(1935)和《丘陵与沙丘》(1952)。作为一名植物地理学家,他还能保持着对活株植物的热爱,这一点确实难能可贵。《野草与外来物种》一书中曾提到,植物是有形状有功能的生物,索尔兹伯里眼里的野草就像一个小型的种子炸弹,生命顽强,生长迅速,能适应各种生存条件。索尔兹伯里的书里的图解全是自己亲手画的,看起来十分的亲切,并且书里一些个人标签设计的就像是剪报一样。书中涵盖的内容很广泛,并且通俗易懂。他也是英国植物生态学创始人中仍然健在的最后一人,也许他是最后一个“专业的爱好者”,长年保持与F. W. 奥利弗和亚瑟·坦斯利共事时那种广阔的眼界。

环球探险家

詹姆士·费舍尔曾经称他的朋友利奥·哈里森·马修斯(1901—1986)为“一位传统的博物学家”,这是对他的一种称赞。在费舍尔看来,《英国哺乳动物》是此领域中写得最好的一本书,准确地说是因为书中完全忽略了一些当代的新潮奇想:他“将传统的和相对落后的解剖学、生理学、顺应理论与动物种群学以及动物行为学摆在同等重要的地位,这恰恰正是让人感兴趣的新潮思想”。不仅如此,费舍尔透露他还热爱旅行和冒险。“传统”在费舍尔的字典里是过于专业化的反义词。也就是意味着用一种宏观眼光去看待大自然,去向往管鼻藿和信天翁的诗意追求,并乐在其中。

对于利奥·哈里森·马修斯这样一个习惯将形态与功能联系起来的人来说,他必定极其重视传统解剖学。学生时代,一次他去伦敦国王学院礼拜堂捉蝙蝠,无意中发现一只宽耳蝠,从此他便对蝙蝠的听觉器官深深着迷。他所发表的专著主要探讨关于蝙蝠的生殖器和繁殖周期的问题,这是他的另一个爱好。他对于蝙蝠交流方式的热爱使他在二战期间参与雷达的发明工作。正如马修斯所描述的那样,飞机和雷达的战争就像蝙蝠与蛾子的战争。大自然有自己的对策,蛾子可以及时探测到蝙蝠所发出的声呐,并且发动暴力规避措施。但不幸的是,蛾子比飞机更灵活,它能迅速收起翅膀并突然下坠。你可以从马修斯在二战前后发表的论文中发现他对于一些外来哺乳动物的奇怪爱好:新生海豹的耳部构造,长臂猿的生殖解剖学和生理学,黑猩猩长出的多余乳头,或是一只双性棕色老鼠。而他在布里斯托大学的授课风格十分的新颖并且大受好评,其中他最著名的格言就是:“我不知道我为什么研究这些,我也不知道还有谁研究这些。”

利奥·哈里森·马修斯(1901—1986)拍摄于80大寿(摄影:马库斯·马修斯)

马修斯的一生过得十分的圆满。除战争期间,那时他还年轻,当过伦敦动物园的科技总监,四处游历并创作,退休后亦是如此,那些时光是他人生中最美好的回忆。他是“最后一位伟大的旅行博物学家”。他的大学学生们也曾发现了他一些特别的习惯,并且猜测那可能是他经常坐船出海的缘故。1924年,他刚刚毕业,就加入了南乔治亚州探险队,并且登上了斯科特船长的"探索号",那时他已是一名相当老练的水手。他在南太平洋上漂了4年,在世界各地广袤的土地、一望无垠的海洋上研究海象、海鸟和鲸鱼。他的《漂泊的信天翁》(1951)一书,就是对之前探险岁月的回顾,其中的叙述更是引人入胜。这本书描述的是一只真实的信天翁,但同时也是描述的他自己,他将这本书献给"所有的鸟类爱好者"。詹姆士·费舍尔也对他欣赏有嘉。

马修斯属于那个地理大发现时代的晚期,正如约瑟夫·班克斯和查尔斯·达尔文孜孜不倦的探索一样,当时年轻的博物学家都用一段海洋旅行开启自己的事业。要知道这种探险行为,并不像如今一两个月就能马马虎虎了事的,在当时可能要花上几年的时间,分析收集的资料,并论述出来可能同样需要好几年时间。这就好像是人生的一个十字路口,是对技能以及性格的考验,能开阔事业前景并转变思想观念。可以确定的是,在20世纪20年代到30年代踏上旅程的这批人,如果一路顺风,回来的时候已全然改头换面。

马修斯在"探索号"上的同行者阿利斯特·哈代就是一个典型。他比马修斯年长几岁,人人都知道哈代(1896—1985)是一个聪明努力的海洋生物学家,而且他还有与众不同的户外嗜好。同E.B.福特一样,他有幸在牛津遇见了朱利安·赫胥黎,"其随后传输了他很多新思想、新发现"。随后,他关于北海鲱鱼主食的研究和对浮游生物探测器的发明受到了极大的关注,这也离不开哈代的团队精神和水手技能。1926年,他以首席动物学家的身份加入了"探索号"探险队。这个探险队中成员的科学风格截然不同,一种是马修斯派的形态—功能动物学,另一种是后来被查尔斯·埃尔顿发展为研究动物—食物供给关系的动物生态学。哈代手下的科学家们被分配到了一项很"轻松"的工作,测量、解剖水手们捕获的鲸鱼。虽然哈代自己也会帮助捕捞鲸鱼,并且随后记录捕杀的细节,但是他的主要任务还是研究鲸鱼的主食,因此还了解了海洋浮游生物。他的团队是最先在鲸鱼活动海域发现并取样大批磷虾的。哈代在《大水域》中这样写道:"我们看见网子被拉出海面,好像窜着火苗一般,闪耀着蓝色的磷光;每个拖网桶中都装满了磷虾,并且网子的边缘上也挂满了厚厚的磷虾,全都闪闪发光,你能想象那时候我们有多开心么!”

自那开始,哈代开始研究浮游生物的一切生物复杂性和生存需求:使用拖网、探测器、样品瓶和一些其他的实验器材,用来对抗海洋中艰难的生存条件。从研究世界上最大的动物转而研究世界上最小的动物,用哈代自己的话来说,是“对现代海洋学研究方法的挑战”。但是,使用现代计算方法的话,科学又可以变得很简单直接。他运用的维多利亚识别分布方法作为研究手法并结合最新的“生态关系”理念对洋流与水深、海水盐分含量与温度变化、海洋中的食草食物与食肉动物之间各种关联关系进行了研究。哈代还极善于运用另一种维多利亚研究方法:写生。不论他在“探索号”上,还是去其他地方,他都会坚持写日志,详细地记录观察研究所得,并且还会配上漂亮的水彩画草图。大约30年后,在他最终闲下来为在“探索号”上的日子写一本回忆录的时候,那些日志派上了大用场,这本回忆录《大水域》的影响力与《公海》不相上下,称得上是他的代表作。无论是在写作风格还是在生活中,阿里斯特·哈代都很讨喜,他能以一种最自然的方式将读者带入他的世界。他创作的秘密武器(他也许不会承认)就是他自己。也许接下来的内容与我们的主题不大相符,但是让我们静下心来听一听他的朋友J. R. 卢卡斯是怎样回忆最真实的阿里斯特·哈代的:

> 他平常不是很喜欢在会议上或者用餐间谈论自己的事情,但如果你问起他来,他会绘声绘色地跟你讲他当年出海去好望角的经历,年轻时坐热气球飞越英格兰的事迹,还会告诉你,他从前研究磷虾时险些溺水的故事。并且他还会很兴奋地跟你探讨他对人类进化问题以及人与上帝的关系的见解。
>
> 阿里斯特是个风趣的人,有时在职工聚餐时,你如果邀请他,他会唱一首他年轻时候听的盖伊提剧院的歌。一些老员工还见过他跳角笛舞。我还记得他有一次一时兴起,跟整个管理部门的同事一起挨过电击器的电。虽然他事后否认他曾用电极电一个医学研究员的脸来让他的耳抖起来。还有一次,他在大学论文社宣读一篇逻辑精密的论文,主题是他

为何相信美人鱼的存在。为庆祝女皇加冕，他在大学一角设计并建造了一个热气球，两个星期之后完工，那个时候海报都已经拉了起来，加热器也设计好了。加冕仪式那天天气又湿又冷，大学里所有电暖炉都被征用来提供足够的上升动力，但却还是徒劳无功。不过当他在第二次尝试的时候，热气球飞了起来，横越牛津大学，最后降落在大学公园里。

一个同事曾经问他，有多少东西是以他的名字命名的，他答道："一艘停靠在香港的船、一种章鱼、一种鱿鱼、一座南极岛屿"，并且他还会不好意思的小声告诉你，还有"两种虫子。"

J. R. 卢卡斯摘自《英国皇家协会回忆录》(1986)

在新博物学家中，第三位伟大的航海家就是莫里斯·杨格，也是马修斯和哈代的好朋友。杨格在研究牡蛎和船蛆的进食以及消化系统上的突破使他名声大噪，成为一名具有创新精神且年轻有为的海洋生物学家。在 26 岁那年，他和自己的终身挚友 F. S. 拉塞尔共同创作了《海洋》，这是博物学的经典之作。这本书中有一个章节是关于珊瑚礁的，但是这两位年轻的作家都没有见过真正的珊瑚礁，所以他们用投硬币的方式决定由谁来写这一章。结果杨格输了，所以由他来写。接下来的一章也是由杨格负责，是关于船蛆的，标题是"无聊的生活"。出人意料的是一年后杨格在珊瑚礁方面的研究，让他成了 1928－1929 年大堡礁探险队的领队。在那一年多的时间里，杨格和他的同事们，其中包括他的妻子马蒂和一位年轻的自然地理学家一起住在大堡礁上的小木屋里。生活在这里，如同生活在一个自然水族馆中，土著居民对他们也十分照顾。这算得上是一次壮举，是对大堡礁这个世界自然奇观的首次现代科学研究。1929 年冬回国后，他就此行程写了一篇回忆录《在大堡礁上的一年》，与此同时还发表了大量关于珊瑚礁、巨蛤以及蜗牛胃的论文。虽然那时他已在生物学史研究上小有成就，但是真正成就他的是这次探险。1930 年后，莫里斯·杨格成为了世界上公认的海洋无脊椎动物学权威人物。他同哈代和马修斯一样，也是一位出众的演说家，他思维清晰，富有激情且幽默风趣，他的演讲似乎还带有一种大海的浪漫情怀。他还努力提升教学水平,克服了自己的害羞和口吃,并且还为自己制定了严格的奖惩机制。与那些新兴的生物学教授一样,他承担了繁重的教学工作。同时,他有一套使自己广受欢迎的本领,而他的书都极具可读性。成功给予了他自信:他娶到了一位美丽大方的妻子,获得惊人的学术成就,还在32岁便成为布里斯托尔大学教授。他与马修斯和哈代不同,他没有应用博物学家的家庭背景,相反他是靠自身的不断努力,通过阅读大量维多利亚时期博物学家的作品来丰富和提升自己。

在进行大量科学航行考察,对陆地及海洋地貌进行众多研究的基础上,生态学这门学科应运而生。蒸汽时代的社会条件和日不落大帝国的兴盛为首批新博物学家们提供了绝佳的创作环境。其中的一些学者是真正的英联邦博物学家,他们早期的研究生涯都是在联邦国家度过的。正如大英帝国的军事力量和管理制度一样,其在农林业的发展也是不可比拟的,国内的科学家们对外来物种,如舌蝇和蝗虫防治的重视程度不亚于对本土问题的重视,甚至有过之而无不及。《昆虫迁飞》的作者C. B. 威廉姆斯(1889－1981)就是一个很好的例子。C. B. 威廉姆斯是一个天生的博物学家,但在他那个年代,生物学通常是指医学或农学。他在剑桥读大三的时候,当时的遗传学权威人物威廉·贝特森发现了他对饲养幼虫的兴趣,便向他提供了一份昆虫学研究生奖学金,而这也正是他人生的转折点。然而,当时一战突然爆发,C. B. 威廉姆斯也不幸被派去“做一些并不光彩的战争服务,那就是检查痢疾患者的大便”。不过,突然有一天一名殖民部的军官找到他,并且要将他调去西印度群岛调查那里因沫蝉而导致甘蔗减产的原因。C. B. 威廉姆斯去了那里,一待便是6年,在那里他一直研究特立尼达岛和中美洲的甘蔗问题。此外,正是在那他第一次亲眼见到了大群蝴蝶迁飞。无纹粉蝶,这种他当时还不知道名字的生物成就了他日后的终生事业。一开始,他只将研究蝴蝶迁飞作为爱好,主要职业还是英国昆虫学家,他前往各国调查研究昆虫问题,比如去埃及调查棉铃虫,或去坦噶尼喀调查蝗虫问题。1930年时,他已经收集了足够的资料,并且出版了《蝴蝶迁飞》,这本书让他一时间声名鹊起,成为了此课题的世界权威,更准确地说,是唯一一位权威。《昆虫迁飞》这本新博物学家文学作品是《蝴蝶迁飞》的续集,这部著作对他在西非、南美、比利牛斯山30年的研究进行了总结归纳。

这一本书堪称经典,甚至比《蝴蝶迁飞》更值得一读。

G. B. 威廉姆斯(1889—1981),《昆虫迁飞》的作者,照片摄于1949年(照片拍摄地:洛桑试验站)

约翰·拉塞尔(1872—1965),《土壤的世界》的作者(照片拍摄地:洛桑试验站)

C. B. 威廉姆斯在殖民部队的任职期结束后,于1932年加入了约翰·拉塞尔在洛桑的研究团队,并担任昆虫学部的部长。他去的正是时候,因为拉塞尔聘任了著名的统计学家R. A. 费舍尔为其组织实地测验,由此将他们的昆虫研究活动从恒温室内搬到了户外。在意识到C. B. 威廉姆斯特殊的天赋后,拉塞尔欣然"退位让贤",以便让他更好地研究昆虫行为与天气之间的关系。C. B. 威廉姆斯随后的职业生涯都献给了这项研究,可以说他的成就就像阿利斯特·哈代在浮游生物方面的研究一样杰出,如果把他们比作洋流,那么他们一个是峰,另一个便是空气。但是,C. B. 威廉姆斯的研究远远超越了哈代,他发明了生物研究的定量方法,这一方法在其代表作《自然的平衡模式》中有述,而在著作此书时,他已经是75岁高龄了。撇开他知识结构的数学专业性不谈,他是一个彻彻底底的自然学爱好者,虽然他喜欢这个学科,但是他主要对其中的因果和原则感兴趣。在1955

年退休后，他来到阿尔卑斯山的金克雷格，立即架好了灯，吸虫塔和一个私人气象站来观测飞蛾、黑蝇和其他昆虫的动向。而发明洛桑昆虫诱捕灯的技术及时沿用的是 C. B. 威廉姆斯在 20 世纪 50 年代的发明。

马尔科姆·史密斯(1875－1958)，《英国两栖动物和爬行动物》的作者，是一个想法颇多的人。作为这一领域的资深专家，一战爆发时，他正处于自己医学研究领域的巅峰时期。1925 年退休时他已经 50 岁了，随后便全身心投入两栖动物和爬行动物的研究。同 C. B. 威廉姆斯一样，他在童年时期就对博物学非常感兴趣，那时他的口袋里经常会装一只蟾蜍或者一条蛇。然而在此之后的很长一段时间内，他并没有从事与博物学相关的行业。对于史密斯本人有人说，“解剖室和医学院为培养博物学家提供了正规训练途径，而他选择从事医学。”马尔科姆·史密斯成了一名合格的医生，至少这给他提供了去热带国家研究蛇和鳄鱼的机会。

马尔科姆·史密斯(1875－1958)，《英国两栖爬行动物》作者，手中握着他的“蝰蛇捕捉眼镜”，摄于 1953 年(图：自然博物馆)

正是如此，史密斯才有机会以医生的名义拜访当时还处于封建社会的暹罗(泰国旧称)，当时那些古代的礼仪制度和东方的奥秘还未被西方文明破坏。30 年后，史密斯将这一经历编撰成书，即《暹罗法院的一名医生》(1947)。他的职责十分特殊：除其他事项外，在公开处决犯人时，他必须到场。但是，他并不十分乐意讲述这些事情。而该书主要讲述的是当地风土人情和法院里的人们，显然史密斯很喜欢他们，但他在叙述时尽量避免主观影响。他的记忆力极好，即使是偶然发生的事情，他都能清楚地回忆每个细节，并且他的观察力极为敏锐。他一边为患病的暹罗人做手术，一边将这些临床经验运用于研究、收集和分类蜥蜴与蛇。他的处女作《海蛇》(1926),就是基于其在东南亚所搜集的大量资料而创作的。他在暹罗时,可能挣了些钱,所以他才有资金请人帮他捕捉蛇,并保证在他50岁退休时,还能积攒足够的钱来支撑他继续爬行动物学研究。爬行动物和两栖动物有一种神秘的力量能激发爱好者的强烈热忱,而马尔科姆·史密斯更是他们的守护神。虽然他主要是为了博物馆而进行搜集工作的分类学家,但是他依然很享受每天的实地考察。其实,他仅在初出茅庐和垂暮之年研究英国的物种。他的弟子(后来的审校者)安格斯·贝莱尔斯回忆了他们为捕捉爬行动物而远征赛特荒地:"他是一位捕蛇和蜥蜴的专家,会对它们发动快速突袭。他在野外抓住的第一条蛇是我从来都没见过的。他捉蝰蛇很有一套,用一块眼镜片就能将蛇抓住。"

虽然丛书的大部分作者都长途跋涉去了热带和南海地区,而气象学家戈登·曼利(1902—1980)则去了一些寒冷的地方,例如山区和北极。曼利在《谁是谁》中,称自己爱好"山间旅行",同时他也是英国高地气候研究的先锋,一直提倡"手动"记录天气数据。曼利为人所知,多半是因为他独居在北奔宁山脉大敦瀑布顶的那间小屋里的那段英雄岁月。"在那里他经受了最严峻的气候条件"。这块偏僻的地方,后来成了国家级沼泽自然保护区的一部分,是英格兰最冷的地方。曼利表示那里的"气候更类似于北极,而非康沃尔和肯特"。当时他那间在一片荒地上搭建的小屋是英国唯一的一个高海拔气象观测站(在本尼维斯那个气象站很久之前就关闭了)。戈登·曼利对"舵风"这一现象十分感兴趣,200多年前一名牧师首次将其记录下来,它出现在山的背风面,且风力巨大。曼利在小木

戈登·曼利(1902—1980),《气候与英国场景》作者(图片摄于:皇家霍洛威生物科学学院地理系)

屋中度过了气候条件恶劣的严冬，曾经还一度好几天与外界断绝联系，这也是他对气象事业的奉献。虽然这项工作不得不在1941年停止，曼利建立的特殊气候数据收集系统让大敦瀑布成为了最前沿的气象观测站，而这个观测站现在通过自动化仪器监测大气污染情况。曼利是最有天赋的气象作家之一，从他所写的《英国的气候与环境》一书中，不难发现他是一个学识颇丰，并且能随时引经据典的人。

现在，新博物学家的行列中加入了许多年轻的世界旅行家。作为一名农学家，莱斯利·布朗(1917－1980)一生过得十分精彩，后来他在东非担任生态旅游顾问，曾多次遇到危险的野生动物以及土著人。T. T. 马坎(1910－1985)，在大家眼里是一个比较安分的淡水生物学家，但是他前往调查印度洋的途中曾经磕掉了自己的牙齿。马坎的主要工作是分类和保存捕获物，并保养设备，但同时他还借此机会研究海星，并将研究内容写入他的博士论文中。虽然时过境迁，但这并不代表环球旅行的精神不复存在。在最近一批作家中，菲利普·查普曼参加了不下11次热带洞穴远征，参与拍摄野生动物纪录片，并进行生态研究。克里斯·佩奇是另一个经验丰富的探险者，他曾前往世界各处偏远地区，通过海陆空三种途径寻找蕨类植物和松柏类植物。同20世纪20年代和30年代相比，人类对世界的看法和研究越发全面，但仍有许多未被人探索的生态秘密，英国的博物学家们仍然会尽全力，为此事业做出最大努力。

弗雷泽·达林和莫顿·博伊德：
苏格兰60年间的博物学发展

W. H. 皮尔索尔指出，从地理层面来说，英国可分为两个国家：高地和低地，因此从生物层面来说，其物种的差异性就像挪威和荷兰一样大。但博物学家和自然保护机构认为，这种差异应该体现在政治版图上，因为对于不同“国家”，自然的探索与保护的方式截然不同，一个人口稠密，风光无限；一个地域辽阔，人烟稀少。

不同的尺度会产生不同的思维方式。低地地区的博物学家常常认为英国就像一个零钱包，他们对那片面积极小的草地和林地十分感兴趣，并且愿意花大价钱研究它们。其风景在《白垩与石灰岩上的野花》《障碍》和《英格兰与威尔士的交界》等书中有详细的描述。至于皮尔索尔所谓的“更好的一半”，人们通常会由那凹凸不平的地平线联想到大自然的整体性，并非由篱笆、围墙或公路隔成的一个一个小方块。在这里，唯一能协调人与自然的方法就是战略性的思考，不把自然作为一种作物的生长的“储备”区域，而是作为地理形态本身，一种可循环发展、有效利用资源。然而，原本应该统一战线的高低地的自然保护组织们却成为社会原因而分裂，这真是可悲。视野的整体性，这个由弗兰克·弗雷泽·达令阐释的生态学概念非常重要，然而一旦视野受限，就好像那些曾经开阔的荒原和沼泽被逃税者种上了一大片云杉一样碍眼。

弗兰克·弗雷泽·达林(1903—1979)，《高地和岛屿》的合著者，照片摄于20世纪70年代初(照片拍摄者:埃里克·霍斯金)

现在我们还能像20世纪40—50年代的博物学家，70年代那些环境运动人士一样套用弗雷泽·达林的理论吗？他的那套现在还有用吗？他确实是当代国教文化的一个合适傀儡领袖。作为一个哲学生态学家,一位浪漫主义者,一位不称职的先知以及一位领袖,达林身上那种20世纪60年代学者气节是今日之人不可比拟的。正如马克斯·尼科尔森和彼得·斯科特所经历的一样,他的事业并非一帆风顺,其中最重要的两次“十字军东征”都以失败告终:利用生态学原理来进行苏格兰西部土地规划,以及为苏格兰建造国家公园的倡议运动。他是一个内向,甚至有些忧郁的男人,他有双下巴,脸上时常带着一种习惯性表情,好像在暗示他内心的痛苦。他是一个有趣的矛盾体:他深居简出,却爱好华贵的玉器,华丽的波斯地毯和奢侈的上等葡萄酒;他是一位著名的生态学家,但却拒绝在科学报刊中刊登任何作品;他结过三次婚,有四个孩子,却最后孑然一身;他热爱苏格兰,但却生活在英格兰和美国。

他并非出生于苏格兰,而是在之后加入苏格兰国籍。他名字的来历非同一般,达林是他母亲的娘家姓。他生长在单亲家庭,据说父亲是一位南非陆军上尉叫弗兰克·莫斯。弗雷泽是他的第一任妻子玛丽亚·弗雷泽的娘家姓,妻子与他离婚后,他又将名字改为弗兰克·达林,但后来在创作这本“新博物学家”丛书作品的时候又将其加上,以此作为苏格兰公民的标志。他和母亲关系一直很好,虽然他的童年似乎一直很开心,但却缺乏家长管教。15岁时,他选择了离家出走,显然他并不是一个循规蹈矩的孩子。然而,在一位英语老师的悉心引导下,他开始热爱英语和文学。随后,他发现自己喜欢动物,后来继续学习农业,并且还以农业学家的身份加入白金汉郡议会,但那几年却过得庸庸碌碌。而后,他北上去爱丁堡攻读博士学位,研究苏格兰黑面绵羊的遗传学课题。1930年,他被任命为英国动物遗传学研究院主任,但这是个文案工作,而达林却向往野外和大自然。经过多次尝试之后,他申请到利华休姆奖学金,进行生态学以及韦斯特罗斯马鹿的行为研究,这项研究一直持续了20年。达林辞掉了那份办公室工作,打包好自己的行李。从那时开始,他在苏格兰的穷乡僻壤里过着朝不保夕的生活,想尽一切办法要取拨款或赚取稿费。他认为如果一个人有勇气和耐力同野生动物生活在一起,他就能“揭露”真实的自我。这一理念一直支撑着他的研究,他希望能够去掉一切掩饰和伪装,真正面对面研究大自然。在结束了对安的列斯公鹿的研究之后，转而钻研萨默群岛的海鸥和其他海鸟的社会结构，之后来到和北罗纳研究一种群居动物灰海豹。这项需要结合生态学与动物行为学的研究，是对两个原本独立学科的合并，并且需要对动物行为进行长时间的观察。可惜，这项研究并没有得到应有的关注，这也许由于达林不愿意向科学报刊投稿扩大影响。在此期间，用他的朋友詹姆斯·费舍尔的话说，“他以这种方式经营他在萨默群岛塔内拉上的小农场，是为了告诉大家如此提高西部高地的土地产值是可行的，也是为了在严峻的环境下找到能大量种植农作物的方法”。他也立刻成为人们心中“新博物学家”版的梭罗。

战争的爆发导致达林对海豹的研究不得不突然中断。作为一个“在当时的政治气候下苦不堪言”的和平主义者，达林发现自己就像被放逐到了塔内拉的小农场中一样。他继续过着农场生活，并且发表了许多作品，《岛屿之泪》《小农场农业》和《小岛农场》，就像罗纳德·洛克利20世纪30年代在斯德哥尔摩时一样。达林的书广受推崇，尤其是《一群马鹿》(1931)和《罗纳的一名博物学家》(1940)，但这两本书却被认为太“通俗”，而无法获得权威教研机构的批准；然而，另外一本更偏向“生态学”的书《鸟群及其繁殖周期》(1938)更是两边不讨好，既不够热销也不够专业。然而，他对公鹿和海鸟的研究在他的博士论文中得到了认可，并帮助他获得了理学博士学位。达林清楚地意识到，他的研究若是没有科学证明的支撑，一定会受其所限。他习惯运用一些自然的演绎手法，并且对其研究对象有一种本能的直觉，但是他并不十分擅长数学运算，因此在研究中也无法提供一些准确的“数据”。

1944年，达林说服了发展委员会来资助他在农场时期酝酿的新设想：对西部高地地区的社会和生物研究，这也等同于对“人类是博物学的一小部分，而博物学是人类生存环境的一大部分”的课题研究。达林将西部高地景观形容为“一片满目疮痍的地带”，人类行为的愚昧使土地不断退化，并在《西部高地调查》中，他阐释了现状的成因，并从一个半农半生态学家的观点，介绍了如何采取补救措施。在他的书中，调查的结果一针见血，达林式的语言风格展露无遗，例如：

浩劫还没有结束，但毋庸置疑，目前的土地利用方式正一步一步将它推向不归路。到那时，这个国家的生产力甚至将低于巴芬岛。

国家对这个生态统一体的破坏将高于其他一切力量，然而大自然将回报给这一座座机械工厂更加可怕的东西……

在6年调查过程的前2年，他撰写《高地和群岛博物学》一书，在这本书中提出了相关理论，并且在日后的调查中加以应用。其后，他深受美国哲学生态学家利奥·波德的观点的影响，用开阔的眼界和犀利的语言来看待和描述科学事实。但是，达林在《西部高地调查》中提出的理论对于苏格兰机构的保守派而言太过前卫了。该书虽被广为引用，但究其在应用领域的影响力却实在有限。同样，作为1945年拉姆齐委员会的成员，达林对于建造苏格兰国家公园系统的主张也石沉大海。其实，他所提出的那些较柔和的政治主张反而更加符合北美和东非的情况，而不是他的祖国苏格兰。

《西部高地调查》在1950年创作完成，但直到1955年才得以出版，然而讽刺的是，发表地区为英格兰南部。尽管遇到种种阻力，英国生态学家在1949年建立的"生物服务站"——大自然保护协会，依旧取得了巨大成功，而这也是达林事业巅峰的开始。但是，这样一个喜忧参半的事态却基本上是他一手造成的。正如他自己所预期的那样，他担任自然保护协会第一任苏格兰会长的事实，无疑是对苏格兰自然保护机构的第二次打击。他是一个固执己见的人，詹姆斯·费舍尔和其他人发现了，他们曾让达林修改书中的某些部分，达令统统拒绝了。他还因为公务缠身而白白浪费了创作的才华。在他主持自然保护协会的公鹿小组多年后，都没能抽空撰写其研究报告。他在罗得西亚、阿拉斯加和美国西部的那些更加光鲜的职位使他完全忽略了他同时还是爱丁堡的一位生态保护高级讲师。最终，爱丁堡大学不得不在1959年辞退了他。达林在美国有一位忠实的仰慕者，那就是费尔菲尔德·奥斯本，并且其后还邀请达林担任华盛顿自然保护基金会的副会长直到1972年。达林事后这样回答："在美国时，我听说了在这里(苏格兰)，我甚至还不如一粒车轮下的灰尘。"直到达林离开苏格兰，并且成为世界舞台一位举足轻重的人物之后，英国科学家们才开始意识到他对生态以及自然保护研究做出的贡献。

开始了新的事业后，达林开始考虑为《高地和群岛博物学》撰写一本修订版，而原版我们在上一章曾提及过。他希望修改书中个别错误的地方，并且将出版后的 17 年间发生的重大事件加入新书中使其全面更新。“四处寻找合适的目标，”达林写道，“我思索了一会儿便还是想到了我最先想起的那个人：约翰·莫顿·博伊德博士。”莫顿·博伊德当时是自然保护协会在西部高地的区域总监，他后来回忆说，“我意识到，如果我回答‘同意’，我可能会给自己找了一堆事(确实如此)，但如果说‘不’，我可能会失去一个千载难逢的机会。自该书 1947 年出版以来，我一直在使用它，十分熟悉书中内容，并且我认为这本书不仅是一个工具，而且更能为我带来阅读的快乐。”

莫顿·博伊德初次遇见弗雷泽·达林时，他还是格拉斯哥大学动物学系的一名学生。博伊德当时已经是所谓浪漫生物学派(利奥·波德、塞顿·戈登和达林本人)的忠实读者，并且在他决定毕业课题时，还征求了达林的意见。博伊德阅读了达林的《博物学》中关于赫布里底群沙丘中不同种类蜗牛之间的生存竞赛，并且决定就此课题开展研究。“得到的答复很简单：不同种类蜗牛之间的生存竞赛不适合作为毕业课题”。相反，达林建议他研究从海岸线至荒原内陆动植物群的分布差异，并且他建议将研究基地设在内赫布里底群岛的泰里岛。在简单地回复了他的问题后，达林并没有意识到该提议所产生的影响，“弗雷泽·达林的建议为我的生态保护事业播下了一粒种子”这位青年才俊博伊德，在他导师莫里斯·杨格指导下，获得了自然保护协会助学金，

J. 莫顿·博伊德，《高地和岛屿》《赫布里底群岛》合著者，摄于 1990 年

并开始研究生存在赫布里底群岛的贝壳砂中的土壤动物。他于 1954 年与妻子温妮结婚，并将他们第二个家安在提芮，“我们在这里落地生根，将小屋建在一个大海沙滩与天空相接的地方，在这个人间天堂我们找到了心中的安宁”。或许是对弗雷泽·达林研究的效仿，他的研究对象不仅仅只是脚下的蚯蚓，还有罗内岛的灰海豹（继达林之后的第一人）、塘鹅和圣基尔达岛的索艾羊，这是他研究生涯的黄金十年。他的研究地选在欧洲最浪漫的海陆风景中，而海浪和绿岛构成的迷宫就是他的实验室。莫顿·博伊德和迪克·博哈里于 1969 年 5 月在阿明岩和里岩上建造了一座环海尖塔，这是自 1930 年最后一个圣基尔达岛土著离开之后人类第一次踏上英国这片最遥远的土地，或许这也是他们在圣基尔达岛这些年中最辉煌的一件事。

博伊德尊弗雷泽达林为导师，并且还写过关于他的书，《弗雷泽·达林之岛》和《弗雷泽·达林在非洲：荆棘中的犀牛》，但他很快停止了这种偶像崇拜。他告诉我，他的研究风格并不是受达林研究的影响，影响他的是达林对自然的一种直觉，他对自我反省的研究方法和他一些待后人的研究漏洞。达林认为博伊德精力充沛、智慧不凡，而自己则是“与生俱来的慵懒”。达林是一个有远见的人，而博伊德则是一个拥有浪漫情怀，充满激情且富有灵性的男人，对于这一点他毫不掩饰。他的生活经历与达林惊人相似，他们两人都曾经在小岛上生活过（差不多都住了 10 年），之后都因公前往各国考察调研，达林是在 20 世纪 50 年代，而博伊德是差不多 10 年后。但是，当达林担任一个独立委员会的副会长时，博伊德则成为自然保护协会（现在的 NCC）这个政府机构的苏格兰区负责人，相较而言这份职位责任更加重大。我敢说比起在爱丁堡的办公室里做些案头工作，他更享受在外旅行考察的时光。莫顿曾在南太平洋的某处给部队寄过一封圣诞节贺卡，上面写道“我知道你们的工作性质与我不同”。他应该再说一遍！他似乎也突然成为了那个失落的一代中的一员：一个旅客、一位诗人、一位画家或一位神秘人，一个居住在布满鸟粪的岩石上，或是棕榈树围绕的环礁上的人，而不是在办公室里主持会议或者做笔录的人。这并非说他不具备后者所需的资质，充满激情，墨守陈规，有时候又固执己见是他人个人特点。我个人十分地敬佩他，尤其当知道后来发生了什么之后(由于内部的分歧与争端,自然保护协会最终被废除,被苏格兰办事处下属的一个分部所顶替)。莫顿·博伊德一定很怀念从前的户外岛屿生活。他支持发布了设得兰群岛和奥克尼的博物学专题研讨会,萨姆·贝里也参与了其中,并将其作为他日后撰写关于北部小岛的新博物学家书籍的资料来源。后来,博伊德还组织并编辑了关于内、外赫布里底群岛的研讨会内容,其后由爱丁堡皇家学会出版。对于自己心爱的赫布里底群岛,博伊德决定写一本具有可读性的,自己独家创作的书,风格类似于早期的“新博物学家”丛书经典著作家达林、杨格、皮尔素尔等。他无疑是这本书的最佳作者人选,并且这本书也是对他所领导的自然保护协会工作的一个检验。莫顿告诉我,他决定用一种全面视角创作这本书但又要体现他个人独到的见解;用他的话说就是“配价”,这是一种团结的力量。《赫布里底群岛》由三个部分组成:第一,它有一个核心故事主轴,从海岸一直到山顶;第二,他综合讲述了物种与岛屿的特性;而第三,他概述了所有重要的人文因素,包括一些著名的博物学家,从马丁到詹姆斯·费舍尔,赫布里底群岛就是他们心中的麦加。然而,不幸卧病一段时间之后,莫顿决定与他的儿子伊恩合著,删掉一些旧的版块,伊恩目前负责英国南极调查局的海豹研究。《赫布里底群岛》于 1990 年出版,这也是对弗雷泽·达林和莫顿·博伊德长达 60 年致力于研究苏格兰博物学的最佳褒奖。

莫顿·博伊德 1985 年从自然保护协会退休,那时他已经是农林业问题顾问。1987 年,他被授予大英帝国十字勋章,他是苏格兰科学及宗教事业的中流砥柱。弗兰克·弗雷泽·达林在 20 世纪 60 年代末回到英国工作,人们对他十分尊敬,如同对待国家政治元老一般,这完全出乎他所意料。这是科学界一个了不起的大变动,用肯尼斯·梅兰比的话来说,“这是对‘保护’这个词的新定义”,英国科学界会用它独特的方式来欢迎你。达林应邀以“荒凉与富饶”为主题在“里斯讲坛”中发表一篇生动的演讲。次年,他获封骑士爵位,并被授予荣誉学位,还应邀参加了第一届环境污染皇家委员会。毫无疑问,他的演讲很受欢迎,尤其是对于学生群体,毫不偏颇地说,他们将达林视为近代先知。然而,尽管当时身体依然健康,却难逃岁月的侵蚀,晚年的他已经无法长途跋涉。1976 年 9 月 20 日,他写信给比利·柯林斯讨论关于《高地和岛屿》修订版的问题，其中提及他的身体快要“不行了，还有精神写点评论，但是当年的冲劲已经不复存在了”。事后，他问到：“创作‘新博物学家’丛书是你的想法么？如果是这样，那真的很棒，在这30多年中，你的这个想法让无数优秀的科学家们能有机会将他们的思想相互碰撞，并最终形成一个统一的观念……如今民众对博物学的兴趣极大部分是受‘新博物学家’丛书的影响。”比利·柯林斯至今没有读过这封信。在寄出信件的后一天，即1979年10月22日，达林逝世于福里斯家中，享年76岁。但是：

即便人已远去，须知精神犹存；心属那块高地，梦归赫布里底。

8　专著:研究单一物种

新的自然史研究中面临着问题,即科学家们总是专注于鸟类、兽类或昆虫物种栖息地的研究,而忽略了对它们自身的研究。虽然坦斯利和埃尔顿那一代的生态学家都擅长进行实地研究,但是自 20 世纪 60 年代开始,他们又再次转回了室内研究。这样在我看来,生态学成了一门极其抽象的学科,并常常会涉及一些制衡,输入与输出,模型和数据的问题。生态学也成了一门室内研究学科。然而,当你研究某一特别物种或者某个种群时,室外研究是必不可少的。至少,在生态学中,实地考察是不可或缺的,并且这也是生态学爱好者们能大展拳脚的平台。去实地研究某一种动物需要花费较长的时间和极大的耐心,同时,也是对观察者能力与潜伏技能的考验。《新博物学家》的专著就是由各领域的领军科学家所著,他们都选定了一定的物种作为研究对象,专注于研究该物种的栖息地、行为特点以及生存需要。《管鼻藿》(1952)这本鸟类著作自出版以来,一直是该领域最为详尽的对鸟类的描述之一,詹姆斯·费舍尔也承认,该书完全反映了他对该领域的喜爱:

> 管鼻藿陪伴了我生命中近一半的时间,去研究它的历史,揭开它神秘的面纱,拯救这种灰色的小鸟和那些海岛,是我心之所向。自 1933 年以来,我几乎每年夏天都在研究管鼻藿,去海边悬崖和它们在斯匹次卑尔根、冰岛、设得兰群岛、奥克尼、圣基尔达的栖息地考察,其中有一次我考察了全部的苏格兰管鼻藿栖息地,它们大部分在英格兰和威尔士境内。
>
> 詹姆斯·费舍尔《管鼻藿》前言(1952)

费舍尔将这本书视为他的巅峰之作,并且很有可能有意为后人树立典范。但他坦诚关于写作的真正原因是“我写这本书,不是因为我认为这样做很‘有用’,而是因为我喜欢管鼻藿及与其有关的一切。”然而这句话比利・柯林斯不能苟同,他曾说过,每一种鸟类都“应该有一本专著”,总共 8000 个物种。

《新博物学家》系列里有一半的著作是由那些“业余”的学科爱好者所著:他们的所作所为都出于对大自然的热爱。1947 年,这些爱好者在撰写最初几部《新博物学家》的专著时,没有人出资资助他们进行兽类或鸟类的自然史研究,因为他们研究的大多数物种在当时是鲜为人知的。虽然当时有关狐狸、獾和鹰的知识已有很多,但大多只是一些传闻轶事,可以说对物种的科学研究是少之又少,而且大多数研究还只是一种传闻,不具有典型性。

第一代的动物生态学家曾尝试涉足北极、大堡礁或南部海域这些偏远的区域。而业余的自然学家大多研究当地的自然历史,其中不乏运动员或牧师。很长一段时间,正式的观鸟一直是一项贵族活动,参与者通常十分富裕,有大量的闲暇时间,并且能到松鸡荒原、野鸡林和野禽沼泽。从 20 世纪 20 年代后期开始,情况开始改变,英国许多业余的观鸟者自发组织起来,在当地或者全国范围内进行鸟类繁殖研究。他们主要研究某几个物种,例如凤头麦鸡、苍鹭和田凫。他们的调查目的是弄清这些鸟类在英国的分布,并且尽可能地统计出准确数量。同时,他们也鼓励一些鸟类爱好者进行其他方向的研究,比如说,鸟类的求偶和交配行为,其鸣叫的变化,以及它们攻击入侵者的方式。其中一些爱好者开始专注研究某一领域,通过长期的观察和记录形成细致的研究数据。朱利安・赫胥黎对凤头䴙䴘的研究可以说在科学观鸟方面一路领先,但到了 30 年代后期,已经有很多人沿袭了他的研究手法:例如,费舍尔对大西洋鹱的研究,内瑟索尔・汤普森对青足鹬和交喙鸟的研究,阿诺德・博伊德对雀和燕子的研究,以及罗纳德・洛克利对马恩岛海鸥和海雀的研究等等。

战争的爆发极大地影响了人们生活,但是却在某种程度上促进了观鸟活动。人们常说,战争是由 5%的狂野和恐惧以及 95%的无聊所组成。待命的战士,甚至战俘都需要一个爱好。阿诺德・博伊德发现,在一战的战壕中非常方便观鸟,至少是在安静的时候。二战中，约翰·巴克斯顿透过德国战俘集中营的铁丝网观察红尾鸲筑巢。同时，在后方，非战斗人员由于受到汽油配给的限制无法远行，也开始在他们的家门口研究鸟类。《新博物学家》中的大部分鸟类专著都是基于一个特定的研究范围，而这个范围往往都不大。爱德华·阿姆斯特朗的"鹪鹩林"只有1.6公顷，而斯图亚特·史密斯的黄鹡鸰栖息在曼彻斯特市郊铁路旁边的一块菜田中。

《管鼻鹱》(1952)封面

当然，《新博物学家》系列中的专著也不完全都是"新"的，但之前也确实少有类似专著。第一本出版的较成熟的鸟类专著应该是洛瓦特委员会发表的《松鸡的健康与疾病》(1911)，尽管大部分工作是由爱德华·威尔森完成的。如果不是他与斯科特一同前往了南极，他晚年还将为《新博物学家》系列做出贡献。另一本开拓性著作是《塘鹅，一种有故事的鸟》(1913)，由约翰·亨利·格尼所著，这本书对于詹姆斯·费舍尔对《管鼻藿》的创作也有影响。然而,这些书只是一些例外。对大多数英国鸟类爱好者更具影响力的书是20世纪40年代由马克斯·尼科尔森、朱利安·赫胥黎、斯图尔特·史密斯和詹姆斯·费舍尔所著的指南书籍。他们将观鸟从一种爱好变成一门科学学科,标志就是1932年英国鸟类学基金会成立和1938年爱德华·格雷研究所于牛津落成。到了第二次世界大战期间,任何有时间有能力的人都能进行鸟类研究了。

其次,《新博物学家》系列专著也并非只局限于鸟类学范围。早在1928年发起的"生物植物区系项目"就鼓励科学家对英国的个别植物物种进行研究,但是,直到战争结束后项目才真正迅速发展起来。而另一方面,除了少数勇敢的爱好者们,几乎很少科学家对英国哺乳动物进行研究。直到20世纪50年代的哺乳动物协会成立后,英国哺乳动物学研究才开始兴起。(部分原因是欧内斯特·尼尔和哈里森·马修斯的《新博物学家》系列书籍引起了英国的哺乳动物学的热潮)。

《新博物学家》系列著作中真正新的是一套关于动物类丛书的出版,丛书中的每本书都致力于研究一个物种,并且采用了最先进的科学技术。对于1945年之前的任何出版商来说,这样的想法意味着商业灾难,如若不是最初几本《新博物学家》著作的成功发行,任何出版商,即使是柯林斯,也会对发行如此"专业化书籍"毫无把握,更何况是22本系列丛书,涉猎主题从管鼻藿到跳蚤,兔子到鹪鹩不等。系列丛书中的第一本专著出版于1948年,此书的题材早在1946年初就已经讨论得沸沸扬扬,当时有两本《新博物学家》书籍即将发行。当时编委会的会议纪要已无法找寻了,但某些最密切相关的私人文件大致揭示了这一想法在接下来的几年中是如何发展成熟起来的。第一本书籍就是《獾》。

自然历史经典之作的诞生

说道专著书籍的起源,我们一定会想到1945年与1946年,那是《新博物学家》书籍发展的黄金年代,大众对此类图书的反响远远超出了比利·柯林斯的预期。前四本专著都于一年之内全部售光,并且每本图书的重印数量都达到了4万册之多。比利·柯林斯也成功地推出了旗舰系列图书,不仅打响了在自然历史研究界的名声,也收获了相当利益。也许,他的成功要归功于摄影技术的使用,尤其是彩色摄影。我们可以想象,当时比利·柯林斯一定考虑过扩增系列图书数量,尤其是在新编图书配有丰富照片素材的情况下。当时,赫胥黎和费舍尔都强力推荐出版专著,并且费舍尔已经着手编著有关管鼻藿的书籍。如果当时的4万公众愿意拿出1基尼购买一本关于蝴蝶或猎鸟的书籍,那么我们可以猜测,其中四分之一的人会不会愿意拿出10先令用于购买有关茭白、松鸡或者管鼻藿的书籍呢?

第一本《新博物学家》专著《獾》的创作起因始于伦敦的一家餐厅(其他专著的创作起因也大同小异)。在与比利·柯林斯一同午餐时,利奥·哈里森·马修斯提到位于科茨沃尔德的瑞德康博大学的一位老师在进行獾研究上的出色成果,而当时利奥·哈里森·马修斯正在创作有关哺乳动物的书。马修斯曾与这位老师一同外出观察过獾,并且十分欣赏他所拍摄的獾玩耍时的照片,对于他在他学生帮助下所整理出对獾群的详细描述更是印象深刻。该老师的名字是欧内斯特·尼尔。柯林斯喜欢獾,并且在提到了照片之后,他更是毫不犹豫。他立即给尼尔写信:

> 本周在与哈里森·马修斯博士共进午餐时他提及了您,并且告诉我有关您所拍摄的照片的事情,也告诉我您正着手写一本关于獾的书籍。
>
> 您可能听说了,我们现在正在出版一些自然书籍,如果您愿意把您所拍摄的照片寄一些过来,我们会非常有兴趣,我们也非常欢迎您寄来您所撰写的有关獾的书稿。
>
> 1946年1月25日,柯林斯·寄于欧内斯特·尼尔的未发表信件

科林斯显然已经将此事提交给出版委员会,因为两周后,欧内斯特·尼尔就收到了另一封信,来自朱利安·赫胥黎。

有人向我们推荐，说您可能对撰写一本《新博物学家》中有关獾的系列专著有兴趣，我希望这一说法能成真，因为我认为这将是一个很有趣的话题。

我正让艾德普林先生给您寄一份样本合同与该系列的一些详细介绍，告知您书稿的字数、会务安排等。我们会出版两种版本的专著，其中一版为彩色而另一版则为黑白（作为卷头插画）。您也可以提出自己的想法。同时，不论以哪种版本出版，我们都会寄给您一定数量的黑白版。

1946 年 2 月 7 日，利安・赫胥黎寄于欧内斯特・尼尔的未发表信件

欧内斯特・尼尔与幼獾，摄于 1953 年

赫胥黎接着让尼尔寄给他一份书籍大纲，并且如果可能的话，还寄一份样章。尼尔回寄了数个章节，但是承诺的合同直到 1947 年 4 月才到，此时书稿的创作已接近尾声。在此期间，马修斯以私人名义给他寄了一封友好邮件，强调“柯林斯十分愿意发表你的著作”，并且稿酬也不错。

《獾》的写作大约花了一年的时间。欧内斯特・尼尔以此作为在瑞德康博大学的理学硕士研究，然后在他调任陶顿大学之后不久完成了书稿的写作。幸运的是，陶顿大学也是不错的适合观察獾的地方。《獾》的成功出版对于未来系列专著书籍的出版可以说至关重要。在某种程度上来说，这就是一个试点，如果失败了，那么其他的主题也就有待商榷：毕竟，如果没人愿意购买“獾”的书，那谁会愿意购买“青足鹬”的书呢？事实证明，《獾》大受欢迎，以至于人们对其他书籍的出版有了过高的期待，后来的书籍没有一本的销量能超越它。在其后来的 30 年

间，该书被印刷成5个版本，总共售出大约两万册的精装本。企鹅出版社于1958年购买了该书的版权，作为“鹈鹕”系列图书，承诺出版相应数量的平装本。即便如此，《獾》出版的第二年，其销量依然保持稳定，虽然不再是最畅销的书。但是《獾》的意义并不在于其销量，而在于它的贡献。对欧内斯特·尼尔而言，对獾的持续研究最终帮他获得了博士学位，让他认识了许多同道中人，并且也让他终身致力于对獾的研究以及对獾种群的保护。从更广泛的意义上说，这本书激起了读者们极大的兴趣，并且间接促成了哺乳动物协会的成立，也对萨默塞特的英国野生动植物信托基金的维持发挥了作用(由于尼尔所做出的贡献，他其后被授予英帝国勋章)。至于比利·柯林斯，《獾》是他整个系列中最喜欢的书。董事会议记录中也记载了他对几本专著的评论：“挺好的，通俗易懂，事实详尽，但是不如《獾》”。

是什么成就了这本自然历史经典之作？就《獾》而言，大概是因为书中大部分是作者亲身观察所得。尼尔所研究的这个动物，所有人都听说过，但是少有人亲眼见过，更别说对它有真正的了解。尼尔了解獾的部分生活习性，讲述的语言又简洁生动，充满感情。这本书细致周到，向读者详尽地介绍了他是如何开展研究，如何运用当时繁重的设备进行拍摄。对于后来的研究者，这本书也是一种莫大的鼓舞，整本书的内容全部建立在作者简单的实地观察之上，任何一位细致的动物学爱好者都能做到(当然如果要同时观察几个洞穴，有一帮学生的帮助确实能如虎添翼)。《獾》的另一大优势就是它从开篇就让读者直接参与在内。当太阳渐渐坠入地平线，清风骤歇，地下传来第一声“低沉而颤抖的叫声”的时候，读者似乎就在作者身边。尼尔对某夜远足的描述被许多后来者效仿，读者的兴趣似乎一下子就被抓住了，似乎他们正跟随作者一道在对獾进行观察。这种创作手法比简单地罗列事实更能抓住读者的兴趣。

人们一般以为，科学报刊上的书评往往是最为冷静客观、不带感情的。《动物生态学报》的J.S.沃森承认，“这本书非常有助于我们了解獾的社交和生活习性”，但对獾的“生态分析不够深入(为什么要深入呢?)，相关数据不够充分。”但其他的评论都很温和。《新博物学家》系列专著的忠实评论家布赖恩·维西·菲茨杰拉德表示,“尼尔先生的书是过去20年间少有能让我感到有趣的书之一;里面的每一页每一行都十分吸引我,并总能激起我的思考…… 他并没有犯现代科学家们常犯的错误,认为事实就应该是冷冰冰的。‘冷静的事实’是科学家最喜欢的口头禅。因此,用一种温暖的方式讲述事实,是一个多么令人开心的改变! 多么富有人情味!”

把冷冰冰的事实变得温暖是对《新博物学家》精髓的最佳阐述(这和菲茨杰拉德对现在科学的反感截然不同)。自1948年以来,对獾的研究有了大幅的提升,事实越来越多,描述也更加详尽。但其中的温暖笔调依旧延续:这仍是一本值得一读的书,这种品质也是一本书最重要的品质。作为一个科学的里程碑,它不仅影响了尼尔的人生,也对他的学生以及后续的科学家产生了极大的影响。在一份近期的颂词中,帕特·莫里斯从当今的角度解释了为什么这本书一直如此具有影响力。

> 今天,从一个后人的角度,也从一个更广阔的视角,我能更好地欣赏《獾》,这种欣赏并不是因为它所记录的内容。现在读这本书,这本薄薄的小册子似乎非常普通,很多人都能写出同样的作品。但是,这不是问题的关键。今天我们之所以能轻易地写出一本关于獾的书,完全是由于尼尔当年的所写引发的。
>
> 今天,我们对于全国范围内的獾群有一个分类,有数百人参加的讲座和会议,以及大量的相关书籍与科学研究。所有的这一切都有一个起点,毫无疑问,这个起点正是欧内斯特·尼尔的那本绿皮书……尼尔为后来者指明了方向。这本书非常成功(至少在我看来),柯林斯后续的任何一本书都无法超越它。这催生了一系列畅销的哺乳动物专著,英国现在也有了大量的有关哺乳动物的文学,而在1948年前,这一方面几乎是一个空白…… 可以说,欧内斯特·尼尔的书是一个强有力的催化剂。
>
> 1993年7月,帕特·莫里斯《BBC野生动物》

专著

现今共有22本《新博物学家》专著书籍，第一本即是1948年出版的关于一种生活在地底的哺乳动物——《獾》，最后一本是1971年出版的《鼹鼠》。他们起初并未计划出版22本系列图书，这些也并不是原计划中的全部主题。正如其他的系列，专著的起步比较晚，但是在20世纪50年代起迅速发展，之后逐渐平淡。这些主题的出版并没有特定的顺序，也不是当时最热门或者最容易接触到的题材。编委会所指定的题材还没有他们所指定的作家多，也没有一个特定的标准注明哪些物种可写，哪些不可写。比方说，锡嘴雀可以放在系列专著之内的话，几乎任何繁殖鸟类都能作为题材。并且主要系列题材和专著之间也没有明显的分界。毕竟，主要系列中的《蜜蜂的世界》也只涉及单一物种。但是为何将《蚂蚁》列为专著书籍，而《蜻蜓》列为主要系列？《英国的两栖动物和爬行动物》最初被列为专著书籍，但最后却成为系列书籍。《跳蚤、寄生虫和布谷鸟》的情况则更好相反。实际上很难从这些决定背后找出其逻辑，如果有也是跟销量有关而跟题材无关。由于有许多养蜂人，所以《蜜蜂》看上去很有市场，而《蜡嘴雀》的市场就可能会小一些。专著书籍的销量预计会比主要系列书籍的销量少一些，专著的版本小一些，宣传也弱一些。只有《獾》《银鸥的世界》和另外两本关于鱼的专著销量较好。其他大部分销量很差，当然这不是作者的责任。

对于专著的编辑最费心的就是詹姆斯·费舍尔，自赫胥黎于1946年任命联合国教科文组织第一个科学家董事后，他接手了大部分的通联工作。这项工作对于这位专著的倡导者来说一定是十分有趣的。在20世纪40年代和50年代，费舍尔对《新博物学家》系列书籍的发展贡献巨大，特别是在专著的出版方面贡献更是无可比拟。他以完美主义的态度阅读和评论了大部分的书稿，甚至曾有一两次亲自重写了某些章节。如不是他的努力、学识和热忱，很有可能专著永远不会发展起来。费舍尔于1970年去世之后，专著的出版也同时凋零了。

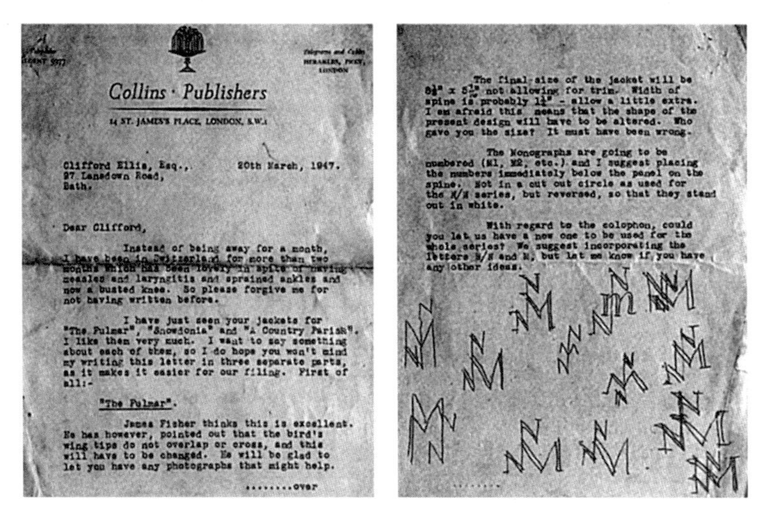

Collins · Publishers

14 ST. JAMES'S PLACE, LONDON, S.W.1

Clifford Ellis, Esq.,　　20th March, 1947.
97 Lansdown Road,
Bath.

Dear Clifford,

Instead of being away for a month, I have been in Switzerland for more than two months which has been lovely in spite of having measles and laryngitis and sprained ankles and now a busted knee. So please forgive me for not having written before.

I have just seen your jackets for "The Fulmar", "Snowdonia" and "A Country Parish". I like them very much. I want to say something about each of them, so I do hope you won't mind my writing this letter in three separate parts, as it makes it easier for our filing. First of all:-

"The Fulmar".

James Fisher thinks this is excellent. He has however, pointed out that the bird's wing tips do not overlap or cross, and this will have to be changed. He will be glad to let you have any photographs that might help.

........over

The final size of the jacket will be 8¾" x 5½" not allowing for trim. Width of spine is probably 1¼" - allow a little extra. I am afraid this means that the shape of the present design will have to be altered. Who gave you the size? It must have been wrong.

The Monographs are going to be numbered (M1, M2, etc.) and I suggest placing the numbers immediately below the panel on the spine. Not in a cut out circle as used for the N/N series, but reversed, so that they stand out in white.

With regard to the colophon, could you let us have a new one to be used for the whole series? We suggest incorporating the letters N/N and M, but let me know if you have any other ideas.

路德·阿特金森致克利福德·埃利斯的信,后者的手稿,也成了专著的末页(私人收藏)

幸存的记录表明,或许一些题材早在1946年就已签订合约,但是直到第二年专著书籍才开始崭露头角。直到1947年2月,他们才开始考虑版面设计问题。费舍尔写信给克利福德·埃利斯,告诉他道:"我们正试图加入一些专著来丰富这个系列。第一部要写的专著就是《管鼻藿》,我自己也参与了著作。"埃利斯夫妇需要为专著设计一个新的书封,同时还需制作一个特别的版权页标记。从信件底部铅笔的涂鸦痕迹来看,克利福德·埃利斯也许就在早餐桌上就立刻投入了工作。他决定在主要封面设计中,保持系列设计的基本特征,只是换掉条形标题,在书的正面和书脊上采用彩色椭圆形标题。他换掉了主标题连着的字母N的设计,转而采用新的花押字设计(NMN)置于书脊的顶部。在《红尾鸲》和《黄色鹡鸰》两本书的书脊上,字母M是手写的。

与主丛书相比,专著应当要小一些、薄一些。主丛书有8万字,页面大小8.75英寸×6英寸(约22厘米×15.2厘米),而专著应当在5万字左右,页面大小8英寸×5.5英寸(约22厘米×13.97厘米)。专著中的彩色照片要少一些,出售价格也要比主系列便宜一半。但事情总是有例外。出版《管鼻藿》和《鹪鹩》时,两本书的字数都超过了10万字,因此不得不以更大的页面印刷。专著还包括三本"特别卷”,封皮设计简单,其中两本印刷时都采用与主系列同等大小的页面。由于这些原因,专著集不如丛书那么令人满意,如果按序列号摆在书架上,大号的专著则会像城垛一样凸起。埃利斯没能有机会设计所有的封皮,这实在是一大憾事。后来,《跳蚤、寄生虫和布谷鸟》《腮腺炎、麻疹与花叶病》《伦敦区的鸟群》,这三本饱受《新博物学家》收藏者抱怨的书,都没有精心设计的书脊,都只是削减成本的权宜之计。

1946—1947 年,赫胥黎或费舍尔委托创作的几本专著,至少都花了一年时间才完成。其中第一本专著《黄色鹡鸰》1948 年春季完稿,但直到 1950 年才出版(在系列集中排列第四部,专著的序列号与他们创作的时间顺序不完全吻合)。也许在出版后续专著前,柯林斯决定静候观望,看看《獾》的发行状况。《黄色鹡鸰》和《红尾鸲》都于 1950 年 3 月出版。时值书籍销售的低谷期,成本上涨而销量大跌。虽然颇受好评,却销量不佳。10 年后,仍有大量的《红尾鸲》和《黄色鹡鸰》零散地堆积在柯林斯 · 格拉斯哥的仓库里。因未能成功说服读者联盟的成员消化掉一批书籍,出版商一度想低价出售,并在 1962 年决定将《黄色鹡鸰》的 1000 张毛边纸稿化为纸浆。直到 1972 年, 这些书籍才停止出版,但在此之前很长一段时间内,书店很难觅其踪影,我怀疑它们被偷偷地廉价卖掉了。

很快我们就发现,尽管《蜜蜂》和《獾》在商业上的销售量极其可观,但读者对鸟类书籍却没有表现出同样的喜爱之情。这些出售的鸟类书籍,一般都是英国和欧洲鸟类的识别指南,而不是有关某种鸟类的专著。《红尾鸲》和《黄色鹡鸰》的经验表明,即使是 6000 册这么小的发行量,也会远远超出市场的需求(需谨记一点,在 1950 年,皇家鸟类保护协会的成员也没有几千)。《青足鹬》的销售状况也不可能太好,更少有人愿意支付 35 先令(很快价格又涨到 42 先令)去买 500 页的《管鼻藿》。选择四种相对陌生的鸟类来开辟发行之路的确是个糟糕的决定。如果专著中涉及大卫 · 雷克书里写的旅鸫,或者是关于涉禽和海鸟而不是青足鹬或管鼻藿,它们也许会卖得更好。谁知道呢?我们无须太过惋惜。虽然它们不能满足你销售的欲望,但出于同样的道理,这些早期的鸟类专著和《獾》一样,都非常重要。在那个年代它们成功在市场销售,并让读者印象深刻,可以说是意义非凡。

《鹪鹩》封面(1955)

接下来发行的三本书,《鹪鹩》(1952)、《跳蚤、寄生虫和布谷鸟》(1952)以及《蚂蚁》(1953)则引起了相当的轰动。比利・柯林斯似乎愿意接受《管鼻藿》的亏损,因为这是费舍尔作为一名优秀编辑的回报。但当柯林斯听说了《鹪鹩》的篇幅长度,并且目睹另一本鸟类著作长篇的成本设置时,他表示非常不满。从《鹪鹩》的截稿时间(1951)到最终出版时间(1955),拖延的这段时日暗示了格拉夫顿街会议室门后的巨大争论。爱德华・阿姆斯特朗精心创作了一本学术专著,讲述鹪鹩生活的方方面面,尤其是它们奇特的婚姻生活——公鸟筑巢以及一夫多妻制。文字间满是参考和引述,语调近似"一篇论文",理查德・菲特在《自然》中如是评论。他补充说,"如果有必要为鸟类专著统一标准,那么以此书中的标准为基础著的书,一定非常令人满意",在学术上这本书让人心悦诚服。

编辑部于 1951 年 5 月收到了 12.5 万字的稿件。正式合同未能保留下来,也许根本就没有,并且阿姆斯特朗显然不在意篇幅的限制。达德利・斯坦普质疑道:"谁会愿意读这么长的专著?"费舍尔和赫胥黎负责调查此事,他们建议削减篇幅。比利・柯林斯的"强谏"进一步促使了他们的削减要求。为了办好这件事,赫胥黎写信给阿姆斯特朗的朋友杰出的鸟类学家 W. H. 索普，请他帮忙酌情减少书的篇幅。索普愤然拒绝了，他说阿姆斯特朗曾受过无礼的待遇，并补充说自己曾建议阿姆斯特朗撤回手稿。詹姆斯·费舍尔说，他准备接受手稿，不作任何改动，如果必要，他愿意放弃自己作为编辑享有的版税。赫胥黎自己也承认说，这本书虽然在某些部分过于详细，但根本问题与文学性和学术性无关，只在于商业销售而已。他们绞尽脑汁，尝试过增加每页的行数，将页数从 378 页减少到 302 页；阿姆斯特朗也同意做出相应改变，重新整理手稿。即便如此，此书还是未能成为比利·柯林斯最爱的书籍之一。出版后不久，在给编辑的一份备忘录中，他写道：

> 当我看到这本书的设置成本是 750 英镑时，我震惊了：即使我们的第一版全部售罄，我们仍将亏损 160 英镑。这本书有不少的缺点，我们必须制定一个绝对的原则，以确保我们《新博物学家》不会再出现类似状况……几乎每本鸟类专著我们都亏损很大。
>
> 1955 年 7 月 27 日，W. A. R. 柯林斯写给编辑的内部备忘留言

《鹪鹩》的出版恰逢出版业罢工，报纸停刊。麦克米伦从 3 000 份袖珍版的《鹪鹩》中，抽出几百份在美国市场发行，但由于 1964 年此书停刊后，他们拒绝再订购，因此柯林斯也不会再版此书。《鹪鹩》广受推崇，多少年来一直是世界小型鸟类的标准专著。如今，多少年过去了，《鹪鹩》已经成为一种稀缺书，许多书店都没有供应。在埃利斯设计的精致封面上，大块儿的水渍锈蚀痕迹形成一种自毁型的印记，且已成为一种时尚，或许只是这本书不太幸运。

悲剧的《蚂蚁》

正如许多读者将会听说的那样，我们发行的第八本专著《蚂蚁》，由于读者的

一致差评，这本书应停售。我也听说过其他的说法，有些完全是无稽之谈。那么，真相是什么呢？1947年《蚂蚁》定题著书，1952年7月完成，1953年6月8日正式发行。它的作者是一位博学的青年才俊德雷克·弗拉格·莫里。当他还是孩童的时候，就对蚂蚁产生了浓烈的兴趣，他在父母的花园里观察蚂蚁的行为，16岁就发表了他的第一篇研究论文。一年后，他在柏林主持了国际昆虫大会，宣读了他的两篇意义重大的论文。至今人们依然记得一个戴眼镜的小男孩儿，顶着一头乱发，一瘸一拐地走向讲台。1942年，莫里成为了林奈学会最年轻的会员。或许是因为他在青少年时期染病，身体羸弱，导致他过早成熟。也正是战胜病魔后，莫理开始研究蚂蚁。

朱利安·赫胥黎有各种各样的兴趣爱好，蚂蚁也是其中之一；他在1930年出版了一本有关蚂蚁的书。在序言处，莫里讲述了赫胥黎是如何"给一个难缠的小男孩儿(即他自己)回信，并鼓励他去做各种孩子气的实验的。"那时或许就是赫胥黎鼓励莫里给《新博物学家》写书的，他的了解更透彻一些。

莫里对蚂蚁有着极大的热情，但没有足够的经验去创作一本严谨的著作，尤其是在这套丛书里，还有《管鼻藿》和《跳蚤、寄生虫和布谷鸟》这样重量级的专著。他的悲剧是，他本来可能会写一本好书的。

初稿不尽如人意。正如莫里所说，詹姆斯·费舍尔"坦诚地批评我，使我最终撕毁第一个手稿。他是明智的！"修改后的脚本通过了审查，然而是否除蚁类专家外的所有读者都挑不出毛病，这依然值得怀疑。F. T. 史密斯是柯林斯的主编，认为总体而言"这是一本很棒的书"。但是，毕竟他并不是一个蚂蚁专家。不幸的是，赫胥黎本可以发现错误，但他由于那时精神崩溃，没能在关键时刻为手稿把关。1952年9月他回归编委会时，《蚂蚁》已出版发行。埃利斯为其设计了一个漂亮的封面，书中还有《图画邮报》的职业摄影师雷蒙德·克雷伯为其拍摄的专业照片。莫里本人也是《图画邮报》科学编辑。除此之外，罗纳德·斯塔普也拍摄了精彩的特写镜头。《博物学家》的评论家们也觉得它无可挑剔，并赞扬其平实的写作风格，尽管"有时他过于简化自己的作品，仿佛读者仍处在第二种形式"。一切似乎都很顺利，直到出版后不久，编辑收到格拉斯哥大学M. V. 布莱恩博士的一封信，信里批评书中多次歪曲事实。编委会的备忘录里，记下了莫里起草的“一封字斟句酌的回信”，赫胥黎和费舍尔都曾阅读并同意，这两位都认为“布莱恩的评论是基于个人观点而非科学理论”。但更糟糕的是，在《昆虫学家月刊》里有一则极其严厉的评论。它的开头温和地写道：“在过去 25 年里，《新博物学家》丛书为大家确立了一个优秀的标准，所以我们几乎相信了弗拉格·莫里先生开篇的言论，这将是全面介绍英国蚂蚁的第一部作品。章节的标题看起来充满诱惑，作者似乎准备广泛涵盖各种主题…… 可是开篇这么让人期待，弗拉格·莫里先生后来为什么这么快就开始让我们失望了？在简介章节，我们了解到他孩提时代在父母花园里发现了各种蚂蚁，并对蚂蚁的觅食习惯、交配飞行、领地建立和一些其他行为做了大致的介绍。但是文章的内容却是以一种杂乱无序的方式呈现给读者的。几乎每次我们都能明显地感觉到，作者对于问题的阐述都是依靠他自身的观察得来的。不久之后，我们感到很忐忑，并第一次真正开始怀疑。在第十页，他描述了 1934 年 3 月一个晴朗的日子里，自己亲眼目睹一场黑坪蚁飞行交配的场景，数以百计的雄蚁和雌蚁在黄昏时分在空中交配。然而这个特殊的物种通常在夏天闷热的午后进行交配。但是弗拉格·莫里先生却在春天见到此景，还不仅是在他的花园里，花园附近同样可见。而他却没有告诉我们这一点是非常不同寻常，非常少见的。”

评论随后列出了更多的事实错误，并在结尾严厉谴责道：

> 如果弗拉格·莫里先生的这本书失败了，并不是因为他缺乏热情，因为只有热情而缺乏纪律是无法成功完成这份工作的。从一开始他就低估了我们的智商。作者提供给我们的信息，如同药片，由于太大，我们时常难以下咽。对于作者的这种不负责任、粗心大意以及毫无严谨可言的态度我们非常痛恨。
>
> 1953 年 11 月《昆虫学家月刊》评论

柯林斯似乎已经收到这份评论的复制版。莫里也没有告诉编委，自己要为企鹅出版社创作另一本关于蚂蚁的书《蚂蚁的世界》，这一点也让编委对这个年轻人不再钟爱。董事会备忘录里只是记载着：詹姆斯·费舍尔告诉莫里，这本书不会再版，但是编委如果授权其他人撰写有关蚂蚁的书的话一定会告知他，他也将是编委的首选作者。这份记载很容易让人们怀疑，《蚂蚁》是否果真如大家所料会停止发行。该书总共发行了3900册，3651册已卖出，只剩下244册待消化，而这些滞销书本可以作为样品，审查副本或通过书商回访订购等方式出售。另一方面也得以证明，《蚂蚁》只是售罄，并未再版。虽然摆在货架上的时间不到一年，《蚂蚁》却并未如我们想象中那样罕见。因为如果大部分的书被退回并融成纸浆的话，市场上将很难再见到《蚂蚁》的影子，可是它曾经也是蚁冢昆虫学界相当受欢迎的一本书。我猜测，这一切仅仅是因为柯林斯决心不再宣传了。

昆虫学界报刊的负面评论一定让弗拉格·莫里十分沮丧，从那之后，他似乎不再发表有关蚂蚁的科学研究论文。然而在这之前几年，他就已经决心从研究昆虫转向科学报道了。从1952—1962年，弗拉格·莫里担任了《金融时报》的科学编辑，之后又成为汉布罗银行的科学技术顾问，同时也是一家压缩机生产厂家的董事会成员。1969年1月，他与世长辞，留下妻子和四个孩子。讽刺的是，他的书比M. V. 布莱恩的权威著作《蚂蚁》的销量更大，后者的出版比他晚了25年。

特别卷

专著系列包括三个“特别卷”，它们并不是真正的专著，因为内容有限而未能位列主卷之林。其中一本叫《跳蚤、寄生虫和布谷鸟》(1952)，它是一本科学经典著作。另外两本是《腮腺炎、麻疹与花叶病》(1954)和《伦敦地区的鸟类》(1957)，它们几乎为人所遗忘，《新博物学家》收集者往往最后才会想到它们。前两本书的想法取自朱利安·赫胥黎，战后不久他就委托了这两本书的撰写。米里亚姆·罗斯柴尔德于1947年开始创作《跳蚤和寄生虫》(又名《鸟类的寄生虫》)。第二年，肯尼斯·史密斯接到了撰写一本有关病毒的书的合约，于是就演变成《跳蚤、寄生虫和布谷鸟》。

你可以在《跳蚤、寄生虫和布谷鸟》第一章结尾处读到该书最初几章创作时的情景。米里亚姆·罗斯柴尔德在此描写到，写书时位于一家建在加莱废墟上的荒凉酒店，当时英吉利海峡正酝酿着一场巨大的风暴。尽管这本书署名为两人合作，但事实上所有的手稿都是米里亚姆以她独特的写作风格撰写的。而她的同事特蕾莎·克雷只是提供建议和信息，特别是在她的特长"鸟虱"方面。同时她也帮助修正手稿。标题的名字是赫胥黎取的，颇迎合了20世纪50年代早期流行标题的风格，出版商认为这能很有效地让缺乏吸引力的主题焕发生机。《跳蚤、寄生虫和布谷鸟》完稿于1949年9月，但直到1952年5月才出版。同时比利·柯林斯认为这个书似乎不能带来更多的商业利益，决定此后不再发行。不幸的是，作者们没有签订正式的合同，因此就无法获得应有的法律赔偿。柯林斯的个人决定让编辑们十分恼怒，特别是朱利安·赫胥黎，他曾阅读过手稿，认为这是一本很不错的书。赫胥黎威胁说要辞职，扬言要带走董事会的其他成员。最后柯林斯同意，在不亏损的情况下设法出版这本书，但是他仍然拒绝做出承诺。1950年底，柯林斯曾留言给罗利·特里维廉，"我们有可能甚至不会发行这本书，它的主题有些专业化，而且从销售状况来看，生产成本较高。"

柯林斯最终提出了苛刻的条件以免公司蒙受损失之后，同意出版这本书。他坚持认为，作者和出版商实际上应该交换位置，作者来承担商业风险，而柯林斯则负责一定的销量，实际上就是版税。作者必须自己为其所有的插图付费。而且第一版仅负责发行2000本。协商中最狡诈的部分就是封面设计了。出于各种目的，当时共设计了两个版本的封面，一个出自米里亚姆·罗斯柴尔德之手，另一个(设计中有只布谷鸟)则是克利福德和罗斯玛丽·埃利斯的作品。但是柯林斯认为，由于是"特别卷"，所以这本书应像大学教科书一样，使用普通封面。他不仅想方设法阻止发行，还不愿给它一个漂亮的封面。

比利·柯林斯完全低估了《跳蚤、寄生虫和布谷鸟》，一本写作风格完胜作品内容的典范。米里亚姆·罗斯柴尔德用一种十分明确且易于理解的方式，轻松地呈现给读者一个鸟类寄生虫的奇异世界。一些日报的长期评论员也为其深深吸

肯尼斯·史密斯(左)(1892 — 1981)和罗伊·马卡姆(右)(1916 — 1979),《腮腺炎、麻疹与花叶病》(1954)的作者(拍摄于约翰英纳斯学院)

引。盖·拉姆塞称赞其拥有极大的引用价值。在《每日邮报》上,皮特·昆内尔说这本书"没有哪一页是沉闷无聊的,几乎每一页都有一个惊喜,有时还是一个噩梦般的惊喜。"他的同事雷蒙德·莫里默在《周日时报》上也赞同道:"我马不停蹄地看完了这本书,感觉眼睛都要掉出来了,书里描述了它们的生活习惯,真的是有惊、有喜还很有趣。"《观察家》报也称到目前为止,《跳蚤、寄生虫和布谷鸟》这本书为博物学的写作指明了新的方向。它十分罕见地(当时非常罕见)将文学和科学进行完美的结合。

因为有着众多的好评,第一版在仅仅数周内就全部卖完了。柯林斯有点乱了方寸,再版的速度太慢,等到它再次出售时,高潮已过,热情已冷,如潮的好评也被抛之脑后了。即便如此,在 1956 年,由于大学生物学课程安排的需求,再版的书籍也全部卖完,之后出于赫胥黎的坚持,这本书则第二次再版。二次再版后,则有了读者联盟版和两个平装版本,其中一个平装版归属"鹈鹕"系列,另一个则由艾睿公司在爱尔兰发行。尽管爱尔兰平装版印制拙劣,满是印刷错误,作者也没有机会改正,但是事实上《跳蚤、寄生虫和布谷鸟》确实比大多数的其他专著要卖得好。如果出版商能更加认真地对待,它可以卖得更好。

《腮腺炎、麻疹与花叶病》这本书是一本半大众化的专著,主要介绍病毒的相关知识。编辑们曾一度为这本专著的标题而争论不休,在正式采用的标题名之前,他们曾取过其他有趣的名字,例如《细菌之上》和类似“某某的无形世界”的各种变体。《腮腺炎、麻疹与花叶病》讲述的当然都是由病毒引起的疾病。罗利·特里维廉在给米里亚姆·罗斯柴尔德的副本时,在里面夹了一张便条,上面写着:“因为我们曾为专著名而争论过,所以我认为你应当有一本赠书。我相信,您会很愿意知道,我们发现书中有很多的印刷错误,但我希望你自己能一一找到它们”。如果《跳蚤、寄生虫和布谷鸟》是一个实验性的名称的话,那么作为半大众化的作品,名称更短的《腮腺炎、麻疹与花叶病》则绘制了全新的篇章。作者们(因为老肯尼斯·史密斯邀请了他的年轻同事罗伊·马卡姆与他一同撰写此书)都是病毒方面的权威专家和皇家学会的研究员。实际上,史密斯曾撰写过讲述植物和昆虫病毒的标准教科书,在这方面他是闻名世界的权威。即便如此,编辑们依然认为这本书需要进一步的发展,因为它还涉及有机体(如果病毒也是有机体的话),它不仅肉眼看不见,而且对英国博物学家来说,还相当陌生。为尽职尽责,编辑约翰·吉尔摩编译了一本宣传小册子,里面记载了各种“令人惊讶的事实”:“在美国,每个人平均每年感冒 2.5 次。从 1918 到 1919 年,流感疫情蔓延,感染人数达到世界总人口的一半。通过实验性地注射某种病毒,衣蛾已经被成功地控制住。病毒是最小的生物,约有 2.5 厘米的一千万分之一”等等,满满地写了好几页。詹姆斯·费舍尔写信给所有主要的农业院校,希望他们能将这本书作为教科书使用:“作为一本介绍病毒的书,我们相信它是独一无二的,其内容偏向农业方面的特点也是不证自明的。

1954 年 2 月 1 日,《腮腺炎、麻疹与花叶病》正式出版。它引发了广泛的评论,但在营销方面则因定位尴尬而两头落空。在农业方面,学校都有自己的教材(毫无疑问是肯尼斯·史密斯所著),并且因为这本书主要介绍农作物种植方面,所以几乎没有野外博物学家对其感兴趣。不仅如此,医学界的相关人士也表明:文中大篇幅描述花叶病,但只有区区几段在描写麻疹和腮腺炎。尽管作者尽力让大众能够理解,但是一些评论家,比如西里尔·康纳里,他仍在《周日时报》评论说专著太过深奥。就其评论,罗利·特里维廉抱怨道:“很遗憾,我们找不到能比作者写得更详尽的人了。”肯尼斯·史密斯也很恼怒,赞同说康纳里“显然没有认真读过那本书”。

单调的灰色封皮,3000份版印数(包括发往纽约普雷格的250份在内)几乎可以看出出版商对其期望甚小。虽然在18个月内很快售罄,但由于美国方面所期望的订单未能达成,所以不可能再版了。而销出去的一大半都是订阅的。罗利·特里维廉认为在销售量方面,与其他的“特别卷”相比,这本专著要更受欢迎,经推测他这里指的应该是《跳蚤、寄生虫和布谷鸟》。肯尼斯·史密斯回复说:“我很高兴你觉得它们很受欢迎。”

表面看来,对于《新博物学家》丛书而言,《20世纪以来伦敦地区的鸟类》似乎是一个奇怪的主题,因为它只探索了一个有限区域内的人们的兴趣(而且丛书中已有伦敦卷)。伦敦在某些方面可以说是一个特别的例子,伦敦不仅有组织严密的大型自然历史协会,在鸟类观察上也有着最为悠久的历史,对其他地区而言,它一直是一个领头羊。基于伦敦自然历史协会的一项调查,理查德·霍尔姆斯带领委员会其他成员将其编辑成书。詹姆斯·费舍尔希望这本书能系列出版,前提是这本书是关于鸟类栖息地的研究,而不是简单的系统罗列。可问题是这本书两者兼而有之,并且还特别冗长,用了5.5万词介绍生态,12.5万词来介绍各种鸟类。柯林斯同意出版这本书,但有两个条件:一是自然历史协会要确保从2000册中购买400册,二是缩减手稿的篇幅至15万字的可控范围内。这些条件已十分苛刻,但特里维廉提出要进一步缩减篇幅,并提高价格,减少版税,对此,作者们更加不满。《伦敦地区的鸟类》推迟到1957年3月才正式出版。一年多之后,这本书就绝版了。这表明订阅量很大,但销售却缓慢滞后;换句话说,大多数购书者买了之后就马上订阅。这么做的人如果不是极其喜欢伦敦的鸟类,就是对其毫无兴致。

该书意义非凡,它是第一本全面记录英国某一特定地区生态调查的书。1963年该书再版,但公司不再是柯林斯公司。这一块被卖给了鲁伯特·哈特·戴维斯,他们更改了书的类型并对书的内容也进行了更新,柯林斯从中赚取了85英镑。

热衷鸟类

詹姆斯·费舍尔曾经写道,《新博物学家》丛书志在"捕捉到英国的自然历史,并将其化为一行行的文字和彩墨"。为避免给人浮夸的印象,他补充说虽然这个目标很值得为之奋斗,但若要实现则不太可能。在外人眼里这是成功的。或许最能践行这一目标的是这十几本鸟类专著以及有关鸟类的同伴:獾、松鼠和牡蛎的专著。在20世纪四五十年代,鸟类研究通常是靠一本复杂无比的笔记和一副双筒望远镜,有时也会使用巢箱和兽皮,便于近距离观察。剩下的就是推论、猜测和演绎,这也是詹姆斯·费舍尔眼中的英雄吉尔伯特·怀特所使用的办法。似乎没有一种研究方法能将博物学家和他的研究对象分割开来。这些书的作者们都明确表示,他们喜欢自己的工作,热爱鸟类(獾或松鼠),并且不会像上一代那样感性地对事物进行描述。

斯图尔特·史密斯(1906—1963),《黄色鹡鸰》作者(埃里克·霍斯金拍摄)

每一本鸟类的专著都是凝聚着成年累月的个人努力。他们都要参阅文献，而有时可用的文献却少得可怜；不过他们通常可以将个人的经验引进来，这也使得他们的书内容生动。有些作者在这方面可谓真正的先驱。在世界任何一个地方，你可能都无法找到一个如此地了解青足鹬或银鸥，甚至是麻雀的人。20 世纪 30 年代，早在《新博物学家》系列出版之前，人们就已经着手研究某些鸟类（特别是鹭、青足鹬和管鼻藿）。《黄色鹡鸰》有着将近 8 年的连续观察史，《管鼻藿》也耗费了将近 15 年的时间。正是这类简单直接的研究鼓舞了他人跟随他们的脚步。当然，现在有很多人可以（也经常）写类似的书籍。他们而今再不会去参阅《新博物学家》系列来查找新的信息。但我们依然可以在这些经典书籍中体会到初次发现后的兴奋，并沐浴在战后那黄金十年的光芒中。

我在这里不想对每本书进行逐个评论，我只想对当时的写作背景稍作表述：因为正是当时的这些写作环境决定了选取哪种物种进行研究描述。1933 年，牛津大学组织了一次前往斯匹次卑尔根的探险，詹姆斯·费舍尔作为最为年轻的一名鸟类学家加入了其中，并由此爱上了北大西洋冰冷的灰色海洋和绿色的岛屿。《管鼻藿》中可以看到这个地方的影子。每年夏天费舍尔都要想方设法前往这一遥远的地方观察鸟类。其他的博物学家则因为战时汽油配给少，最终选择栖息在他们家附近的鸟群进行观察。德斯蒙德·内瑟索尔·汤姆森则是个例外，他把自己的家搬到了自己心爱的青足鹬隔壁。丹尼斯·萨默斯·史密斯选择麻雀作为研究对象的原因，与其说是为了方便，还不如说是出于喜爱这种鸟，因为它们有着独特的与人共存的适应力。我们可以肯定，每只被选择的鸟儿都有着吸引人的地方，人们选择它并非仅仅出于科学的目的。例如我们不难想象，为什么斯图尔特·史密斯如此迷恋黄色鹡鸰"可爱的外表，秀丽的羽毛，轻快的步伐，流畅的飞行"，并且惊异于其华丽的翻转回旋；当然是未经曼彻斯特的煤烟和灰尘的污染。史密斯是曼彻斯特棉花产业协会的化学家，主要研究纤维，他住在默西河黑水域附近加特雷郊区的一栋宿舍里。距离他家不远的地方，有一块 12 公顷的土地，夹在铁路和河流之间，种植着"土豆、白菜、芽菜等蔬菜"，销往曼彻斯特大市场，而鹡鸰的巢穴就筑在田里，每年春天它们都会回来筑巢。每年春天，史密斯都期待着它们的到来，从1941年开始，他就着手研究，9年后《黄色鹡鸰》成功出版。

在英格兰的同一处地方兰开夏郡，另一个鸟类学家弗兰克·A. 洛维在研究苍鹭。更巧的是，与史密斯一样，洛维也是制造化学师，但他所经营的是自己的家族企业。洛维是《博尔顿晚报》野生动物专栏的记者，在当地家喻户晓。20世纪20年代晚期，英国进行了第一次全国鸟类普查，他参与了国家苍鹭调查中，由此就深深地迷上了苍鹭。多年来他一直在观察一个特殊的苍鹭巢，此巢建在斯卡瑞斯布雷克庄园里的坝木上。苍鹭在这里做巢已有一个世纪之久，从它们的视角见证了周围环境的恶化。1937年，洛维在21米高的山毛榉树上搭建了一处平台，建造了自己的藏身之所，这项工作并不容易，特别是有许多麻雀喜欢在这里衔走筑巢的材料。从2月到7月的春夏两季，他不分昼夜地来观察苍鹭，将近耗费100个小时。1948年，他重建自己的观察之所，此次在那里耗费了300个小时。当着手创作《苍鹭》时(1948年的守夜之行似乎就是为了创作这本书)，洛维借鉴了历史和民俗中有趣的故事，以及英国和爱尔兰详细调查苍鹭的资料，但这本书的核心仍然还是坝木上的苍鹭。在苍鹭的大宅里，麻雀用黄麻纤维将自己巢穴偷偷嵌了进去；5月的阳光晒暴了山毛榉年轻的蓓蕾，并发出噼啪的声响；小苍鹭们"有的上下扑打着翅膀，有的用嘴整理着羽毛"，现在"又发出低沉的咕咕声，声音十分独特，大苍鹭似乎从未有过这样的声音；偶尔也会出现意外，一群冒失莽撞的小苍鹭从树冠跌落。"

爱德华·A. 阿姆斯特朗主教写的《鹪鹩》则是在英国的另一端——剑桥西郊的小树林里。在1943年底，阿姆斯特朗已经离开利兹烟雾缭绕的街道，因为"在那里几乎看不到鸟类"。他打算在剑桥安度余生。在《鹪鹩》开篇第一段，阿姆斯特朗如此描述道：

> 1943年11月的一个晚上，夜幕悄然降临，轰炸机咆哮着消失在黑暗里，我从书房的窗户朝外望去，陡然看见一只小鸟落在了棚架上，后飞到墙上的常春藤里。几天之后，鹪鹩趁夜色又飞了过来。显然它是定期到这儿撂脚歇息。儿时我曾为一只鸟所吸引，如今我再次入迷。现在我

急切地想进一步了解这个生物。”

《鹪鹩》第一章“走近鹪鹩”

阿姆斯特朗找到了一个理想的观察区域——一片1.6公顷的私人树林，还带有浅滩和芦苇丛生的池塘。在19世纪，滑冰爱好者发掘出这个好位置，并且距离阿姆斯特朗家不到1.6千米。这片树林一直以来都被列为自然保护区，所以阿姆斯特朗决心在这片‘普普通通’但与世隔绝的环境里，潜心研究吉尔伯特·怀特所说的某一物种的“生活和交流”。

如果说《红尾鸲》是战争本身的产物，那么研究鹪鹩大部分是因为战时管制所迫。战争爆发后不久，28岁的约翰·巴克斯加入了突击队，并在1940年参加了挪威战役，不幸被捕。战争结束之前，他一直都被关押在德国的监狱中，所以就有了如下的描述。

1940年的夏天，我躺在巴伐利亚河的附近，沐浴着阳光，陡然看见一大家的红尾鸲，它们对人类的打打杀杀似乎漠不关心，在樱桃和栗子树上自得其乐。当时我没有记录下来(因为我没有纸)，但当第二年春天到来时，第一批回归的红尾鸲与天空的飘雪一同到来，从此，我便决定要耗费大量时间去户外观察这些红尾鸲。

《红尾鸲》第一章“简介”

在某些方面，在战俘集中营里能更好地观察鸟类。很难想象在其他任何情形下，能有如此多的才俊聚集在这里，手里握着大把的空余时间，却无从消遣。巴克斯顿最好的监狱就建在巴伐利亚的艾希施泰特县，那里是“德国一个古老的兵营，处在阿尔特米尔河的河谷，附近林木茂密”，并且距离始祖鸟(世界上最早的鸟)的发现地石灰石采石场不远。在1943年的春天，巴克斯在狱友的帮助下，“完成了手稿，顺利地讲述了一对红尾鸲的生活，共历时850个小时”。这相当于每周工作65个小时，并持续工作3个月，多么难以置信的伟大壮举。这也许是史无前例的；当然艾西斯泰特县的一对红尾鸲也是举世无双的最佳研究对象。这个特殊的集中营在一定意义上也成为自然历史大学。除了约翰·巴克斯之外，彼得·康德研究黄冠云雀和金翅雀，乔治·沃森偏爱啄木鸟，理查德·普雄选择了燕子，约翰·巴雷特则观察苍头燕雀。观鸟(还有观赏蝴蝶)是如此的受欢迎，巴克斯过去每周更改一次食堂公告栏上的报告。他甚至设法联系上了德国著名的鸟类学家欧文·斯特莱斯曼。欧文给他证明材料，让艾西斯泰特的观鸟者可以在集中营内自由捕鸟。战前，约翰·巴克斯就曾在英国和挪威研究过红尾鸲，并且在1945年释放后，继续观察红尾鸲，但实际上，1943年春，巴克斯就一对红尾鸲所做的大量笔记为1950年出版的《红尾鸲》一书提供了事实依据。

就全身心付出而言，《青足鹬》(1951)的作者德斯蒙德·内瑟索尔·汤普森可自归为一类。汤普森倾注毕生心血研究鸟类，其他一切都是次要的(除了政治)。他早年从事教学(历史和古典文学)，只有一个目的：为春季和初夏时节的周末收集鸟蛋筹备资金。收集鸟蛋，让汤姆森跑遍了英格兰的各个角落，他也遭到保护主义者的种种排斥，但这至少让汤普森成为定位鸟巢的艺术大师以及备受尊崇的野外鸟类学家，他掌握了所有必要的技能。尽管他最终放弃了收集鸟蛋，但他始终坚信，要研究如何繁殖鸟类，就必须保有对“鸟巢掠夺性的渴望”。汤普森是一个纯粹主义者，他不愿走捷径，所以与任何在世的鸟类学家相比，他可能花费了更多的时间观察鸟类。他全身心地投入到写作，正如他专注收集鸟蛋、投身研究作战技术和地方政治一样。他对此抱以极大的热情——任何其他博物学家难有这样不断地兴奋。从他独特的写作风格中我们可以看出，他开创了使用感叹号的新方法：“斯佩山谷给予我们多么光荣的挑战啊！向上瞧！站好了然后仔细观察。你曾见过比这更可爱的鸟吗？不要走开。仔细听！看交喙鸟正在求爱。你会爱上这每一个时刻！”

《青足鹬》是汤普森的全情投入收集的第一本高地鸟类的专著。书中的叙述平和安静，但读起来却充满新鲜与活力，虽为学术著作，也难掩盖这一点。在汤普森看来，他最早是1932年开始创作这本书的，那年他24岁，第一次去了苏格兰高地。据他自己描述，那时他是去那儿看山上的鸟儿，也许顺手摸几个鸟蛋，然后把自己的经历写进《鸟卵学家录》里。青足鹬是涉禽中最漂亮的，于是乎他便入乡随俗。汤普森曾描述过这段感受：

> 1932 年那一年，我攒够了钱去北方游历，那还是从出任校长时微薄的工资里节省下来的。这可是桩大笔的投资！在斯佩山谷，我首先找到了冠山雀的巢，有一个老猎场看守员守着，他曾被引荐给哈维·布朗、F. C. 赛卢斯和约翰·米莱。在他的别墅度过的第一个晚上，我捏死了39 只跳蚤！后来我去了萨瑟兰郡，在那儿，优秀的博物学家兼看守人——詹姆斯·麦克尼科尔，向我展示了青足鹬的巢，这也是我第一次亲眼目睹。我们在荷姆斯代尔河谷的水流上捕捉青足鹬，之后我便知道自己第一轮败了……在那几周里，我忙得晕头转向，却未曾像这样受益匪浅。1933 年，我回到了北方。看着若斯墨丘斯的青足鹬和凯恩戈姆的小嘴鸻。我完全迷住了！苏格兰高地才是唯一适合我的地方。1934 年，我又回来了，并不再离去。也许我就是最早的逆反漂流者。
>
> 《高地鸟类》(1971)

1933 年春末，故事发生了转折。汤普森遇到了他的第一任妻子以及志同道合的爱好者嘉莉：

> 那是一个炎热的夏天。山谷的空气沉闷而令人窒息，而且有时高地的风雾也会让工作无法进行。因此有些时候，我们就选择在山阴处广阔的森林空地上捕捉青足鹬：青足鹬轮班守巢，在觅食结束后它们也都会飞回巢里，在六月炎热的时候，青足鹬依旧会热情地放声高歌。对于接下来这个我仍在忖度的故事，这是一个很棒的开篇介绍。
>
> 《青足鹬》第一章 开篇介绍

德斯蒙德和卡丽搬进了若斯墨丘斯的一间小屋，这里很快就“堆满了生锈的文件柜”。1940 年,他获得了朱利安·赫胥黎赞助的利华休姆研究奖学金,为此他也能投入更多时间观察青足鹬筑巢。将故事落笔成文耗费了很长时间,这可能是由于汤普森对社会主义的地方政治无比痴迷。我们对其可能不感兴趣,但汤普森却热衷于此,甚至连鸟类学对他而言也沦为了业余爱好。汤普森已将成书的期限推迟了好几年,忙于与地主和托利党在因弗内斯郡议会上争论不休。幸运的是,他对那段日子在潮地看星条旗、城堡、桃金娘和其他斯佩塞的青足鹬的记忆,仍然历历在目。《青足鹬》是他的处女作。“汤米”的密友——德里克·拉特克利夫,相信这本书不可超越。这是丛书的顶尖之作,读完这本书,你似乎觉得青足鹬就如同邻居般的熟悉。

在众多的英国鸟类中,青足鹬算是最难研究的一种。栖息地偏远,巢穴也隐蔽难找。毫无疑问,这也是它吸引人的原因之一。很少有鸟类学家觉得留鸟难对付,但是蜡嘴雀可能是个例外。守巢的青足鹬可能不抵触人类的靠近,若要观察蜡嘴雀,你需要融入森林之中,花大量的时间在暗处观察。盖·莫特福德近期与人合著的《柯林斯鸟类野外手册——英国及欧洲卷》,其英语版是最畅销的鸟类书籍之一。对他来说,就蜡嘴雀的数量而言,它很寻常,但它体型笨重,色彩鲜艳,却躲闪自如,这点着实厉害:它让鸟类观察者们使尽浑身解数。莫特福德曾在《蜡嘴雀》的序言中指出,“当一位英国最杰出的鸟类学家兴奋地向我坦言,他‘从未见过活脱脱的蜡嘴雀’时;我便开始决定要写一本有关这个物种的专著。”这时,他却没有内瑟索尔·汤姆森的好运,可以长久地观察某一特定的对象。莫特福德是英国驻华盛顿军队的士兵,他异常繁忙,并在各国来回征战。在战后,莫特福德要管理一家大型的广告代理公司,这样几乎挤占了他绝大部分的观鸟时间。蜡嘴雀可以说在他的生活中跳进跳出。“在阿尔及利亚我第一次看到阿特拉斯蜡嘴雀,在战争摧残下的瓦尔德,我看到蜡嘴雀依旧若无其事地喂养自己的孩子 ”。为了对蜡嘴雀巨大的喙这一最显著的特征了解更多,莫克福德来到自然历史博物馆向 R. W. 西姆斯求助。通过制作蜡嘴雀头骨模型,他们测量了蜡嘴雀的喙对樱桃核和新鲜的橄榄核施加的力量,这些新鲜的橄榄专门从巴勒斯坦空运而来。实验表明,打开一个橄榄核,蜡嘴雀需要使用它们自身重量 1000 倍的力量:相当于一名普通男性展现出约60吨的力量!

《蜡嘴雀》文辞优美雅致。尽管这本书也借鉴了所有可用的文学素材,但如同其他这样的专著一样,该书还细致描写了自己的第一手经验。我情不自禁地引用了这一段,也是莫特福德写得最好的一段:

> 蜡嘴雀最爱日光浴,只要机会允许,无论在树梢上或在地上,它们都要长时间地晒太阳。它一动不动地坐着,圆滚滚的像个球,头埋在两翼之间,羽毛几乎遮住了一切。有时它们伸长了脖子,张开了羽毛,看起来就像一个瓶刷。这时,它们的尾巴紧紧地收着,看起来又短又窄,样子很滑稽。阳光透过古老而粗糙的山毛榉树的叶隙,照射在地上,我看见有只鸟就躲在某一处阳光明媚的角落里,躺在干苔藓上伸懒腰,它们侧躺在地上,伸展着脖子和一条腿,半闭着眼睛,如此撩人地在阳光下放纵自己。当远处的小金翅用温和的声音发出警报,蜡嘴雀立刻站了起来,将脖子伸到最长,仔细倾听了一会儿,然后又慢慢躺回原地,翻了个身,幸福地眨着眼睛,就像如果能在火炉前小憩一会儿,它们也会幸福地眨眼一样。这次它平静地睡了整整十分钟。这成为了我最珍贵的记忆。
>
> 《蜡嘴雀》第三章 冬季的鸟群

丹尼斯·萨默斯·史密斯创作的《家雀》(1963)是最后一本用同样精神创作的鸟类书籍。这本书写于1959—1960年,比大多数之前的书籍晚了十余年,并在某些方面显示出这种差异。作者将十多年的实地考察经验记录其中,当时也有大量的世界文学素材可供参考。因此,《家雀》比其他一些书籍都更为全面,它用19章270页的篇幅对麻雀进行了全面的介绍。萨默斯·史密斯为麻雀所吸引,是因为在人类占据大半个地球时,它们不仅成功地适应了20世纪的人类生活,也依然保持了野生鸟类的本性。在20世纪40年代末,他定居在海克利尔,开始认真研究鸟类。1953年,他搬到了蒂斯河畔斯托克顿,成为了英国化学工业公司的一名开发工程师,于是他研究的主题——麻雀,从汉普郡农村田野和花园间的麻雀转向了工业城市街头的麻雀。十年来,他废寝忘食,利用空余时间开展调查工作,捕捉麻雀,检查巢箱以及观察笼中捕获的麻雀;1958 年,他停止了高强度的观察工作,开始著书:"我相信,自此鸟对我的态度已然改变,现在我已成为当地景观的一部分,不再是爱打听隐私的不速之客,需要小心防备。"

盖·莫特福德,《蜡嘴雀》的作者(埃里克·霍斯金拍摄)

丹尼斯·萨默斯·史密斯,《家雀》作者(卡通尤安·邓恩 1994 发表于《英国鸟类》)

四年前,詹姆斯·费舍尔通过一本关于麻雀的书籍首次接触到萨默斯·史密斯,他对该书手稿赞不绝口,认为此书既通俗又学术。主要的问题是它"让人尴尬"的篇幅:即使没有完整的参考书目,像先前的众多专著一样不得不为了商业利益而做出牺牲,这本书的篇幅也长到令人不安。这本专著延迟了两年多才出版,在此期间,柯林斯接触了许多的美国出版商,希望用新的书名《英国麻雀》来出版这本书。"虽然我不相信柯林斯已经对我的专著毫无兴趣,"1962 年 12 月萨默斯·史密斯绝望地写道,"但你结尾的沉默几乎让我放弃希望。"编辑的回复虽然没有公开,但是仅一个月的时间,《家雀》终于出版上市。虽然没有比其他专著更成功,但是它的销量相当可观,1967 年和 1976 年适量的再版也就变得理所当然了。1976 年的那一版是《新博物学家》专著的最后一版;可能是因为托尼·索珀写信给出版商说，二手的《家雀》转手可值 20 英镑："这对我这种本分的劳动者而言太多了，不如再版吧？"

《家雀》是有史以来第一本致力于介绍这个我们最熟悉的鸟类的专著，并且从中我们发现麻雀不仅具有很强的适应能力，而且比其他的鸟类更聪明，其惊人的能力实在令人信服。萨默斯·史密斯后又撰写了两本有关麻雀的书，这次他扩大了研究的范围，延伸至世界各地的麻雀，让我们发现麻雀还有很多值得探索之处。按照英国博物学的优良传统，萨默斯在他位于海克里的花园里开始了一项研究，这使他奔走世界各地寻找麻雀，并成为他终生的工作：丹尼斯·萨默斯·史密斯无疑是世界上研究麻雀的权威，并且对于一个只有周末和假期有时间考察和晚上才能写作的人来说，这已算是惊人的成就。在这一系列鸟类专著中，《家雀》是最成功的典范，它为博物学刊物的发表设置了新的标准。

科学事业的交接

最早的几本专著是由业余的博物学家撰写，在那个几乎所有博物学家都需另寻他法谋生的年代，要使这些文字有所意义也就不容易了。从《银鸥的世界》开始，"专业的科学家们"开始接管这项工作，也就是对那些人来说，研究鸟或动物或多或少成了一项全职工作。这反映出 20 世纪 50 年代涌现出越来越多训练有素的科学家，他们受雇于大自然保护协会，这是农业部和各大高校（特别是牛津）联合成立的一个新的协会。不可避免的是，这些专著的写作方式都不同于他们的先驱，在语气上更"科学"，使用了更多的数据表，有着更严谨的结果分析，并且有时在作者和标题之间出现了更大的差距。另一个区别是，他们主要研究常见的且有卖点的物种：海鸥、林鸽、兔子和鳟鱼，而不是青足鹬、蜡嘴雀和黄鹡鸰。正如詹姆斯·费舍尔在《林鸽》的序言中所说的："当前的一代生态学家训练有素、全心全意，在他们进入这一领域之前一直不流行研究大家极为熟悉的物种……伟大的博物学家们一直都着眼于罕见和比较罕见的，难找到或者根本已经灭绝的物种。虽不常见,但我们认为有此规定,或者此前一直有此规定。”

然而,在这系列专著的创作过程中,总有些例外可能打破了规定。《君子与淑女》(1960),唯一一本介绍植物的专著(或者更确切地说是两种植物,因为作者涉及了白星海芋的两个当地品种),作者是一名“业余科学家”。在特克罗伊登的惠特吉夫特学校,普莱姆主修高级生物学硕士(后又进修高级科学硕士),与尼尔一样,他也是自由选题,撰写了一篇校外博士学位论文。普莱姆撰写《君子与淑女》无须诉诸华丽的散文,因为事实已够怪异。这种植物有着各种各样神奇的特性,它可以用来让伊丽莎白时期的皱领变得挺括;虽然有毒,但食用后可“唤醒维尼里埃”,许许多多的人为其创造了一个个美妙的故事,尤其是它还有多达60个民间名称,其中大多数都高度引经据典。对于一本植物专著,白星海芋是一个极好的选择,这本书已经成为植物专著的经典书籍。但经典不一定畅销,至少不是马上畅销。1960年7月《君子与淑女》发行,但作者却病卧在床。“我觉得你们做得非常漂亮,”他在医院的病床上给出版商如是写道,“我希望有人买”。的确有一些人买了。几年后,一位退休的美国教授写信给普莱姆说“这是迄今为止我读过的最有趣,写得最好的书了。”但他花了5个月才找到副本。销售量显然无法说服柯林斯进一步出版有关野花的专著。这是一个巨大的遗憾。普莱姆自己想要创作另一本有关蓟的书,编辑也想过创作一本关于英国报春花的书,但是就其商业意义而言,这样的书似乎没有出版的价值。一部分可能是因为市场冷淡。1981年,不列颠群岛植物学会的刊物转载了《君子与淑女》来纪念塞西尔,而且在植物社会文学刊物中做足了宣传之后,它似乎卖得更好了。

尼克·廷贝亨(1907—1988),《银鸥的世界》作者,摄于坎布里亚海岸的雷文格拉斯(摄影:拉里·谢弗博士)

《银鸥的世界》(1953)是另一本脱颖而出的专著。这可能是最著名的专著，尽管它不是真正的专著。尼可·廷贝亨将无需向读者推荐此书。这位伟大的荷兰动物行为学家曾在1973年获得诺贝尔医学和生理学奖（与他的朋友康拉德·洛伦兹和卡尔·冯·弗里施一同发现了蜜蜂"语言"），并在20世纪30年代就已经开始研究银鸥。

廷贝亨那时是莱顿大学的讲师，教授实际的动物行为课程，因为附近骑车就可到达的地方有一个海鸥的繁殖群落，于是他就将海鸥列入了课程范围。战争让一切都化为了乌有，但1949年他前往牛津，廷贝亨又继续研究野生和圈养的海鸥不同的"语言"和社会行为。经朱利安·赫胥黎的邀请，他在搬往牛津后便开始撰写《银鸥的世界》，语言完美却略显僵硬，这迫使他不得不简单地去表达自己。阅读完手稿后，赫胥黎和费歇尔意识到，这不是普通的鸟类书籍，并且希望能收入《新博物学家》系列。但从出版商的角度来看，《银鸥的世界》与其他的专著不太搭调，它似乎更适合由大学出版社发行。它没有将自己伪装成一本完整的有关银鸥的生物学书籍，并且在那时，人们一直认为动物行为学是一个专业而神秘的领域。另一方面，这本书不易过时，正如1969年廷贝亨被邀请修改文本时他自己所说的那样："实际上，书的卖点在哪里并不重要，重要的是它描述动物的手法，因为这样它就不会很快过时……真正的市场才刚刚开放；这本书是提前发表的，原定于在1953年发布。"科林斯的"销售团队"想不以系列专著的名义，而是用普通版本发布《银鸥的世界》，但赫胥黎坚决不同意。出版推迟了几个月发布，为了不影响廷贝亨创作另一本有关行为学的书，这本书也包含了大量银鸥的信息。

人们眼中的《银鸥的世界》似乎都是新颖而令人兴奋的，并且充满想象力。阿诺德·博伊德在《曼彻斯特卫报》上写到"对很多人来说，它将呈现一个全新的鸟类生活"。这本书或许是迄今为止对鸟类生活以及鸟类这个高效但人类却无法适应的社会最为细致的描述（相对于生物学而言），书里甚至对银鸥的大脑似乎有了相当的了解。《朱鹭》杂志中刊登了一长篇评论，认为这本书"极其生动地再现了海鸥的繁殖地的气氛和非凡的魅力，没有丝毫矫揉造作"。虽然廷贝亨谨慎地去避免与人类行为进行比较，但是这样一幅描绘不可避免地会像镜子一般，映出了人类自己的模样。理查德·菲尔特向"政治家和他们的选民"推荐了这本书。

《银鸥的世界》并非一问世便立即畅销，在 20 世纪六七十年代，该书成了研究动物行为的最佳标准，随后在美国发表上市，并被翻译成德文、瑞典语和日语。柯林斯并没有把它列入丰塔纳平装书系列，很是令人吃惊，因为它已成为心理学以及动物学的大学必读书籍。此书的销售量虽然不是特别引人注目，但却是除了《獾》以外销量最好的专著。这本书再版了近 30 年。

《君子与淑女》和《银鸥的世界》两本书尤其吸引专家的注意力。绝大多数其他的专著也是一样。科林斯希望《鲑鱼》和《鳟鱼》能在来往各地的渔民中大卖，而《兔子》《林鸽》《鼹鼠》和《松鼠》则能引起农业相关院校和高素质的农民潜在的兴趣。至于《牡蛎》，出版商一定希望其他人能同意牧师查尔斯 · 威廉姆斯的观点："牡蛎，往往仅被视为食物，并且在动物里也处于最低的等级，但它需要人们对它进行有意义的研究，此研究也将为人们带来回报。"

鱼类的专著做得是相对较好的。共售出了大约 9150 册精装的《鲑鱼》和 8300 册《鳟鱼》。除此之外，还有美国版的《鲑鱼》和平装本的《鳟鱼》。两个版本在出版

《鳟鱼》(1967)封面

之前都酝酿了很多年。大约在 1952 年，埃里克·霍斯金曾看过一部了不起的电影，讲述鲑鱼如何在水槽中产卵，导演是 J. W. 琼斯，他是利物浦大学动物学的一名讲师。董事会邀请琼斯写一本书讲述鲑鱼的长处，他"极为不安地"接受了这个任务，因为讲述"鱼王"的世界文学已数不胜数。在琼斯电影里，雌性鲑将卵子排出银白色的体外时，手指长的雄性动鲑会冲到雌性鲑鱼体下，使其受精；这让詹姆斯·费舍尔想到了巨人国的格列弗，仿佛他"设法让巨人妻子在床上与她的巨人丈夫完成了结合。"不幸的是，这可能是整本《鲑鱼》中最美的段落，而这个段落却遭到明显的修改。作者自己不是一个垂钓者，而且事实上他似乎不喜欢钓鱼，这也许是件不幸的事儿。最后一章讲述过度捕捞和污染造成的问题是个极好的结尾，但我发现却写得非常枯燥。

《鳟鱼》(1967)的两位作者如果能有稍长的时间进行创作，那么结果会更好。这本书撰写时间是最长的，用了 21 年的时间才发表出来。20 世纪 30 年代，资深作家威妮弗蕾德·弗罗斯特继罗兰·萨瑟恩之后，开始在爱尔兰研究鳟鱼和它们的食物；罗兰曾教她用假蝇钓鱼，后来在湖区他成了淡水生物学协会的高级生物学家。佩吉·布朗后来也加入了这个行列。最初，为了对战争有利，她更关注的是粮食生产，而不是野生鱼类。战争结束后，弗罗斯特带她感受了野生鳟鱼在波光粼粼的自然世界里的快乐，"它们生活在水面如镜的'房间'里，阳光照射进来，从中可以看见外面的世界"。《鳟鱼》中有许多度量衡，还有一些生长和衰老方面棘手的问题，但是这本书里有着真正干净的河水和鱼的世界。书中的大部分内容都是在 20 世纪 50 年代晚期才断断续续完成的，但是延迟出版并不完全是作者本人的错。詹姆斯·费舍尔用了一年的时间审稿，但弗罗斯特和布朗坚持要恢复费舍尔已经删改掉的部分以提高可读性。

第三个"和鱼有关"的书就是《牡蛎》(1960)，和杨格的《海岸》一样，它也为科学著作的撰写树立了良好的榜样，甚至让那些吃牡蛎就难受的读者也备感愉快。在他职业生涯的早期，莫里斯·杨格曾在普利茅斯实验室研究牡蛎的喂养机制和消化，他对牡蛎文化有着很深的了解。比利·柯林斯在售书方式上进行了大胆的尝试，在皮卡迪利大街的海查德书店，他举办了一场牡蛎和夏布利酒的派对，并用

威妮弗蕾德·弗罗斯特(1902 — 1979),《鳟鱼》作者之一,图为她在安布尔赛德镇的办公室里(淡水生物学协会收藏)

牡蛎壳装饰了展示橱窗。评论家赞扬了杨格清晰的思路和优美的文辞,并且科学家们也很是欣赏,因为它是唯一一本关于牡蛎的书。即便如此,这个主题似乎也很难带来商业上的成功,销售总是很缓慢。柯林斯称"再版这本书,并不是为满足读者的需求,而是因为这是一本非常不错的书,我们不希望看到它绝版"。

剩下的四个专著编写的角度不尽相同,有的从经济损失的角度,有的从害虫控制的角度。但《松鼠》却并非如此,因为很明显,作者的心思里满满的都是松鼠。莫妮卡·肖顿是牛津大学的一个年轻毕业生,1943年查尔斯·艾尔顿让她"稍微调查一下灰松鼠的分布"。这个小小的调查最后变成了一项持续十年的研究,这十年里,灰色松鼠的数量急剧增加,导致人们最爱的红松鼠数量减少。

莫妮卡·肖顿同时也研究野生松鼠和圈养松鼠的生物学以及它们的繁殖活动,并确定了这个大家广泛接受却毫无根据的说法——灰松鼠通过杀死红松鼠或与它们杂交来赢得与红松鼠的这场战役。《松鼠》是一本大胆且有点儿冷幽默的书,莫妮卡是唯一一位在自己的专著里介绍如何烹饪和食用自己介绍的动物的作家!她先后为牛津动物学会和农渔部门工作,工作围绕松鼠展开,包括拍电影、上电视、做巡回演讲等,足迹遍及整个英国和美国地区(1973年在美国,她与另一位作家联合撰写了一本关于松鼠的书)。如果不是为了对家庭负责以及受到糖尿病的影响,莫妮卡·肖顿或许还会带给我们更多的信息。“我现在打算私下里研究白鼬和黄鼠狼”,在《松鼠》出版后不久,她在写给罗利·特里维廉的信中写道。特里维廉用铅笔在信中附了一句:“詹姆斯·费舍尔——白鼬和黄鼠狼特别卷?”

《兔子》则很难让人喜欢,大部分是因为作者哈里·汤普森和阿拉斯泰尔·沃顿似乎并不喜欢兔子。汤普森负责在农业部研究哺乳动物和鸟类害虫。他最近发表的一些科学论文,标题都是《陷阱捕捉、雪貂猎取和氰化物气体处理三种方法效率的比较实验》(1952)、《兔子——果树的驱虫剂》(1953)和《兔子的产气力》(1954)。沃顿是一名负责动物健康和营养咨询的兽医顾问。正如编辑所说,他们“完全有资格给出一个完整且冷静的科学评估,并且他们也是这么做的。大多数研究兔子的实验最先都是由动物种群局开展,后来交于动物种群部,目的就是控制兔子的数量。因此这本书主要是将兔子作为一种大的庄稼破坏者来进行研究,而并非作为可爱的小动物,埃利斯夫妇的让人印象深刻的封面极好地体现了这一点”。书原来的标题是《兔子和兔患》。尽管该书于兔黏液瘤病备受关注时创作,但该书的出版极为缓慢,导致《兔子》错过了最佳时期。《新博物学家》丛书发展到这个阶段,再次出现销售缓慢的情况已不足为奇。读者们本会对罗纳德·罗克丽的《兔子的世界》有更热情地回应,因为它激发了《瓦特希普荒原》的灵感,并让百万读者更加关注兔子。

莫妮卡·肖顿(1923—1993),《松鼠》(1956)作者,该书讲述了一只名为“米沙”的鼯鼠(图:A. F. 维扎索)

虽然林鸽几乎和兔子一样有害,但1965年出版的《林鸽》中,罗恩·莫顿对其笔下的林鸽似乎要仁慈一些。与大多数《新博物学家》的其他专著相比,《林鸽》更具文学性,但莫顿花了将近十年时间研究林鸽,并成为最具天赋的动物生态学家。他在农业部的工作有相当大的实用价值,因为他扛住了内部压力,证明铁道部发动对林鸽的战争,耗费巨资为猎枪提供子弹基本上都是徒劳的。罗恩·莫顿的团队设法取缔了耗费巨资的射杀林鸽的计划,他们建议更好地保护作物和开发特殊食料,让它们失去知觉。《林鸽》成了研究鸽子著作的标准。虽然书籍写作时间短,但文字流畅。这是一本"严肃"的书籍,但是我从莫顿的讲座中感觉到,它不够活泼生动。莫顿是一位极具天赋的表演家,也是一位杰出的演说家。演讲时,他仿佛会化身为一只鸽子,在三叶草上欢跳轻啄,时而侧头环顾。并向大家解释所有这些动作的意义。1978 年他英年早逝,对鸟类科学来说是巨大的损失。

《林鸽》封面(1965)

《鼹鼠》于 1971 年 12 月 22 日出版,那时正值大学对外开放政策施行,系列书籍的销量也稍有回升。在某种程度上,《鼹鼠》代表了一种向博物学早期专著的回归。肯尼斯·梅兰柏摩尔在僧侣森林观测站做研究主管,一旦他能从中抽身,他就利用所有这些业余时间去研究鼹鼠,这已成为他的一种爱好。也正是因为有了生态和农业的知识背景,他才得以养成这一爱好。他最初的目的,只是想了解鼹鼠的存在是否能证明土壤肥沃,但研究的目的很快就变为真正地去了解鼹鼠本身。鼹鼠并非是一个完全陌生的动物,但几乎所有的研究都是基于农田进行的。梅兰柏是第一个在鼹鼠的自然栖息地,僧侣森林附近的自然保护区研究鼹鼠的科学家。他很快就发现(用他自己的话说)"人们对鼹鼠的一般了解和记载都是有误的"。它们食量很少,也没我们想象地那么善于挖地洞,大多数时间,它们都待在树林里,而不是在田间乱窜。《鼹鼠》没有《兔子》那么描写生动、富有感情,但梅兰柏的风格却是简明扼要且深入人心。他告诉记者说,他在其希尔农场的家里总是养着一对鼹鼠,同事们有时戏称为"希尔鼹鼠农场"。这是一本很成功的专著,原因可能在于肯尼斯·梅兰柏在科学界的名声。它在美国发售,在国内发行了大型图书俱乐部的版本。1976年,梅兰柏出版了一个儿童故事《鼹鼠塔尔帕》,从生物学上看,它比《风驻柳梢》更科学,描写更准确,但两书似乎都受到了各个年龄段孩子们的喜爱。

然而,《鼹鼠》注定要成为最后一本专著。董事会的备忘录里没有任何记载,表明他们决定完结《新博物学家》系列专著。本来应该还有几本专著,但都没能顺利完成,有的是因为作者拖恙或离世,也有的是因为作者忙于他务,或是书稿已被另一出版商购买。那些终未完成的专著,渐渐浮出水面,仍有记录的还有道格拉斯·米德尔顿的《鹧鸪》,大卫·拉克的《褐雨燕》,肯尼斯·西蒙斯《凤头鹏鹛 》和《灰雁》,还有康拉德·洛伦兹的《寒鸦》。在完成《管鼻藿》和《海鸟》之后,詹姆斯·费希尔曾计划创作《白嘴鸦》和《塘鹅》(他不确定先写哪一个),如果他还活着,本可能抽出

R. K. 莫顿(1932—1978),《林鸽、人与鸟》作者(图:奈杰尔·韦斯特伍德)

时间来完成这两本著作。最倒霉的专著就是《狐狸》了。在20世纪40年代，弗朗西斯·皮特受委托撰写该书；皮特退出后，詹姆斯·费舍尔却邀请了欧内斯特·尼尔来撰写，后者显然不太了解哺乳动物研究的流程：“他完全不知道这将意味着，在写作之前，自己还要用十几年的时间进行实地考察。”之后，又有汤普森、沃尔顿和《兔子》的作者三人毛遂自荐，要创作这本书。“将书写得尽可能生动，”通过反思先前的专著，费舍尔如是建议，但作家一旦深入其中，就无暇顾及生动的问题了。1968年，H. G. 劳埃德开始创作《狐狸》，在那段时间，事情似乎非常顺利，埃利斯还为其设计了“一个漂亮的封面”。但事与愿违。由于初稿篇幅太长，加上劳埃德的退出，编辑们最后一致决定放弃出版《狐狸》。

专著系列也最终完结。事实上，早在1971年之前就已每况愈下，在此之前的十年里，曾经如洪水般涌现的专著就已伴随着出版商的热情逐渐减少。

莱斯利·布朗(1917—1980)，《英国猛禽》作者

20世纪70年代初，出版商和编辑们断定，研究单一物种的书籍已经日薄西山了。他们决定出版新的系列书籍，介绍相关的物种群。至少新书《英国海豹》已准备纳入专著系列，在1971年之后，大约三分之一的书籍都得以出版，被称为超级卷。第一本是《雀》(1973)，随后就是《英国海豹》《蚂蚁》和《英国猛禽》，在20世纪80年代又出版了几本关于山雀、画眉、莺和涉禽的书。这导致一些人指责这些书过于专业，如果将20世纪70年代和80年代出版的专著与早期的专著相比，这些指责也似乎合情合理。但那又是另一回事儿了。那些真正的小型专著(基本上)是成功的，但在商业上(大部分)都失败了。1970年，詹姆斯·费舍尔在车祸中丧生，专著的创作就失去了最大的倡导者。如果他还活着，也许会有更多的专著出版，事实上，专著在商

业上的寿命，却与它们永久留存的价值是相反的。总的来说，尽管有些糟粕，但是它们让《新博物学家》丛书名声大噪。它们经历了旧博物学向现代生态科学的跨越，这套系列丛书真实地反映了这种变迁。最好的专著是永远不会过时的，至少不是毫无价值的。这也是我们仍然阅读这些专著以及它们之所以仍然激励着我们的原因。

后　　记

经宏·米里亚姆·罗斯柴尔德和爱思唯尔出版商的同意，《跳蚤、寄生虫和布谷鸟》在 1994 年的春天首次再版，未经任何删改。

柯林斯的“新博物学家”丛书的科学顾问委员会邀请我为他们写一卷关于寄生虫的专著。有了第二个孩子的时候，我决定安定下来，努力将这个表面上严肃的题目写得生动些，让大家都喜欢。比如蠕虫可以在河马的眼皮底下生活，以河马的眼泪为食；吸虫能够轻易从池塘里进入蜗牛的肝脏、虾的体腔、蜻蜓幼虫的肠道、最后定居在青蛙的舌头下，过着幸福快乐的日子；跳蚤则是动物王国中阴茎最复杂的，这一切会不会让大家觉得更有趣呢？比利·柯林斯很愿意宣传我的书，我是个“新手”，从未想过要签合同。

1947 年，在枫丹白露的发布会上，我们成立了国际自然保护联盟。议程结束后，我决定坐船从加莱返回。

战争中，德国空军和英国空军先后从空中抛下炸弹，将加莱夷为平地。重建尚未开始。当我们驶经法国，一个巨大的风暴横扫了英吉利海峡及海岸。一抵达港口，我发现所有口岸都取消了。

你完全无法想象，没有哪个城市能比战火之后的加莱更荒凉，更加令人不寒而栗了。船只拥挤地停泊在码头附近，根本看不见海水和海湾，就像舞台的背景幕布一样。一堆堆破碎的混凝土和砖块一直延伸到天边。大风中的小石片就如同废纸片一样。一根根带着倒刺的铁丝在碎裂的柏油路上蔓延，如同爬行的蛇一样。我突然意识到，这里还有超现实派的景象，因为这里就是萨尔瓦多·达利的景观，倾斜的墙上挂着一条破裤子，前方的地上还有一只腐烂发臭的死龙虾。

瓦砾堆中孤独地伫立着一栋小旅馆，旅馆墙上星星点点的都是麻点。我找了间房住了下来。不用说，肯定没有热水和电。老板还告诉我，这里不能做饭，但在这种情况下，我还是能在自己的房间里吃上熟土豆。一部破旧的电话居然还能"正常使用"，那个不太友好的旅店老板是这么说的，这也是够稀奇的了。接下来，我就一直试着打电话回家。我丈夫的声音，仿佛那种来自外太空的爆裂般的耳语，他不断地恳求我，船恢复航行之后不要立刻回去，因为海浪很大，难免会保不住我们未出生的孩子。我听了之后，感觉很舒心，于是就静下心来写《跳蚤、寄生虫和布谷鸟》的介绍。第二天，风暴也丝毫没有减弱的迹象；窗户咯吱作响，发出令人不安的声响，沙子和水泥闷声地打在窗户上。幸运的是，在撰写《跳蚤》这一章时，我不需要查阅任何资料书，那之后三天，我开始创作《吸虫》，也不需要参考资料。除了旅店老板偶尔板着张脸推开房门，给我送来砂锅煮的熟土豆之外，我几乎与外面的世界隔绝了。第四天，我感觉这本书写得还不错，决定出去散会儿步。一踏出旅馆的门，我立即意识到，这是一个错误的决定，因为空中还飞着各种碎片，但我注意到，远处一艘停泊的拖船的烟囱里有烟升腾起来。风暴停歇了吗？我饱含着希望继续坐下来写着《共生》这一章。

大约 4 点钟的时候，我听见楼梯发出咔嗒咔嗒的声响，旅店老板敲开了我的门，他身旁还站着一位穿制服的警察。警察说我必须接种疫苗。那一刻我沉着地接受了这一情形，几乎没有一丝焦虑和生气。怀孕让人有一种没有什么道理的安全感和信心。但现在我突然变得警觉，我有一种极不真实的感觉，就像一场噩梦。我盯着警察，"你疯了吗？"我问道。"我是个英国人，只是因风暴被困在了这里。我与法国的医疗服务无丝毫关系。"

"这是一个特殊情况，"警察礼貌地解释，并且满脸郑重。"在加莱，所有人都必须接种疫苗，没有例外。我们镇上有天花。"

1947 年，我并不知道在怀孕的最初几个月接种天花疫苗，对胎儿是极其危险的，但幸运的是，我有种强烈的预感，我不能接种疫苗。我也怕针头传染疾病……我决心不惜一切代价拒绝接种疫苗。我解释说自我住进这里后，就从未离开房门半步，如果没有船只回英格兰，我是不会出门的。“你想”，我对警察说：“法国是以‘讲道理’闻名世界的，这一点落后的英国完全没法比。如果整个加莱居民都接种了疫苗，那么我相信在这个房间，我是完全安全的，特别是我不久就会离开……”警察最后只好踩着咯吱作响的楼梯板离开了。我就这样被关了整整一个星期。暴风雨在窗外肆虐，我在屋内吃着我的煮土豆。但在离开时我不知怎的，被70个小时写作弄得晕头转向了，觉得《跳蚤和寄生虫》是本很不错的书。

米里亚姆·罗斯柴尔德，《跳蚤、寄生虫和布谷鸟》(1929)作者(休·塞西尔/自然历史博物馆)

让我震惊的是在我整理索引为插图配标题时，比利·柯林斯认为“这个话题没有市场了”，因此他将不会发表《跳蚤、寄生虫和布谷鸟》，总之它现在是个不受欢迎的话题。而我现在所拥有的合同，也只是他早期为这卷专著做广告的合同。但朱利安·赫胥黎对这个决定十分恼怒，并且也十分不满柯林斯对“这本好书”的诋毁性的评价，他威胁要辞职(向整个委员会辞职)，离开《新博物学家》顾问委员会，这一举动收到了成效。在赫胥黎发怒之后，经过长期而激烈的谈判，这本书最终在1952年发表！我打算为该书封皮附上一张图片，但此建议遭到拒绝，该系列的其他书籍亦是如此；他们认为这么做太花钱了。然而，尽管没有我所渴望的漂亮封面，《跳蚤、寄生虫和布谷鸟》依旧印刷了五个版本，并且它成为学校里生物学专业学生的必读书籍。事实证明，这本书相当成功。

有一天，比利·柯林斯打电话给我说：“我听说你在写一本新书。我想替你发表。”

"但是,比利,"我婉言辩驳道,"你这是在奉承我啊,你都不了解这个话题,更不要说这本书。"

"那么你能告诉我是什么书吗?"比利说道。

"《混蛋、做梦和柯林斯》,很有趣的一本书。"

表　新博物学家特别卷和专著集

序列号及名称	出版年份	作者	研究地点	编辑	英国销量
1.《獾》	1948	厄内斯特·尼尔	格罗斯市蓝德岗附近的树林里,特别是科尼格勒森林	赫胥黎* 费舍尔	20590
2.《红尾鸲》	1950	约翰·巴斯顿	德国战俘集中营,特别是巴伐利亚州的艾希施泰特	费舍尔	6000
3.《鹪鹩》	1955	爱德华·A.阿姆斯特朗	曼彻斯特附近加特利的湿润的草地和菜地上	费舍尔	3000
4.《黄色鹡鸰》	1950	斯图尔特·史密斯		赫胥黎 费舍尔	6000
5.《青足鹬》	1951	德斯蒙德·内瑟索尔·汤姆森斯特拉	斯佩舞,特别是若斯墨丘斯森林	赫胥黎 费舍尔	4000
6.《管鼻藿》	1952	詹姆斯·费舍尔		费舍尔	3000
7.《跳蚤、寄生虫和布谷鸟》	1952	米里亚姆·罗斯柴尔德和特丽萨·克雷		赫胥黎	8000

续表

序列号及名称	出版年份	作者	研究地点	编辑	英国销量
8.《蚂蚁》	1953	德里克·弗拉格·莫里	住在伯恩茅斯的作者父母家中的花园里	赫胥黎 费舍尔	3600
9.《银鸥的世界》	1953	尼克·廷贝亨	荷兰莱顿市海岸	费舍尔	12750
10.《腮腺炎、麻疹与花叶病》	1954	肯尼斯·M.史密斯和罗伊·马克汉姆		吉尔摩	2750
11.《苍鹭》	1954	弗兰克·A.罗尔兰	开夏郡斯卡瑞斯布雷克庄园坝木区	赫胥黎 费舍尔	3000
12.《松鼠》	1954	莫妮卡·肖顿	牛津区	费舍尔	6000
13.《兔子》	1956	哈利夫，汤姆森和阿拉斯	特尔·沃顿瓦伊河(肯特)、西普斯坦德(伯克斯郡)和布雷克兰等地区	费舍尔	5000
14.《伦敦地区的鸟类》	1957	伦敦博物学家协会		费舍尔	2500
15.《蜡嘴雀》	1957	盖·莫特福德		费舍尔	2750
16.《鲑鱼》	1959	J. W. 琼斯		赫胥黎	9250
17.《君子和淑女》	1960	C. T. 普莱姆		吉尔摩	2400

续表

序列号及名称	出版年份	作者	研究地点	编辑	英国销量
18.《牡蛎》	1960	C. M. 杨		赫胥黎	5500
19.《家雀》	1963	J. D. 萨默斯·史密斯	作者的住所附近——杜兰区北安普顿郡和斯托克顿市郊区	费舍尔	6500
20.《林鸽》	1965	R. K. 莫顿	剑桥郡卡尔顿县	费舍尔	6000
21.《鳟鱼》	1967	W. E. 弗罗斯特和 M. E. 布朗	哥伦比亚和爱尔兰的湖区和河流附近	费舍尔	8300
22.《鼹鼠》	1971	肯尼斯·梅兰柏	亨廷顿郡满科斯伍德斯附近	肯尼斯·梅兰柏	6350

*赫胥黎和费舍尔共同出任编辑。赫胥黎通常阅读专著集，并给出评论，费舍尔则执行编辑任务，直到书籍出版发行。

9　失意的作者，未出版的书

遗失的杰作

“为了介绍微观世界，我们将带你来到埃菲尔铁塔的顶端，这或许会出人意料。站在边缘向下看。你会发现一个不同的世界：微小的生物朝着各个方向移动，有些单独行动，有的则三五成群，还有些较大的椭圆的形状四处移动。

试想一下，我们是来自另一个星球的智能生物，这是我们第一次近距离观察地球表面。进一步假设，我们体型庞大(因为体型大小是相对的)，而脚下这个巨大而精致的横梁正是我们的降落平台，那么我们刚刚看到的这群微小的生物，与我们的身体相比的话，他们和显微镜下的微小生物一样小，而这也正是我们将要探索的微观世界，那么我们会如何看待他们的生活方式呢？想到那些显微镜下的奇妙小动物，现实生活中的我们，究竟是什么呢？”

阿利斯特·哈迪爵士《池塘、水潭和泥坑》(1975)

第一章《探索微观世界》的开篇语

《池塘、水坑与泥潭》又被称为“微观世界的博物学”，是《新博物学家》丛书中专门介绍泥塘生物的书籍，涵盖了从阿米巴原虫到水蚤的所有形态各异的淡水生物。阿利斯特·哈迪本打算在完成《远海》卷之后，立马投入这本书的创作。实际上，在20世纪30年代，他一直就希望写这样一本书，并且他已经准备好了全套的摄影插图,这些图都是他的朋友唐纳德·哈钦森通过显微镜拍摄的。哈迪的老朋友也是他以前的导师——朱利安·赫胥黎(尽管只比他大9岁),为这部书取名为《池塘及泥潭中的原生动物》。哈迪觉得这个名字"有点小家子气",更钟爱自己取的《小水域》与《大水域》相照应;《大水域》这本书主要介绍他在20世纪20年代的一次航行中的发现(书名取自于《以赛亚书》:"那些在大水域中干事业的人会见证耶和华的奇迹")我曾猜想成书会有一个更为直接的名字,比如《池塘和池塘里的生物》。但是20世纪70年代该书的名字从《小水域》换为了《池塘、水坑与泥潭》。

问题是《大海》这本书几乎占用了哈迪多年的空余时间。现在哈迪积攒了一堆想写的书。《大水域》,这本介绍海洋的书,就排在哈迪想创作书籍的首位。随着退休时期的临近,他希望有更多的时间来研究水坑中的生物。此时,我们应该提醒自己,多注意阿利斯特·哈迪爵士各方面的情况。无论是优秀的传记还是个人论文等,都反映了阿利斯特·哈迪爵士多面手的特点。在我们看来,虽然他自己不这么认为,哈迪就是一个千变万化的人。在牛津大学他的学生的记忆里,哈迪是一个出色的海洋生物学家,更是一位维多利亚时期一位涉猎广泛的博物学家,天生拥有极强的好奇心。大家都知道哈迪是个狂热的人,在体力和智力上都拥有着恶魔般的能量。他是一个发明家,一个才华横溢的水彩画家,并沉迷于各种各样的飞行器,特别是热气球。他一生都在乘船、气球或骑自行车(或者在最后还有乘公共汽车)旅行。人们似乎对这个手长脚长、戴着眼镜的像猿猴一样的人物不太了解。有位传记作家发现他的个性是"简单和复杂的奇妙混合",尽管他在自己的工作中,向来简单直接。哈迪是个讨人喜欢的男人,他温柔又有礼貌,用大家最广泛接受的一个词来形容就是脾气好,这是所有认识他的人都极为赞同的一点。

但他还有另一面,这一点也主宰了他生命最后20年里所发表的作品。哈迪是一个神秘的自然主义者,不是空想意义上的,而是"自然神学"的追随者,在他看来,这是一门科学。当他还是个孩子的时候,他有时觉得有一个看不见的同伴在身边,他"部分独立于自己,部分源自于自己",特别是在他孤独地散步收集甲虫和蝴蝶时(我怀疑,在孤独的散步之旅中出现的这个意义上的"他者",其实并没有很不同寻常。我有时也会有这种感觉。你也一样吗?)。在第一次世界大战期间,哈迪开始深信心灵感应是真实存在的。这些经历一直陪伴着他,并让他意识到在动物行为中,共享无意识的经验是一种潜在的力量。在20世纪60年代中期,他在吉福德讲座里进一步阐释了这些想法,这种想法试图将自然神学与进化的过程联系起来。除了开办讲座以外,哈迪之后又接管宗教体验协会(现在的阿利斯特哈迪研究中心),这个协会致力于用科学的方法研究“天降神力”——犹记得菲利普·托因比试图用捕蝴蝶的网来捕获天使。这不需要我们的进一步研究。提到这一点,只是想强调阿利斯特·哈迪先生退休之后,也过得异常繁忙和充实。《小水域》这本介绍各种池塘的书籍,是这繁忙生活中的加塞项目之一。

朱利安·赫胥黎以及所有的读者,都知道《小水域》是多么杰出的一本著作,是主题和作者的完美结合(我认为只有“维多利亚时代”的博物学家才能传达出这种池塘中的乐趣)。池塘中的这个微型世界也成为哈迪后期对海洋和空气的探索的根基,这就是他的初恋(和我们大家的一样),他将60年来的智慧和经验落笔成书。

毫无疑问,《小水域》让阅读更深刻。早在1953年,哈迪曾建议写这个主题,但首先他必须完成《大海》。在1961年,传来了一些“好消息”。哈迪在完成《大水域》之后,就会立刻投入这本关于池塘的书的创作中。但事实并非如此,在继而管理宗教体验协会之前,哈迪又投身于吉福德的讲座,并创作与其有关的书籍《欢腾的小溪》和《神圣的火焰》。1974年,他的儿子迈克尔加入进来,和他一起开始尝试创作这本书,也就是现在的《池塘、水坑与泥潭》。埃利斯为它设计了一个漂亮的封皮,哈

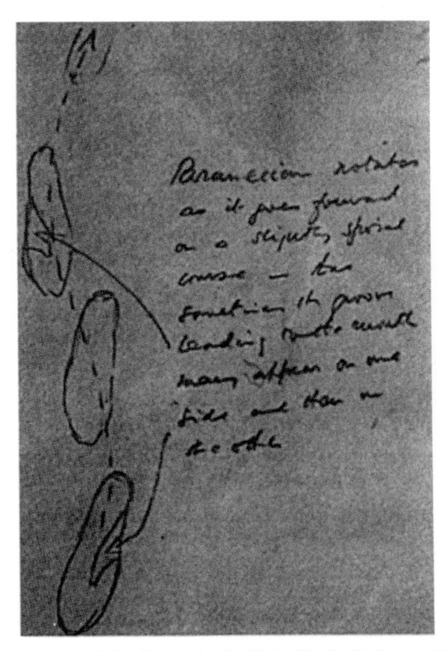

埃利斯特·哈代爵士描绘草履虫行为的草图(私人收藏)

迪也为它画了许多生动的水彩画草图，这表明他想用和《大海》相同的方式来编排这本书。后来他改变了主意，决定自己来写这本书。读者们意识到哈迪已经80多岁了，他们一直都在祈祷着，希望上帝保佑他能活得更久。即使他可能必须放慢创作速度。首先，他打算写一本自传和一本关于非法操纵价格的书。柯林斯团队为什么不集体赶到牛津大学，下跪请求哈迪写书呢？但毕竟事与愿违。阿利斯特·哈迪阁下于1985年5月去世，享年89岁。《池塘、水坑和泥潭》这本书只完成了简介、一章的内容、封面的草稿和少量彩色插图。这些都足以表明，在创作《大海》时，就在酝酿这本书：浮游生物的世界，在此中，哈迪使用了相同的色调，投入了同等的感情。这里没有足够的空间来呈现所有的内容，但也许下面的这个内容列表和水彩插图可以让我们感知，这对于《新博物学家系列》是多么大的损失。我敢肯定，这是一份无法追回的杰作了。

《池塘、水坑和泥潭》目录——皇家学会会员、文学学士阿利斯特·哈迪爵士

13. 多种类扁虫、轮虫和蠕虫

14. “水熊”和水螨

15. 水蚤和其他小型甲壳类动物

16. 池塘的生态:不同的水域,异样的野兽

17. 季节性演替——细菌和腐烂

18. 干燥和传播

软体动物、湿地和其他缺失

在讨论《新博物学家》专著系列和编辑部的工作时,我顺便提到几本书,这几本书都未能最终成书,例如《鱼》《狐狸》《沼泽和淡水鸟类》等。这些实际上只是浮出水面的冰山一角,也许令人惊讶的是,未公开发表和已发表的专著数量几乎差不多,虽然大多数意义重大的专著幸运地最终得以完成。一些未公开的专著,编辑们扫一眼后就放在桌子上,不再翻阅。还有一些书,有作家愿意去创作并接受了委托。一些书终未截稿,还有不少根本从未开始过。尽管有少数书籍最终完成,但却无法满足丛书的要求——太长,也许是太肤浅,或太深奥,或太枯燥,但无论如何就是不合要求。

本系列中有个重要的空白点,它与其他专著大不相同。这是一本介绍软体动物的书籍,1943 年就被列入最早的创作书籍之中,这本书本应为一部合著,一位作者介绍陆地软体动物,一位作者介绍淡水和海洋软体动物。到 1950 年,这本书毫无进展,编辑对最初的作者很是绝望,并下达最后通牒。此时,朱利安·赫胥黎联系了 C. M. 杨格,研究双壳类软体动物的世界级专家,他最近发行了一本《海岸》,是系列书籍中的上乘之品。杨格现与约翰·巴雷特合作,共同为柯林斯公司撰写《海滨袖珍指南》,但他也热心地接受了创作一本有关软体动物的书,作为他的下一个任务,称其为“爱的负担”。一年后,在重新考虑是否要撰写一本关于所有软体动物的书籍后,他更愿意缩小范围,去撰写自己最熟悉的话题——海洋里

的软体动物。由此《新博物学家》系列中，软体动物的书被分成了陆地上和海洋里的软体动物两部分。但是，和他的朋友阿利斯特·哈迪（他曾听说过这本书，并说过“得知你要为《新博物学家》系列创作一本关于软体动物的书籍，真是最让人高兴不过了”）一样，莫里斯·杨格异常繁忙，参与了大学的行政管理、公共服务，忙着世界旅行。他为《新博物学家》空出的时间，都献给了他的初恋《牡蛎》。接下来的12年里，他对研究现存的软体动物更感兴趣，而对为其创作一本受欢迎的书并不感冒。另一个因素可能是缺乏动力。在20世纪50年代中期，柯林斯公司提供的条件跟战后繁荣的几年相比相差甚远，津贴已减少到几乎为零。“我倒宁愿这次先写书，然后再考虑要不要出版，”1955年杨格在阅读修改后的条款后写道。15年过去了，他收到了柯林斯的提醒便条，终于发现时间紧迫，要开始创作这本书了，便条上写着“所有成本的增加迫使我们必须采取阿伯丁人的态度 …… 如果素描的花费超过150英镑，我们可能会遇到一些经济问题 …… 我也只知道，与复杂的插图相比，这点费用就意味着我们能从插图中收获的回报甚微。”杨格为柯林斯公司创作了两本畅销巨作，仍曾多次接到这样刻薄的便条，柯林斯这样的做法对鼓励作家创作毫无益处。杨格尖刻地写信给比利·柯林斯（而并未称呼为威廉阁下）：“我正在和瓦尔内斯洽谈，他对我的态度可与你截然相反……他们没有像你那样从我身上牟取暴利。我必须询问他们是如何做到的。”结果是，杨格将自己的书从《新博物学家》列表中删去，因为他现在相信，如果自己脱离这个系列，可以签到更好的合同，获得更大的利益。1976年，柯林斯终于出版了C. M. 杨格和T. E. 汤姆森联合创作的《海洋软体动物》。若出版方能用更加仁慈的眼光来看待此书，它将是对“《新博物学家》系列丛书”极好的补充。实际上，柯林斯已成功地惹恼了这本书的主要执笔者以及朱利安·赫胥黎阁下，赫胥黎因这本书的缺失对系列书籍带来的巨大损失而怒不可遏。或许是软体动物不太走运，已签好合约的《陆地上和淡水中的软体动物》从未落实，并在1968年被迫放弃撰写。

确实有少数作者因极为不满而从该系列中撤回了自己的书，但这样的事例还是很少。更多的是“不合适的书”，比如“动物插图的艺术”，它与威尔弗雷德·布伦特的著作相对，描写的是动物方面。技术方面的困难是巨大的：相对植物的艺术而言，动物的艺术这一主题则更为分散。威廉·斯特恩和威尔弗雷德·布伦特都可以独自撰写这本关于植物的书，然而在动物的艺术方面却没有可相提并论的作者（包括詹姆斯·费舍尔自己，或许有一本关于鸟类艺术的书籍，但是编辑们想要的是更为广泛的内容）。1947年，F. D. 克林建德尔接下了创作任务，五年后手稿按时地提交，并且书名定为《动物艺术的思考》。詹姆斯·费舍尔发现这本书"非同凡响，内容翔实"，同时又"十分深奥、条理清晰和科学严谨"。同时它还有18万字的篇幅，是约定篇幅的两倍多。然而他们没有直接拒收，董事会要求克林建德尔另作一番删减，巧妙地暗示他丢弃一些"简略概述"的内容，突出"艺术"。第二稿必然要简短很多，但是内容仅仅只追溯到中世纪而已！赫胥黎坚持要出版这本书，尽管费舍尔认为一般读者会很难读完这本书。比利·柯林斯不再看好这本书，并且他的意见最多。《动物艺术的思考》最终由另一出版商发行，他们专门出版艰涩而有价值的书籍。

尽管克林建德尔经验丰富，但编辑们却留下了这个题目，继续寻找更合适的作者。他们联系了罗伯特·吉尔默，但是他没有时间。克利福德·埃利斯表示他有兴趣，但三思之后觉得这个话题需要大的架构，而他的解读会更倾向于艺术史而非博物学。这确实是一大遗憾：无论是哪个艺术家来创作《动物插图的艺术》，都将值得一读。

在所有未能出版的书中，有一整个关于鸟类栖息的迷你系列书籍，其中只有两本《海鸟》和后来的《林地鸟类》出版发行了。至于图片那一章，我认为彩色照片的分辨率不够高。至于《岸鸟》，其签约的作者埃里克·恩农提出通过自行编撰插图来解决这一问题。这让他与埃里克·霍斯金发生冲突，霍斯金强烈表示：《新博物学家》丛书的助手应该是相机，而不是画笔，并且他不喜欢恩农的画。无论如何，《岸鸟》《淡水鸟》或《高沼地鸟》都未能截稿；很可能鸟类学家更多的时间是在与家中的鸟类相处而对栖息地的鸟类却研究甚少。在20世纪七八十年代，《新博物学家》的鸟类专著处理起来更加传统，把自己限制在一定的鸟类群体中——涉禽、麻雀、画眉等等。但是，这些不是丛书创始人试图解决问题的方式。

另一堆未曾出版的书或许可以被冠上一个宽泛的名字——"松散的想法"。

通常在董事会上有很多这样的凌乱想法，其中许多都来源于詹姆斯·费舍尔。有一部分资深博物学家，编辑们或多或少地允许他们为这个系列写任何他们所喜欢的书，其中有阿瑟·坦斯利、维罗·怀恩-爱德华兹、彼得·斯科特、哈里·戈德温，还有朱利安·赫胥黎自己。这些都是从未落下的重要人物。其他的想法则时有时无的。或许是受他为巴兹尔·拉斯伯恩所写的畅销书的影响，詹姆斯·费舍尔建议扩大这一系列，把"初级新博物学家""新博物学家指南"以及"度假中的新博物学家"囊括在内。赫胥黎则给出了三个不同的名称，提出了"神话与错误的博物学""医学博物学"(包括药草和药用植物)，还有"疾病的博物学"(W. 柯林斯："这个主题不好"。赫胥黎："'英国的生与死'怎么样?"柯林斯："好极了!")。就单纯的糊涂而言，费舍尔的一套"小专著"的主意是无可匹敌了。因为他考虑的不是那些没有出版的广为人知的动物和鸟类系列，而完全是更加深奥的组别：猛犸、英国河马、巨鹿和所有 5 种英国犀牛。他认为这些已灭绝的更新世的野生动物系列定价 10 先令比较适合，袖珍版印刷量为 3000～4000 册。柯林斯出版社的迈克尔·沃尔特喃喃说道："不要指望获利。"

有些人可能想知道为什么由内瑟索尔-汤普森和亚当·沃森合著的《凯恩戈姆斯》(1974 年柯林斯出版)并不包含在丛书中，因为除了防潮页和封面外，所有与之有关的都带有《新博物学家》丛书的味道。这个决定显然是作者做出的。他们将这本书视为"凯恩戈姆斯滑雪者及野营者的指南"，结果这本书主要是关于野生生物的。汤普森也与柯林斯的编辑发生过争吵，并且抱怨苏格兰《青足鹬》宣传的不足。另一本适合这一系列的地区书籍是《上蒂斯河谷》的书，编者是罗伊·克拉珀姆。科林斯出版社在 1978 年出版了这本书。该书没有列在丛书之内的原因大概在于书籍由多位作者合著，从而对其产生了不利的影响，也或许是因为认为该书太过专业化。我们应该注意到，20 世纪 70 年代时《新博物学家》已不再风光依旧。部分作者，像莫里斯·杨格，或许觉得他们的书不列入丛书会更好。许多人都经历过出版商恼人的延误以及误解，同时博物学圈子相对较小，这些故事传播起来很快。这或许是导致 20 世纪 70 年代大量已委托撰写的书最终没有完成的因素之一。封面纸套是为"沼泽""路旁"以及"海藻"所设计的，但随着时间的流逝,没有书籍包装这一点变得越来越清晰。这种令人沮丧的没有标题的现象时至今日仍在继续,严重打乱了编辑们的计划,有时候也使我们错失了那些听起来很诱人的标题。

我已经总结了从书中“可能出版”和“没有机会出版”的书籍,借以提醒任何系列出版都会面临不确定因素,如繁忙的作者写作时间有限等。希望我所说的能让大家觉得有趣。《新博物学家》系列的重要性,体现在那些出版的书籍中,而不是那些尚未出版的书。图书出版就像是播种,有些合同落在作家的石质地中,有些落在并不合适的荆棘丛中。出人意料的是,这么多的《新博物学家》的手稿超越了文学素养,并且激励了整整一代新的博物学家。而且一些散落的种子或许还可能会开花结果。

现在我们来看看《新博物学家》中的一些“失败者”:平装书、期刊、这一系列的同类书籍,以及封面改版重新印刷的精装本。这里面没有哪一种达到主打系列的程度,但是它们在故事发展以及帮助追踪买家及卖家不断变化对书籍的期望上占有一席之地。

《新博物学家》

“在世界上有一件事情是不可战胜的,即一个思想的时代已经到来。”马克斯·尼科尔森极好地在对话中引用了这句话,但詹姆斯·费舍尔似乎在1948年发行《新博物学家》时,被灌输了同样的信心。当时,《新博物学家》丛书的销售已达到17万册(平均每本书约2万册)。《自然保护》以及《国家公园》当时十分火热,与原著精神相同的图文并茂杂志前景似乎非常良好。总是乐观而富于想象的编辑詹姆斯·费舍尔与沃尔夫冈·佛格斯达成了一项协议,他将编辑一本关于英国博物学的杂志,由埃德普林设计和制作。这一杂志会由柯林斯出版社出版,书中有着和当时《新博物学家》系列同样丰富的彩色照片以及黑白照片,当然它会更多地结合杂志的一些时尚文章。费舍尔招募令人敬佩的《新博物学家》作者以及其他著名科学家来投稿，阿瑟·坦斯利、W. H. 皮尔索尔、E. B. 福特、哈里·戈德温、斯蒂芬·波特、弗兰克·弗雷泽·达林、皮特·斯科特、罗纳德·洛克利以及布莱恩·维西·杰拉德都在其中。埃德普林没有在尚不确定的杂志市场上发行这一杂志，而是决定将开始的四期装订在一起，以书本的形式出售，每本1基尼(合1英镑1先令)。这本书按时在1948年年底出售，为四开的米色布料精装本，质量上乘，其封面纸套为较为暗色的黑白封面，上面印有“大绿字体NN”字样，全称为《新博物学家——英国博物学丛书》。在费舍尔大力宣传之后，这一杂志每一季都有其特别的主题：“林地”“苏格兰西部群岛”“迁徙”以及“当地博物学家”。书中有一流的黑白照片，优美的文章，书的整体制作很不错。但在此之后，只有两个主题(“生死轮回与四季变换”和“东英格兰”)还出现过，再之后杂志就停止出版了。

杂志为什么会失败呢？1949年夏季，杂志的第六期也是最后一期没有任何迹象表明杂志将会停刊。遗憾的是，当时并没有任何文件保留下来。或许是埃德普林或是柯林斯没有为杂志找到足够的零售商，或许是订阅率不够高，对企业而言商业价值不够，也或许它是柯林斯以及埃德普林两者在给摄像师薪酬问题上关系不睦的牺牲品。另一种可能性是詹姆斯·费舍尔的媒体业务使得他没有足够的时间料理这一杂志；他似乎总有贪多嚼不烂的倾向。有可能这本杂志过去有大量印刷，因为该合订本现在在二手书店仍然十分常见。第五册和第六册分别在1949年春天和夏天出版，两册都很少见，尤其是第五册。

所以《新博物学家杂志》也变成了这一系列的“本可以有”的杂志。之后的许多年里它是无可比拟的。在20世纪60年代《动物》杂志出现以前，以及1989年《英国野生动物》杂志发行以前，没有哪一本杂志可以如此有效地在科学家与野外博物家之间搭建起一座桥梁。我相信许多读者拥有这本杂志的头四期的合订本。

丰塔纳平装本

1960—1975年间，有18本《新博物学家》系列书由柯林斯出版社印刷成丰塔纳平装版。这些书籍给这一系列带来了期待已久的繁荣，也使得作者能比以前更加充分地修改文本，以便丰塔纳文本能够成为新的精装版本打下基础。丰塔纳主题从20世纪60年代中期开始一直使用着与众不同的绿色徽记，本质上是为了满足1971年后开放大学里对生物学课程以外较为轻松读物的需要。用出版商些许俯尊屈就的话来说，它们"主要是为学生以及更加有进取心的读者所设计的"。当然，《新博物学家》丛书绝不是为教科书所设计的，而是为更加流行的市场整体所设计的。就像T. T. 马坎在《湖泊与河流中的生命》中所说的一样，"它在大学中变得流行起来，这是我所没有预见的"。他感觉大学的生物学专著都缺乏热情，而老师们则非常乐意推荐一些更加有乐趣的东西，尤其是与生态学相关的读物。

第一本丰塔纳书籍出版于20世纪60年代，该书很自然就成为丰塔纳系列里的畅销书。那时《英国的地理与风景》在学校地理课上已经颇有市场。丰塔纳目录很短，并且大多数是有关历史、宗教和艺术的晦涩难懂的书籍。丰塔纳《文库》，就像那时众所周知的那样，以自1936年就被柯林斯使用的18世纪漂亮的文字命名。这个名字反过来也启发了埃里克·吉尔优雅源泉的标志，用来装饰所有柯林斯出版的书籍的标题页。用于丰塔纳平装本上的出版社标记是显示自于吉尔的典型的版本。1961年，紧随《英国的地理与风景》之后，《土壤的世界》及后来其他《新博物学家》丛书发表(书目列举如下)。销售大概没有那么惊人，因为1968年之前丰塔纳版本的书不超过5本，在那之后平装本才开始成功，一方面是由于重新设计了更加吸引人的摄影封面，另一方面是因为生态学课程对那类书籍的需求日益增长。最为成功的则是那些最为迎合这个市场的书籍:《山脉与沼泽》(1968)、《高地和群岛》(1969)、《杀虫剂与环境污染》(1970)、《湖泊与河流里的生命》(1972)，以及3个重新印刷的平装本书籍《英国的地理与风景》《土壤的世界》和《海边》。每一本在接下去的几年里销售量超过了4万本。畅销书是《高地和群岛》，销售量为8万本左右。平装本与弗雷泽·达林的《里斯讲座》同一年出版，这对其销售没有任何不好的影响。

所有的这些书籍都只有黑白插图，部分流行的书籍，如《植物插图的艺术》和《英国的野生兰花》，因为太过依赖其彩色插图，没有印刷成平装本。在这方面，出

《蝴蝶》重印，丰塔纳平装版封面

版社可能是对的，因为后来的《蝴蝶》被印刷成丰塔纳平装本，没有彩色插图，结果它一本也没卖出去。其他书籍对于平装本来说要么太长，要么太过时。还有一些书籍，如《湖泊与河流里的生命》《海边》，被开放大学规定印刷成考试指定课本(前者受益于《鲑鱼》合著者玛格丽特·布朗的推崇)，这保证了其成功。相对失败的国家公园类的书籍——《达特姆尔国家公园》《斯诺多尼亚国家公园》《峰区国家公园》则压倒性地面向大学销售(比利·柯林斯曾做过这样的期望)。由于太过"科学"以及几乎不够多彩，这些书籍错失了所准备的旅游市场。确实，这些平装本似乎比精装本要难读一些：我们没有了彩色的插图，印刷页也太小。丰塔纳文库中的一个珍品是将戴维·赖克的《知更鸟的生活》纳入《新博物学家》系列的核心，好像它原本就是一本"新博物学家"丛书书籍(当然，它并不是)。另一个则是未能重新印刷的《银鸥的世界》，人们或许以为这是个明智的选择。

丰塔纳主题的风靡显然只在 1970 年前后延续了几年。最后新的平装本《蝴蝶》于 1975 年出版。一两年后作为一项调查的反馈，肯尼斯·梅兰比被告知《新博物学家》将不再印刷丰塔纳平装版。可以理解，梅兰比对此非常疑惑，因为他的《杀虫剂和环境污染》平装本售出了 45760 本，大多数出版商将此视为大获成功。但随着其他更新，呈现得更好的书籍出现在市场上时，这些书籍的销售在下降。大多数丰塔纳平装本在 20 世纪 80 年代早期便不再印刷，剩下的库存在 1985 年还留着。非常古怪的是，它们似乎对精装版《新博物学家》的销售不产生任何影响,而精装版在博物学家和藏书家中间明显有一个相当独立的市场。

“乡村博物学家”和乡村系列

“乡村博物学家”系列源于詹姆斯·费舍尔的主意,他想“炫耀”一下《新博物学家》文库中一些廉价的有关不同野生动物书籍里面的彩色插图。这些图片配有1万字的文本,由最初的“新博物学家”主题的作者所写,这一系列的编辑詹姆斯·费舍尔负责介绍。费舍尔标准文本的措辞和“新博物学家”丛书一样被放在防潮页背面,表明他想要使“乡村博物学家”系列成为高级系列的跳板:

“我们的‘英伦岛屿’有着丰富多样的地质和气候。从空中看去,岛屿上错综复杂的森林、田野、沼泽、山脉、城镇与河流交织在一起,海岸线长而复杂。这一切都决定了它独特的植物与动物群落。

本系列带有插图的畅销自然书籍旨在向读者初步介绍这些动植物群体。

本系列中的每一本专著都由相关领域知识渊博的专家所写,既专业,又通俗,可以满足普通读者的需求。”

这些书籍都在1952—1954年间出版。每一本都包含32张彩色的和黑白的插图,封面照片也包括在内。大多数都取自《新博物学家》主题,例如《蝴蝶》《鸟类与人》和《海岸花》。这一系列甚至有自己的版权页标记,一只坐着的红色松鼠。这与克利福德和罗斯玛丽·埃利斯为一套高级丛书设计的标记相似。但是“乡村博物学家”系列只出版了5本,虽然在每个主题封面的背后都宣布“更多的书即将出版”。上述5本书分别为:

(1)詹姆斯·费舍尔 《野生鸟类》 (1952)

(2)S. 博福伊和 E. M. 博福伊 《林中蝴蝶》 (1953)

(3)R. S. R. 菲德 《城镇与乡村间的鸟类》 (1953)

(4)伊恩·赫本 《海滨之花》 (1954)

(5)L. 哈里森·马修斯 《野外走兽》 (1954)

虽然 S. 博福伊和 E. M. 博福伊的《野外蝴蝶》以及詹姆斯·费舍尔的《海滨之鸟》进行了宣传，但最终却未能付梓成书。每本书售价为 2 先令 6 便士，或是 3 先令 6 便士，印刷量约为 2.5 万本。其封面设计为彩色，“乡村博物学家”由上而下，书名在底部。只有前两个主题才编了号。

这一系列的寿命之短既意味着商业失败，也意味着内部的纠纷。后者的可能性更大，因为记录之中其他“新博物学家”丛书董事会成员没什么热情。显然，费舍尔以其个人能力推进了这一系列，就像博物学顾问之于柯林斯一样。根据 1951 年 11 月 20 日的会议记录，董事会担心这对《新博物学家》丛书的销售产生威胁。达德利·斯坦普尤其觉得它“寄生于”《新博物学家》系列，并且要求《新博物学家》系列书籍至少出版三年之后再来出版该系列。在与费舍尔和柯林斯进行私人会谈后，他同意让步将时间缩短到“至少一年”。也许是为了安抚斯坦普，费舍尔提出该系列有可能会拓展，把地理和气候的主题包括进去，还邀请他为“地理与风景”撰写一个专题。

另一个问题也出现了。柯林斯和费舍尔未能就《蝴蝶》主题与 E. B. 福特相商。由于这些书的卖点是彩色插图，山姆·博福伊受到邀请写一篇与其图片相配的文章，并且他也能够做得很好。(埃里克·霍斯金对其图片印象非常深刻，因而他安排柯林斯在出版《蝴蝶的生活》时将该系列插图安排进去。该书于 1947 年出版)费舍尔写给福特的外交信姗姗来迟，董事会一致认为“《蝴蝶》的位置将视最近出版的《新博物学家》丛书作者而定”。霍斯金提醒柯林斯要向摄影师支付一定的手续费，并且建议如果彩色插图全都窃取自《新博物学家》丛书的话，那么最好为《乡村博物

克里斯托弗·佩林斯，《英国山雀》作者，摄于 1993 年(图：克里斯托弗·佩林斯)

学家》系列提供一组新的黑白照片以表达其原创性。

总而言之，如果柯林斯（还有费舍尔）重新考虑《乡村博物学家》系列的话，这也不奇怪。虽然有些主题一直在印刷，但到了 20 世纪 60 年代之后就停止再版了。很可能 20 世纪 50 年代彩色印刷成本的上升是压垮骆驼的最后一根稻草。

柯林斯在 1974 年至 1979 年间出版的“乡村系列”或许被视作“新博物学家”丛书廉价然而又快乐的远方表亲。埃利斯设计的封面纸套以及 3 位新博物学作者——C. T. 普莱姆、威廉・康德利和克里斯托弗・佩林斯，为新系列写书的这一事实增强了家族之感。“乡村系列”主要是较为年轻的博物学家所设计的，但这一系列丛书与高级系列一样都有整体的生态板块。它们全都被冠名为“年轻的博物学家”。但销售人员说“年轻人不喜欢被称之为年轻，而老年人不会买专为年轻人而写的书籍”，名字最后被舍弃了。

第一本书，约翰・巴雷特的《海岸上的生命》于 1974 年出版，随后又有涉及栖息地、地质和物种生物学的 6 本书出版。每一本都约有 160 页，图文并茂，制作合理。然而该系列并没有取得柯林斯所期望的成功。也许它两头都落了空，对目标市场而言，它太过高深，而对高年级的学生（已经可以借鉴《新博物学家》丛书）而言，又太过基础。销售人员找到了一个替罪羊，即埃利斯的封面纸套太过“高档”，因此在 1976 年用枯燥的薄板状的摄影封面将其取而代之。但这并未奏效，该系列于 1979 年停止。

对《新博物学家》丛书入迷的人对该系列的兴趣主要就在埃利斯的封面上。这对夫妇显然在 1973 年做出了 6 个设计，其中仅有 3 个被印刷。为丛书所设计的“生态”和“草原”这 2 个封面从未实现。据我所知，收集“乡村系列”的人并不多，但也许会有那样的一天（我记得《观察者》的爱好者习惯于把收集范围扩大到相关书籍以及各种各样的蜉蝣出版物上）。在这种期望之下，我在下面列出了 7 本已经出版的书：

（1）约翰・H. 巴雷特《海岸上的生命》（1974），封面/ 埃利斯

（2）克里斯托弗・派林《鸟类》（1974），封面/ 埃利斯

(3)威廉·康德利《林地》(1974),封面/ 埃利斯

(4)C. T. 普莱姆《植物》

(5)迈克尔·特威迪《昆虫》(1977)

(6)戴维·戴尼《岩石》(1977),封面/ 埃利斯

(7)戴维·戴尼《化石》(1979)

布卢姆斯伯里精装本

1988 年时,除了最新出版的书,整个《新博物学家》丛书都已绝版。自 1945 年以来,人们第一次在去著名的书店时找不到一本《新博物学家》的书,或许能看到平装的《石楠荒原》或《新森林》,《新博物学家》的标志被隐藏在书内。一些主题,例如《不列颠群岛上的哺乳动物》和《设德兰群岛博物学》仍被列为专著书籍,但很多人已自然而然觉得该系列即将结束。为了让一些经典的主题回归印刷,1988 年 9 月,克里斯平·费舍尔不顾一切地提出了一个权宜之计,允许其他公司重印其中一些书籍。这些书籍将制成精装本,但会采用新的封面设计,彩色插图则是原来的黑白插图。当《新博物学家》丛书的编辑不解地问柯林斯为什么不自己这样做时,克里斯平解释他们已经无法在出版这些内部书籍上获利。柯林斯现在已准备增加印量,但公司内部的“结构调整”却让这一计划落空。公司试图将系列印刷成平装本,但没有取得什么成效。另一方面,其他的公司利润空间更小,大约只能以 10 英镑或 15 英镑的价格零售这些书籍。

该公司是布卢姆斯伯里出版社,由当时克里斯平的兄弟埃德蒙所在的戈弗雷洞事务所有限公司经营着。双方讨论达成了一项协议,布鲁姆斯伯里要出版 24 个主题,每本书最多印刷 1 万册,如果一切进展顺利,那么后期会再印刷其余的 24 本书。柯林斯方面则须委任设计一组完全不同的封面并且支付相关费用。柯林斯还应为印刷提供带有图片的范本,这在某些情形下意味着为出版的书提供一个可仿效的范本。由于布卢姆斯伯里精装本重印是摹印的,技术上并非是新版本,

菲利普·斯诺为布卢姆斯伯里重新印刷《伦敦博物学》设计的封面

而只是最新版本的重印。在选择重印的主题时，克里斯平·费舍尔决定排除掉那些最近由柯林斯再版的平装本，这样另一些主题得到恢复，但还有些主题则是严重过时或是被视为不太可能售出(后者的考虑排除了专著整体)。最终，在1989年和1990年，24本书由布鲁姆斯伯里出版，分6批重印，具体如下：

(1)《野花》　(2)《林地鸟类》
(3)《山脉与湿地》　(4)《湖泊与河流里的生命》
(5)《英国博物学》　(6)《伦敦博物学》
(7)《英国的哺乳动物》　(8)《鸟类与人》
(9)《湖区》　(10)《垂钓者的昆虫学》
(11)《英国猛禽》　(12)《昆虫博物学》
(13)《海鸟》　(14)《海滨》
(15)《化石》　(16)《峰区国家公园》

(17)《高地和群岛》 (18)《白垩及石灰岩上的野花》

(19)《蘑菇与毒菌》 (20)《遗传与博物学》

(21)《爬行动物和两栖动物》 (22)《威尔士博物学》

(23)《英国的植物》 (24)《蝴蝶》

克里斯平写信给各位作者,征求他们同意再版,并询问他们有否条件。克里斯平解释说重新印刷这些主题会给该系列第二次生命。最初出版时,它们对英国博物学做出了开创性贡献,现在它们仍被视为当代研究的里程碑。新的封面由菲利普·斯诺设计,创作在4色层压纸上。当第一批书出现时,克里斯平十分热情:"我无法告诉你们我对前6个作品感到多么的兴奋。我迫不及待地想看到全部。"它们确实印刷得很好,色彩柔和雅致,让人想起杂志的插图。人们十分熟悉的大胆模糊的埃利斯封面不见了,取而代之的是栖息地以及典型的野生生物的"生态"场景。所有封面的风格都大致相似,对其主要的批评也是表面上它们颇为相似,而且在书架上和埃利斯的封面也无法保持一致。

布鲁姆斯伯里再版本可圈可点之处是他们在公众面前保持了一些经典主题。但双方对其商业方面的价值都做出了错误的估计。由于其印刷糟糕的半色插图,这些书籍不过是实物的拙劣模仿。人们很快就发现,很多《新博物学家》丛书的粉丝只对原来的版本感兴趣。但原版本销售情况并不好,书非常廉价,在二手书店几英镑就可以买到。在销售境况如此惨淡之后,布鲁姆斯伯里出版社对再版更多的主题没了兴趣。柯林斯开始后悔这一交易。5英镑就能买下一本《新博物学家》精装本,显然不大可能有人愿意花上20或者30英镑去买柯林斯再版的书籍。其再版的质量之差也对柯林斯的名誉没什么好处。另一方面,布卢姆斯伯里的再版本对《新博物学家》丛书的二手价格没什么影响。大多数收集这个系列的人想要的是埃利斯封面的原版以及彩色插图的全套正本。布卢姆斯伯里书籍和丰塔纳平装本都未占有这一市场。

10　遭遇危机，渡过难关

《新博物学家》丛书着手于以不同的方式呈现英国博物学，强调野生生物与其栖息地的关系。无论是风格还是表现，该丛书的创新都是独一无二的，它树立了新的标准，并且对一代人而言一直是博物学文学的巅峰。但到了20世纪60年代，其领先优势开始缩小。在该系列保持其卓越的品质时，其他图解同样出色、内容同样丰富的博物学著作出现了；而且色彩方面的进步开始使先前的《新博物学家》丛书相比而言显得过时了。市场也发生了变化。《新博物学家》系列针对的读者为相对专业的实地博物学家，但这一群体在缩小，而专业的文献却越来越多。虽然忠实的《新博物学家》迷还在继续购买此书，但20世纪60和70年代，该系列最大的市场是在学校和大学，特别是有些专题被推荐为学校和大学的指定书籍。到了20世纪70年代，鸟类专题的书籍销量远远超过其他主题。但反过来，鸟类专题也成了自身畅销的受害者，它的畅销鼓励了其他出版商委托人创作内容同样丰富的书籍，有时这些书籍更加便宜而且插图也更好。

自20世纪40年代令人伤脑筋的日子开始，书籍销售量便有了一定程度的下降。在整个20世纪60年代里，每本书第一版销售量平均在5000～7000册之间，与之相比，20年前出版的每本书销量都在2万本以上。新主题的潮流现在消退成了涓涓细流，在1967—1972年间只有一本新书，《英国的自然保护》出现。很明显书的活力减退了。如果说5位编辑依然能够保持住他们最初如火的热情和充沛的精力，那将让人非常吃惊。他们能聚在一起如此之久主要是因为他们相互信任。斯坦普于1966年逝世，詹姆斯·费舍尔则于1970年去世。那时，比利·柯林斯处于半退休状态，他虽仍然参与“新博物学家”董事会，但大多数与作品相关的事情都留给了年轻编辑。《布罗兹湿地国家公园》(1965)以及《斯诺登尼亚国家公园》(1966)采用薄板状的摄影封面的决定显然是自信减退的标志,专题著作就这样停止了出版。

该系列在20世纪70年代年间有了财政困难。由于销量的下降,书籍无法保证遍布彩色插图。确实,在20世纪70年代,某些专著书一张彩色插图也没有(在《血统》一书中,什么插图都没有)。在那些通货膨胀的年代,这些书籍的价格到了1980年从大约2英镑每本上升到了6～10英镑。那些未能快速卖出的主题被迫停止印刷,只有那些最近或最受欢迎的主题才坚持到底。那时重新印刷较老的书籍变得非常昂贵,因此库存书目变得越来越少。到20世纪80年代,除了那些读书俱乐部的订单让某些书的销量稍有增加外(如《英国山雀》和《英国画眉》),新主题的印刷量下降到了每本仅印几千册。《农事与野生动物》(1981)和《不列颠群岛上的哺乳动物》(1982)这两者皆广受名家好评,但其销量却尤其令人失望,当然,这令那些过去参与到该系列之中的人十分困惑。丰塔纳办公室的一个便笺上写着"梅兰比教授感觉《新博物学家》系列存在着秘密"。"并没有。仅仅是它停止售出而已,所以我们便停止存货了"。

如果《新博物学家》丛书一直只是为了赚钱的话,那么在20世纪70年代晚期的某个时候该系列的帷幕早就落下了。该系列得以继续,要归因于两个因素:一是该书自身的声誉依然能给柯林斯增光添彩,因此柯林斯本能地不愿意终止这一系列。二是该系列既有常规的内部工作人员,又有一个由声望卓著的独立编辑构成的编委会。从某种意义上说,这些编辑都是科学界的骄子,对该系列充满了尊敬。也正由于此,他们没有让出版社单纯地考虑商业利益。

克里斯平·费舍尔,20世纪80年代柯林斯博物学编辑,摄于1987年

就在这价格不断盘旋上升，销量减少的时候，柯林斯任命了新的博物学编辑——克里斯平·费舍尔。据说，在面试时，克里斯平警告评审小组说，“如果你们不给我这个工作，我父亲的鬼魂会时常出没在你们身边！”作为一位设计师和插图家，他的大部分成年生活都耗费在图书创作上。作为詹姆斯·费舍尔的儿子，他伴随着《新博物学家》一起长大。其艺术导师之一威尔弗雷德·布朗特是他在伊顿公学的美术老师，教导克里斯平优雅的斜体书写并培养了他的图形技巧。据说，克里斯平·费舍尔才华横溢、精力充沛，并且讨人喜欢。在讨论而且我们必须讨论书库的危机之年时，关键的决定就是克里斯平所做的。我们要一直记得当时的情形，并且反问自己我们在这种情况下要怎么办。

如果20世纪70年代是《新博物学家》丛书的困难时期，那么20世纪80年代则是雪上加霜，变革成了必然。系列最后几本书籍看着让人乏味，在外观设计方面，旧时的文本以及板材变得过时，有些书籍已经被图文并茂的形式代替。作为设计师，克里斯平处于书籍创作变化的最前沿。他有充足的理由将《新博物学家》继续下去，但是事情很明显，没法继续下去了。他的父亲肯定不会让这些书的传统设计妨碍到销售。他也会希望这个系列既重要又流行，一方面能满足尽可能大的市场，另一方面又能维持其较高的科学水准。克里斯平不仅继承了父亲的哲学，还有丰富的商业经验来付诸实践。

用克里斯平的话来说，丛书需要一计“当头棒喝”，或者两计“棒喝”，确切来说就是既要降低成本，又要增加销量。一是通过将精装本生产转换成平装本，以降低成本价格。二是采用“一种新的，更现代的设计及制作方法”。在得到保证质量不会随之下降后，编委会勉强同意了克里斯平的提议。但是在克里斯平继续向他们解释用一种“完美”的装订技术来代替传统书籍装订时，你可以从编辑的问题中感觉到他们的心在下沉。他们至少都同意封面设计是神圣不可侵犯的：“它们现在就和它们在20世纪40年代一样风尚。

第一批新的平装本是8个主题组成的一套，再版为最新版本的传真复印本，保留了传统的爱丽丝的封面设计，但用非常模糊的半色调代替了原来的彩色插图。作为象征性的修订，它们被作者或是修订者赋予了新的介绍。主题的选择则留给了编辑,但只有那些已经绝版的书籍才符合要求。1984年和1985年出版的8本书是:《伦敦博物学》《山花》《蜻蜓》《英国的地理和风景》《野花》《英国的野生兰花》《鸟雀》和《管鼻藿》。每本书只印刷了1500册,尽管有一些用有光纸印刷的广告,销售量并没有全都达到预期。因此,克里斯平决定再不以这种格式印刷更多的主题。让大家惊奇的是,8本书中销售最快的竟然是《蜻蜓》。自原书绝版之后,鸟类观察家对蜻蜓的兴趣激增,但是很少有蜻蜓观察家能够负担原版书籍的二手价。

1984年11月,克里斯平描绘出了他下一步计划的大纲。未来所有的主题都会以新的图文结合的版本出现。事实上,最新的主题《英国的爬行与两栖动物》就是作为试点用这种方式排版的,虽然最终它是以传统文字与图版分开的方式出版的。不久,平装书会有摄影的封面,克里斯平认为这会有助于吸引更多读者。精装书的印刷量会少得多,他的建议是500本,来满足《新博物学家》收藏家与图书馆的需求,而这些都会是插图封面。这些书的价格会是平装本的两倍,利润则被用于补贴平装本的定价。最后,克里斯平提议一类"明星"书籍,这类书籍的印刷量更大,并具有同样程度的促销。这些将只限于像"英国鸟类"和"生态"这些具有广泛吸引力的主题,并且这些主题从主要系列里单独列出。他认为其他主题,例如"洞穴"和"河口",如果能保证其国际销售量的话,也可以归于明星类,但最后都没有归入这一类。

这里有非常充足的理由来实行这一举措。问题在于,该系列最终会落至何方,这在很大程度上取决于第一批书籍《奥克尼群岛博物史》以及《英国猛禽》的接受情况,这批书籍将以新的版式发行。正如克里斯平在其出版之前不久所写的一样,"这两个新版的《新博物学家》主题的重要性不言而喻。如果这两本书失败的话,那么其他的都会失败,拯救《新博物学家》系列的最后举措也将以失败而告终。这将标志着柯林斯博物学的结束,正如我们所知的那样!行动起来吧,伙计们!"

这些书按时于1985年11月面世。出乎意料的是,很少有评论者提到它的创新,但为《生物学家》撰稿的P. J. B. 斯莱特说出了大家的心声。他抱怨道:"很遗憾作品并没有变得更好:新平装本的《奥克尼群岛博物史》比精装本的还贵,而且装订得也不够好，字体很小，但是空白却很大。”同样地，纸张的选择欠缺考虑，并不适合印刷半色调。在《英国猛禽》中，作者埃里克·西姆斯精心准备的“声谱图”看着斑斑点点，让人遗憾不已，这也要归咎于纸张了。似乎图片色稿是令人满意的，但校样是在铜版纸上完成的，而页面是在劣质纸张上印刷出来的，或许是为了省钱的缘故。但最糟糕的地方是每本书的精装本的印刷量只有 725 册，十分荒唐。这严重低估了需求量，其结果是，不仅精装本几乎是立马就卖完了(得益于一些业界的投机行为)，而且克里斯平·费舍尔还被迫减少 500 平装本并将其重组成代用精装本。遗憾的是，“只经过一次酸蚀尚未加工的版上印出样张”和“经过两次酸蚀尚未加工的版上印出样张”精装本之间的差别非常明显，而大家想要的是前者。印刷量基于订购量，而订购量则源于柯林斯出版社的销售代表到书店的定期巡访。但有些店铺甚至没有收到他们提前预订的书，并且不得不将这个坏消息告诉他们的客户。似乎没有人清楚《新博物学家》市场的特殊性，市场中有很多书籍收藏的顽固派，他们想要只有那些有着传统徽记的精装本，并且也愿意为之买单。克里斯平确实设法将几本《奥克尼群岛博物史》的精装本东拼西凑到了一起，送给那些“没拿到书就会自杀”的抱怨者。但在书籍发行时，许多收藏家还有书商都感到非常失望。柯林斯那时收到的信里有一封来自康沃尔的一家博物学书店很具有代表性。信里说“我们的订单第二次出现这样的状况了，老实说，我对柯林斯的信心跌落谷底”。与此同时，数目更多的平装本还顽强地待在书架上和仓库中，虽然《英国猛禽》有着来自读书俱乐部的大量订单。后面的主题最终都廉价出售了，因此虽然精装本的二手价格迅速飙升到了超过百镑大关，人们却可以从其他书店的书堆里以不到 5 英镑的价格带走同类的平装本。

《奥克尼群岛博物史》或者《英国猛禽》在任何时候都可能销路不畅，但在 1985 年的境况下，它们预示着整个系列的灾难。幸运的是，制作水准确实提高了，虽然一开始很慢。接下来，《石楠荒原》的主题比《新博物学家》中前几本书更为主流。因为光泽纸的使用，以及所改善的半色调，与《英国猛禽》相比，《石楠荒原》有了明显的进步，虽然它依然保留了令人不快的微小字体和大片的空白。令人难以置信的是，精装本印刷不足的错误又发生了。不过这一次马上下令了重印

(“鉴于我上次从‘公众’那里受到的批评,我无意再把平装本装订一起来代替精装本了”克里斯平说道),并且第一版的精装本10年以来在博物学图书服务中一直都能找得到。《石楠荒原》的平装本首次用摄影来做封面,没有系列编号,也没有《新博物学家》版权页标记。营销人员解释这背后的原因道:“该系列在克里斯平父亲在的时候销售量惊人,但现在却是挣扎求存……遗憾的是,大众认为《新博物学家》的理念一文不值,所以我们决定用明亮活泼的封面,这会吸引那些上百万每年参观石楠荒原的人。”

表 1945—1994年每年出版的新书(包括专著)

年份	数量	年份	数量	年份	数量	年份	数量
1945	2	1962	1	1979	1	1996	1
1946	2	1963	2	1980	2	1997	0
1947	2	1964	0	1981	2	1998	0
1948	2	1965	2	1982	1	1999	2
1949	2	1966	2	1983	1	2000	2
1950	5	1967	2	1984	0	2001	2
1951	7	1968	0	1985	2	2002	3
1952	6	1969	1	1986	2	2003	1
1953	6	1970	0	1987	0	2004	2
1954	7	1971	3	1988	1		
1955	2	1972	1	1989	0		
1956	4	1973	3	1990	1		
1957	3	1974	2	1991	0		
1958	3	1975	0	1992	3		
1959	3	1976	1	1993	2		
1960	4	1977	2	1994	1		
1961	1	1978	1	1995	1		

在接下来发行的书籍上柯林斯采用了新政策,平装本和精装本的印刷必须与

市场挂钩,前者将减少,后者将增加。现在的主要任务是保持新主题的正常流通,这个老问题大家都能看到,虽然过去10年该问题更加突出。出版商在1985年和1986年设法做到了每年出版两本书,但自那以后新主题的面世很不规律,以至于即使忠实的读者也开始怀疑这个系列是否最终失去势头了。1989年广告播出后,大家期待已久的《淡水鱼》直到1992年才露面,这个推迟可能影响了销量。未能按时出版并不总是出版商的错误,系列的整个出版历史上错过截止日期的事情比比皆是。毫无疑问,自1985年起有所改进的是插图,插图制做得更好,颜色也更丰富。可以说主题也与该系列更加契合。《淡水鱼》和《洞穴》长久以来一直是该系列中的空白部分,并且在50年前就被列为理想的主题。《新森林》和《赫布里底群岛》综合了博物学、人类史以土地使用,绝对在《新博物学家》的传统之列。《蕨类植物》与《野生植物与园林植物》作为第一批植物学主题在很多年里都非常受欢迎,后者更是有着本国1000万园丁的潜在市场。《瓢虫》让人想起了该系列中将传统博物学和当代科学相结合的第一本书。如果《土壤》让人再次怀疑合著的可行性和给书籍改头换面的可取性的话,那也丝毫无损该书的科学品质,而且书籍销量也相当不错。从1992年起,柯林斯舍弃了7年前引进的大而浪费的页面空白。这似乎标志着潮流的转向,《新博物学家》的旗帜在1991年又回归到了平装版。现在该系列似乎有了更多信心,10年前的几乎是大恐慌的绝望,已经退去了。我希望现在的书不会出现任何有害这一趋势的事情。与半个世纪之前一样,《新博物学家》编委会现在由五名编辑组成,他们继续每年大约在剑桥见两次面,就和过去一

科林·塔布斯,《新森林》作者,1986年摄于新森林国家公园丹尼树林(图:科林·塔布斯)

克里斯多夫·佩奇，《蕨类植物》作者，在自然环境中（图：克里斯多夫·佩奇）

样，五个人里有四个都生活在那里。与过去一样，编辑们的时间都花在审查受到委托的主题的进展情况以及针对新的主题举办德里克·拉特克利夫所称的“令人头疼的会议”上。该系列已有82个专题以及22部专著，这一切还将继续下去。丛书是开放式的，其未来的可能性几乎是无限的。现今更大的问题是寻找文笔好的专家，或是身兼专家的作家。最近编辑们常抱怨手稿和提纲要么太专业枯燥，要么(较少)达不到人们对该系列的期望。最近一次编委会会议仔细审查了7个正在进行的主题，还有10个主题已找到了作者，另外编委会成员自己提议或是他人向其建议的主题不下33个。自20世纪40年代以来，令《新博物学家》编委会犯难的主题也包括在内：苔藓和地钱、野禽、蛞蝓和蜗牛、沼泽。其他人承诺将旧的主题变成新的：授粉、野草和化石的生态学。还有一些正在积极考虑的主题过去可能不会列在《新博物学家》系列中，但今天的博物学家却可能很感兴趣，如蝙蝠、教堂墓地、园林博物学以及草地。事实上，并不是所有这些主题都会写成书，可能只有很少的一部分会写成书，至于哪些会成书，只有文学之神知道了。问题的关键是，如果一直有好想法以及好作者的话，该系列似乎仍可以生机勃勃。《新博物学家》系列肯定会像过去那样至少记录最近博物学的变化。也许对于新一代的博物学家而言，它预示着某种想法的时代已经来临，正如20世纪50年代和60年代对我们这一代的意义一样。但无论未来是什么样子，《新博物学家》系列在半个世纪里一直是博物学标尺，吸引了一批人追随它的脚步，对此我们表示祝贺与感谢。

11　自然保护与新博物学

保存还是保护，我不在乎：它们对我而言没什么不同。

詹姆斯·费舍尔

如我们最近在高级酒吧里经常听到的话一样：自然保护——“合理利用资源”，这些话可以表示说话者想要表达的任何意思，这取决于你是个博物学家、耕地的农民、政治家还是制作果酱的人。虽然从本质上讲，自然保护与旧词自然保留是一回事。博物学家和在20世纪40年代倡导保护事业的英国生态学会的成员都知道，仅仅在保护区周围安上栅栏很难取得预期的效果。皮尔索尔、坦斯利和其他人在野外的研究证明了一个所有园丁都已经知道的事实，即自然是变化的，草木不仅会生长，还会进化；如果没有动物吃草，或没有人收割的话，草场也会变成灌木丛。因此，某种形式的持续“使用”是必要的。这些先驱者还想强调自然保护的目的不只是保护，而是为了某个目的而保护，对大多数先驱者而言，这个目的就是科学研究。因此他们开始谈论保护而非保留，因为保护意味着采取行动(后来称之为管理)，意味着谨慎行事，并有着道德价值。

有组织的自然保护在英国的历史并不长，虽然相关报道有很多。诺曼·穆尔出生于1923年，在自然保护中几乎一直在发挥着主导作用，从20世纪40年代奠定基石，到20世纪50年代自然保护协会的先锋岁月，20世纪60年代的农药恐慌，再到近年来热门的如何调和野生生物与农业之间的矛盾问题，每次事件中都可看到他的身影。我的本意并不是要在这里讲述他的故事，哪怕是寥寥几句。我的本意是强调自然保护以及新博物学之间的联系，就像《新博物学家》系列中所描述的那样。这两者共同成长，都是战时愿望的产物。许多新博物学家都密切参与了英国自然保护的演变之中，并且其中一些人，例如诺曼·穆尔，成为了大自然保护协会和野外台站的全职成员。大自然保护协会本身不仅成就了像朱利安·赫胥黎、马克斯·尼尔科森和亚瑟·坦斯利等人，也是他们对于生态、规划以及责任用地的想法的具体化身。稍微往大了说，这代表着对新博物学的尊崇，而且是相当早的。

奇怪的是，自然保护并没有以保护濒危物种作为出发点。正如人们可以从他们的书中推断出的一样，大部分"专业"新博物学家对自然的兴趣比稀有物种的兴趣要大。因此，他们所提倡的自然保护与其说是保护肯特州的鸲以及猴子兰花之类，不如说是为科学研究提供不受干扰且有着辅助教育作用的避风港。我们知道，20 世纪 40 年代的时候人们还没有半个世纪之后的那种栖息地即将消失的紧迫感。战时的"追求胜利"和修建军事设施确实破坏了许多古老的栖息地，但几乎所有人都认为这是必要的权宜之计。那时没有人意识到无期限地延续战时措施，借助强大的农用化学品来增加粮食产量会带来什么影响。

1953 年，曼·穆尔在卡尔索普浅水湖"检查可能有的翡翠豆娘"（图：《英国自然》）

自然保护运动最初的形式，与其说是为了保护野生动物，不如说是为了创造更多进入野生动物栖息地的机会。这个问题自 19 世纪便一直暗流涌动着。战时的情形让那些提倡建立国家公园和维修道路的人有机会将其作为一片乐土，供那些英雄追随战争的脚步。像迪克·克罗、朱利安·赫胥黎和约翰·道尔这样的人成功地说服了联合政府创建重建部，一方面可以维持国内的士气，另一方面可以得到来自有着平等思想的美利坚合众国的支持。该部比以前的部门更容易接受新的理念。在战争最黑暗的时期人们带着理想主义开始规划和平。《新博物学家》编委会带着同样的战斗精神开始探讨系列丛书，那时的伦敦还遭受着狂轰滥炸。其中一位成员达德利·斯坦普提到当时盛行的社会风气时说道：

> "好的生活不仅仅得满足衣食住行等基本的物质需求，还需要满足不那么明显的精神需求。用老生常谈的话来讲就是：文化需求。饿的时候我们可以用食物来充饥，但人们对满足精神层面的需求，即对娱乐的需求关注却一直不够。"
>
> "对未来的规划悬而未决，在我们的城市一个接一个地被炸的时候，它们的重建计划也迫在眉睫。城市的周边应当由绿色的农田环绕，农田得到高效利用，又没有城市化的危险。应当有大片土地留给人们可以悠闲享受。但享受什么呢？显然是自然或者半自然的山地植被、荒地和海岸以及其中的野生生物——动物。"
>
> 《英国的自然保护》作者前言

自然保护的先驱者和先知将这场民众运动变得有利于他们。特别是阿瑟·坦斯利和朱利安·赫胥黎，非常令人信服地争辩说战后计划里面必须要涵盖所有公园中的野生生物保护和专门满足人类需求的绿化带、风景区的保护。巧合的是，通过 1942—1945 年间自然保护区调查委员会的努力，英国博物学家已经做了大量必要的基础工作。鸟类学家 A. W. 博伊德以及邱园（伦敦市郊著名植物园）的主管 E. J. 索尔兹伯里都是自然保护区调查委员会的成员。这是记录业余爱好者与专业人员相互合作最富有成效的例子了。英国博物学家在 20 世纪二三十年代的大量鸟类调查中展现出非常好的组织才能，这使得自然保护区调查委员会能够应对不列颠浩瀚的地域知识，编写了最早的最佳野生生物及地质区域的名录，并提出了保护它们的详细建议。许多《新博物学家》的作者们负责他们自己的小块土地。诺曼·穆尔记得他编写了东萨克西斯一些地点的目录，包括在他最新发现翡翠豆娘的沟渠。代表威尔士地区自然保护区调查委员会的地质学家弗雷德里克·诺斯提议在斯洛登尼亚建立一个国家公园，把自然保护作为一个重要目标。在布鲁斯·坎贝尔、罗纳德·洛克利等其他博物学家、科学家的帮助下,他列出了一份斯洛登尼亚地区自然保护区的候选地目录。在自然保护区委员会对其1945年所做的调查做出总结时,该份目录经受住了时间的考验,为委员会在英国和威尔士建立自然保护区奠定了坚实的基础。

马克斯·尼科尔森,大自然保护协会主管,摄于1965年(图:布鲁斯·福尔曼/大自然保护协会)

自然保护区调查委员是非正式的,但它的发现最终为英国的自然保护指引了方向。但在1945年,吸引大家注意力的是未来的国家公园。该公园的案例被临终的约翰·道尔写进了他著名的报告之中,并为政府所接受。但通常而言,政府会成立另外的委员会对此进行调查,而不是立即采取行动。这就是由阿瑟·霍布豪斯爵士担任主席的国家公园委员会。通过巧妙利用白厅体系,朱利安·赫胥黎让主要委员会成立了两个附属委员会,一个为道路修建委员会,达德利·斯坦普是它成员之一;另一个是野生生物委员会:赫胥黎既是主持又是唯一的成员。借着国家公园的便车,这种策略让自然保护与保护区成功地成为战后议题之一,也让大家将自然保护与国家公园区分开来,即自然保护是一种科学行为而不只是为了取悦公众。(约翰·道尔不主张这样的发展)赫胥黎及其副手阿瑟·坦斯利保证野生动物委员会将由那些懂行的人管理,这也是野生动物立法历史上的一个创新。在11个人的管理团队中,我们注意到E. B. 福特、约翰·吉尔默、马克斯·尼科尔森、阿尔弗雷德·斯蒂尔斯以及担任秘书的理查德·菲特。不知是不是巧合,就在吉尔默担当资深编辑的时候,赫胥黎正在与福特和菲特处理《新博物学家》的一些事情。这个团队1947年7月发表了著名的《英格兰和威尔士的自然保护》白皮书,其白厅编号"Cmd 7122"。该报告的核心建议是建立生物协会以设立并管理国家级自然保护区,且开展相关的研究。"Cmd 7122"里的东西在很多其他报告中或多或少提到过,但这份报告引起了大家的注意,不仅因为白皮书的地位,还因为其优雅的语言以及强有力的提议。当时政府愿意接受那样的观点,其中有像休·道尔顿、赫伯特·莫里森这样的敏锐的乡村徒步旅行者。

随后,赫胥黎的苏格兰同行发表了相似的(弗雷泽·达林有参与)白皮书。最终生物协会由皇家宪章(英国法律)于1949年成立。其名为自然保护协会。皇家宪章规定自然保护协会要有固定人员,并且要由15名成员组成的委员会进行管理。那些在阿瑟·坦斯利先生的主持下为之服务的有E. B. 福特、W. H. 皮尔索尔、J. A. 斯蒂尔斯,还有随后的达德利·斯坦普。马克斯·尼科尔森也是委员会成员之一,在西里尔·戴弗因健康欠佳而辞职后,他于1952年被任命为总干事。接下来的13年中,他一直都担任着这一职位,直到1966年辞职。在保护协会的称职职员数量较少时,尼科尔森的任务就是将零基础的人员培养成保护协会的合格职员。1952年,与寻找管理自然保护区和野外站台的印第安人相比,寻找自然保护委员会里的印第安人领袖杰罗尼莫似乎要更容易些。尼科尔森渐渐建立起一支紧密的团队,其中的早期成员有:E. B. 沃辛顿(副干事)、诺曼·穆尔(英国西南部区域负责人)、M. V. 布莱恩(弗兹布鲁克研究站负责人)、德里克·弗雷泽(科学顾问),随后作为蒙克斯伍德试验站负责人加入的肯尼斯·梅兰比和作为苏格兰西部区域负责人加入的莫顿·博伊德。

马克斯·尼科尔森作为鸟类学家、机构建立者以及檄文执笔者的记录已经非常详细,所以就不在这儿赘述,只稍微提及一下了。尼科尔森智商高,无比自信,博物学家中领导天赋卓绝;他几乎将大自然保护协会变成了个人秀,让它安全地驶过了不友好的政府委员会以及掠夺成性的国家有关部门的浅滩。植物学家和历史学家D. E. 艾伦常援引两位人物来说明20世纪业余和专业博物学的成功合作,尼科尔森就是其中的一位,另一位是B. W. 塔克。虽然没有人知道,尼科尔森的根扎在业余领域,他并不喜欢牛津动物学课程,而是历史专业的毕业生,但他在20世纪20年代和30年代撰写了一系列的书籍,深刻探讨了鸟类与人类的关系，一举成名。他首次利用媒体组织了对单一物种——苍鹭进行数量统计，参与行动的有来自英国各地的鸟类观察家。1932年，他帮助成立英国鸟类学基金会，在其中担任秘书一职，促进了有组织的业余观鸟活动与牛津大学的有机联合，并在此基础上成功成立了爱德华·格雷野生鸟类学协会。在战争期间，他成为了一名文职人员，而他曾在政府工作的经历使得他在成立一些组织(自然保护委员会的成立)的过程中发挥了关键作用。用D. E. 艾伦的话说，他过去是(现在也是)"百年难得一遇的实干的梦想家"。

作为主管，尼科尔森负责大自然保护协会的委员会，虽然给人的印象往往相反。但委员会的成员都是实实在在的，而且其中一些还是生态学界里的知名人士。W. H. 皮尔索尔是最为活跃的成员之一，负责科学政策部分。尼科尔森记得他认真敬业，在学术界和未来一代的生态学家中有很大的影响力。或许，他所做出的影响最广的贡献是在教育方面。鉴于迫切需要培训合格的人员，尼科尔森和皮尔索尔在伦敦大学学院所在的院校组织了保护方面的研究生课程。自1960年开始，"保护课程"成功运行至今，并且已经发展成了理学硕士学位项目。皮尔萨尔在湖泊、土壤和遗产方面的科研工作或许已经变成为自然保护区管理量身定做的了。但由于缺乏设备资金和专职协管员，这些地方几乎没引起什么注意，虽然它们本应受到人们的关注。但也有例外，如在皮尔索尔的煽动下以每英亩(约0.4公顷)低于1英镑的价格购置的暮尔豪斯保护区，就被明确指定为野外实验室。

J. A. 斯蒂尔斯(1899－1987)，《海岸》作者(图：剑桥圣凯瑟琳学院)

大自然保护协会中另一个有影响力的成员是J. A. 斯蒂尔斯，他是海岸线研究以及随后的海岸线保护的信徒。斯蒂尔斯一心致力于保护英国蛮荒海岸。在

20世纪30年代，为了研究珊瑚礁以及热带海岸，他周游了世界，但他的《地方守护神》所写的是诺福克海岸，尤其是斯科特黑德岛（并不完全是巧合，这座岛屿也被列入到国家级自然保护区中）。他首次对大不列颠岛整个海岸线做出了全面的地理学考察，被赞誉为耐心细致编撰的典范，这也是他对战后规划所做出的贡献。他编写了一本教科书以及《新博物学家》丛书中的《海岸》。他的报告为海岸规划提供了基本信息，并且在1953年特大洪水中证明了其价值。斯蒂尔斯对海岸独到的见解使得他成为赫胥黎委员会中有用的一员，并且他还继续以这种能力为大自然保护协会效力。马克斯·尼科尔森回忆说，国家信托基金的"霸王行动"是在他自己的办公室里构想出来的，并且很大程度上得到斯蒂尔斯强有力的拥护。斯蒂尔斯极大参与到了信托基金、国家公园委员会，还有大自然保护协会之中，就他个人而言，他们的目标是（或者说本应该是）一致的：保护海岸线，不受海边别墅或海边抗议的阻碍。

像斯蒂尔斯这样的地理学家身处这些委员会的生态学家和土地所有者之中，一定会常常感到非常孤独，而且地理学家和地质学家在自然保护中所发挥的作用往往都被低估。他们为规划者、土地使用委员会和数量虽少但结合相对紧密的专业地质学家之间提供了重要的学术链接。其中最活跃的是达德利·斯坦普，他在生命晚期时候回归自然保护之中，在自然保护协会的英国委员会担任主席一职，在公共土地皇家委员会中担任相似的职位。与斯蒂尔斯一样，他是自然汇编者和收集家（很有趣的是，他们都收集邮票），收集内容涉及土地利用、行人道网、英国和威尔士的平民百姓，以及地质上具有特殊科学价值的地点。尼克尔森回忆他为"性格温和的人，虽然有时他也会很犀利"。服兵役是他的第二天性：他既有强烈的责任感，也有同样强烈的价值感。斯坦普工作太过勤奋，他于1966年出席墨西哥城的国际会议之时逝世，可以说是工作到最后一刻。让人惊异的是，正是这样一位地理学的"局外人"，写出了该系列中的《自然保护》，但他自己没能活到亲眼看见它的出版。

1960年，大自然保护协会建立了最有名的实地观察站，周围是蒙克斯伍德国家自然保护区。在肯尼斯·梅兰比的带领下，蒙克斯伍德试验站有两个主要功

1960年4月，大自然保护协会的英国委员会成员在多赛特郡的摩登沼泽享受野餐。达德利·斯坦普最靠近摄像机，德里克·弗雷泽是左手边第二个，诺曼·穆尔在后面(图：马克斯·尼科尔森/《英国自然》)

能：一是在诺曼·摩尔的带领下研究有毒化学品对野生动物的影响；二是要进行一些必要的研究，确保大自然保护协会能恰当地管理自然保护区，同时建议其他土地所有者采取同样的行动。实地观察站第一次被提升到专业科学研究的高度，并有着明确的目标：栖息地管理。与此同时，蒙克斯伍德团队的共同努力为在学术期刊上发表论文提供了大量新的基础生态知识。至少在15年里，蒙克斯伍德是户外生态研究的动力室，并且这样的调查从未被超越。这个机构举办了土地管理、户外娱乐活动的生态影响方面的研讨会，还为学生举办了开放日和讲座课程。如果《新博物学家》系列在25年后即1970年才开始的话，蒙克斯伍德的贡献有可能主导它的内容。在这之后我们可能有了杰米里·托马斯的《蝴蝶》、特里和德里克·威尔斯的《白垩及石灰岩上的野花》、埃里克·达菲的《蜘蛛的世界》、约翰·谢伊尔和德里克·拉特克利夫的《英国的自然保护》。以前从未有过这么多新博物学家在同一屋檐下工作，并且可能以后也不会有。同以往一样，在20世纪60年代和70年代出版的几本书，例如《人、鸟和树篱》，本质上都是"蒙克斯伍德"系列书籍，其他类似之流的是在更近些的时候出来的，尤其是最近退休的蒙克斯伍德的副干事布莱恩·戴维斯的《土壤》一书。如果说大自然保护协会是新博物学的具体化身，梅兰比时代的蒙克斯伍德就代表了其精神。唉，美好的事物似乎注定无法长久。科学站于1973年从大自然保护协会中分离，此次事件中，前者更加注重承包商资助的应用研究，而后者则更注重自然保护的行政管理工作。肯尼斯·梅兰比竭力反对“分离”，但其他法律顾问占了上风。“分离”是新博物学的灾难。根据新的“客户自付”原则，为了其自身利益，没有更多的空间留给知识了。新的自然保护委员会(NCC)确实委托制作了大量来自昔日科学同事的科学项目，但这些大多与基本调查工作相关。以往从新博物学中获益最多的人很少有能力为其买单。那已成为了一段短暂的黄金时代。

1970年的蒙克斯伍德试验站，左边是游客住宿之处(图:彼得·韦克利/《英国自然》)

在《时间之鸟》(1987)一书中，诺曼·穆尔见证了自然保护发展的三个阶段。首先是“先驱阶段——预言的阶段”，这个时候“少数人观察到了世界正发生的事情，并且提倡推进农业、林业和渔业的发展，以及建立国家公园与自然保护区，以遏制为人类工业日益造成的破坏”。人们可以在弗兰克·弗雷泽·达林、约翰·罗素爵士、马克斯·尼科尔森的作品之中去追溯这些问题的不同方面，资源的合理使用至少是许多早期《新博物学家》系列中的次要主题。摩尔的第二阶段，国家公园和国家自然保护区的成立一定程度上实现了战后博物学家的目标，但就像摩尔所指出的那样，在很长一段时间里，保护仍然是“由专家管理的对少数人的服务”。自20世纪60年代后期，环境保护潮流开始以不断增长的速度崛起，虽然方向不明。这些保护人士可能是一个有勇无谋的工业家、土地使用者、公务员或实业家，土地使用者或公务员，并未声称自己是环保人士。事实上，时代的呼声肯定是近来大胆宣称“路域环境有益”的交通部部长。穆尔希望保护协会的政治理念能有效团结全人类。不过，他承认“那个时代还未来临”。

过去的15到20年里，令人非常失望的是，环境问题的根源已经转移到以实地为基地的博物学。虽然有大量年轻人明确反对狩猎狐狸，但他们中又有多少人能了解狐狸或捕食者与猎物之间的关系呢？数百万人在电视上看贝拉米和阿滕伯勒，但他们中又有多少人看得懂地图，或者知道显微镜的使用方法呢？对大多人而言，实地研究似乎面临成为许多人消遣活动的危险。与众不同的鸟类观察正变成“专家”带领参观展示的被动活动。如果有人遇到某人在草秆中挖池塘或是有这样的意图，很有可能他们在进行某种学术项目或是生态评价，而不仅仅是从中寻找乐趣。在我看来，我们已经失去了维多利亚和爱德华时代的博物学家和战后那一代人对自然的好奇感。对很多人而言，保护和环境已成为一场道德运动，但这项运动并没有基于对自然和英国荒蛮之地更好地理解。

我认为当代科学家要为之负些责任。老一辈的《新博物学家》系列作者多为那些有着将其工作传达给广大群众的责任感、并且能以简单明了的语言传达的全职学术学者。其中5位科学的骑士(达林、罗素、索尔兹伯里、哈代和斯坦普)，12名英国皇家学会的研究员以及1名诺贝尔奖得主都在其列。虽然他们很少有人是众所周知的公众人物，但这些人的专长广为人知，并且受到科学界的尊重。他们在拓宽人们的知识视野，塑造他们所在生活的社会方面做出了有益的贡献。在距今更近的作家中，只有尼弗蕾德·彭宁顿(女)和伊恩·牛顿是英国皇家学会的研究员。年轻的一代往往是各机构的专职工作人员，而有天赋的业余博物学家几乎都被排在了名单之外。最近一个秉承传统的人是埃里克·西姆斯，他在录音、广播和写作上事业有成，有着与早期有天赋的鸟类学家，例如詹姆斯·费舍尔和罗纳德·洛克利一样的精神。年轻一代的作家与老一辈的一样很有天赋，但总的来说他们出身背景不同，在开阔自己眼界、留下名声的机会要少一些。近代大科学专家中只有两个人——山姆·贝瑞、伊恩·牛顿为该系列执笔了。其他人都去哪儿了呢？是因为他们感到无法再与民众沟通，或是觉得这并不是他们的社会责任，还是说他们对未受过培训的人能懂的东西没什么好说的？也许，今天实验科学所需的复杂昂贵的机器就意味着从实地研究退避到更理论的概念。生态科学似乎已经"失去社会地位"了。如果是这样的话，指责生态学家似乎也情有可原。

伊丽莎白·弗林克制作的詹姆斯·费舍尔的半身铜像（图：克里蒙西·费希尔）

就实践中的自然保护而言，实地勘测并没有成为中流砥柱以解决上面的问题。对如今的"自然资源保护论者"颇具讽刺意味的是自然保护一方面变成了全职职业而雇佣相对数量较多的人，另一方面却失去了其原本与实地研究之间的联

系，成为了与自然毫无关联的室内形式——财政预算、计算机程序设计、文书工作、议程等。最近空喊口号式的管理方式盛行，实在难以理喻。如果保护像诺曼·穆尔所期望的那样，是将人类团结在一起、将人类与自然联系起来，我们似乎正面临着种种不顺。在某些方面，从某种程度上说，分歧似乎比以往任何时候都更像鸿沟。科学家只沉溺于数据之中，自然保护主义者则热衷于跨大西洋的冗长管理天书，而某个英国的普通家庭则可能驱车去参观一个设施完备的乡村之地，但这个地方不过如同一个破落的市镇公园一样。

如果人类的愚蠢此时战胜了前一代的目标，那么至少参与有益的实地勘测的机会从未像现在这么多过。《新博物学家》丛书展示了一双明亮的眼睛能做的事情有多少。当 E. B. 福特在明白进化论(或者你喜欢的话可以称为上帝)是如何将基因从上一代传到下一代时，其基本设备是一个捕捉蝴蝶的网和一个笔记本。大多数英国无脊椎动物的生活仍鲜为人知，在其最近的《瓢虫》一书中，迈克尔·马杰鲁斯为我们展示了业余爱好者如何为揭开其奥秘做出的贡献。早期的书中仍然有些信息和如今息息相关。现代对保护方法和手段的强调常常忽略了我们自然保护的对象的问题。战后的开拓者们将国家规划和自然保护区视为达到目的的手段，而不是目的本身。他们期待着英国传统博物学因为有了更加图文并茂的书籍，更好地漫游乡间的机会，以及在新形式的博物学的鼓舞和激励下所出现的实地勘测的黄金时期而繁荣昌盛。总体而言，他们会为在 20 世纪 40 年所奠定的基础之上成功制定的法律与制度而欢呼。我觉得他们会对业余的实地博物学家的减少感到非常困惑(虽然詹姆斯·费舍尔可能会对现今英国皇家鸟类保护协会的规模感到非常满意)。他们可能希望看到更多论文都出自业余爱好者的博物学学术期刊。他们可能已经对在普通高街书店找到的东西感到失望了。但我敢肯定他们会很惊讶地获悉，在不久前通过了近百本书的标识之后，柯林斯出版的某一博物学系列仍然受到追捧。因此，让我们将镜头对准《新博物学家》系列的作者和编辑以及该系列本身。从《蝴蝶》到《瓢虫》，50 年来，该丛书一直点燃着英国博物学之火，希望那束火焰能够长久燃烧。

12　十年以来

《新博物学家》丛书出版已经有60年的历史了,很接近100个主题的“金色目标”——是这个著名系列的创始人曾设想的两倍之多。为了庆祝60岁生日,出版商将重印《新博物学家》丛书,并且已经委托人撰写新的章节,以使丛书保持最新状态。这一切大多都发生自1995年以后,最重要的是,已经出版的书籍至少有14本,还有更多在准备中。从不同的意义上说,一切都没有改变。虽然该系列的创始人已经不在,他们在1945年春天推出该系列的精神依然非常活跃,即以“老一辈博物学家探索的精神”向读者传达“现代科学研究的成果”。新的科学知识和人们素有的好奇心对1945的读者来说是不可抗拒的诱惑。现在这仍然是个好主意,因为有些好的想法是永恒的。书籍本身显然不再处于现代设计技术的最前沿。事实上,我怀疑过时的外观是经过深思熟虑的。《新博物学家》或许很快就会改头换面,实行全彩色印刷。但是我们已经逐渐爱上的老面孔仍能辨识出来。

我也借此机会在这里回顾所有新的主题,并且将其受人尊敬的作者收录到附录Ⅰ中。对于书籍是如何委派给他人,如何编写、出版(我对主题比1995年时要更加有经验),我有更多的话要说。在那种情形下,我也为莱斯利·布朗所写的《英国猛禽》这本书写过一个简短的评论,虽然这个主题并不是近期的,或许是该系列“文献记录”最好的证明。60周年纪念日也是评价罗伯特·吉尔摩关键贡献的好机会。

在自1989年以来一直担任该系列编辑的迈尔斯·阿奇博尔德的帮助下,我以当前场景的简介开始。

2005年的《新博物学家》

也许这里要提到的第一件事就是"柯林斯"回归啦！原名首次出现在《海滨》的扉页之上，并自1990年以来首次出现在《诺森伯兰》封面以及随后的书籍上。我们知道柯林斯现在是出版巨头的"注册商标"，我觉得其名字我们没必要再重复，也没必要再提及。

《威瓦·柯林希尔那》自出第一版后，已经有14本新书面世。它们是关于什么的，这个系列中它们将我们带向何方？与以往一样，这些主题中唯一的顺序就是它们被写成的顺序。研究对象是很有趣的组合。14本新书里有8个都是老主题，某些情况下甚至连名字都相同：《授粉博物志》《两栖动物和爬行动物》《布罗兹湿地国家公园》《飞蛾》《自然保护》《多湖泊地区》《真菌与海滨》。剩下的有3本与特定地区或者乡村（爱尔兰、罗蒙赛德、诺森伯兰郡）有关：2本关于"植物"（《植物病害》《地衣》）的，只有1个（《英国的蝙蝠》）是关于动物的。如果自然保护可以这样划分的话，总的有5本与地点有关，4本与植物有关，3本与动物有关，一本与栖息地有关，一本与人类主体有关。一次出现3本与真菌（真菌和地衣的研究）相关的书籍是意外之喜。同样也有两本都是关于"湖区"的巧合——《多湖泊地区》和《布罗兹湖区》（爱尔兰也是一个湖泊遍布的国家）。这是否相当于一个改变——或许是一个不同的重点，或者一个已经改变了的课题。在《新博物学家》（1995）之前能与之相较的14个主题有2个是关于植物，6个关于动物，3个关于地点，3个关于栖息地的。当时动物学的地位下降了一些或许最近没有明确关于鸟类的主题很明显（虽然有越来越多的"有关地方的书"被我们志同道合的朋友收藏着）。现在要平衡多了，尽管有3本都是关于真菌的。重心的明显变化背后其实并没有太多考虑。一个主题得以入选《新博物学家》并不在于这个主题是否是人们所渴望的，而更多地在于是否有作者愿意写或者是否有能力写。

出版的步伐也有所加快。"第一批14本"，从哺乳动物到瓢虫，跨越了14年。

第二批14本从授粉到真菌只花了9年，其中有3年什么书都没有出版。因此，在过去6年里平均每年出版两本书是最鼓舞人心的。自20世纪70年代开始，这个系列就没有像这样持续地增长了。

该系列早期和现在的显著差异是几乎所有近期作者都有科学或自然保护的专业背景(埃里克·西姆斯和菲利普·查普曼是例外，他们来自博物学传媒)。已经没有由教区牧师(阿姆斯特朗)、银行家(罗斯里)、校长(布伦特、赫伯恩)、古典大学教师(雷文)、退休医师(史密斯)，甚至博物馆的人(拉姆斯博顿、萨默海斯)写的书。业余博物学家似乎已经退出。新一代博物学家主要来自大学、国家公园或者自然保护机构(米切尔、拉特克利夫、伦恩)或是植物园(斯普纳、罗伯茨)。不可否认的是，博物学爱好者和科学专业人员之间的界限一直都不是很清晰。如果说有什么能将该系列的作者联系在一起的话，那就是“业余爱好者精神中的职业精神”。但我猜大多数人都会同意它的严谨性，大多新书并不易懂。它们的深入探究是令人钦佩的，而且十分便于小量管理，但它们之中有多少人是为了消遣而通读的呢？作为文学，相对于技术熟练程度，它们仍然重要么？可怜的读者几乎没能从印刷物中得到喘息的时间，这些印刷中最近的主题每页有52行，过去是39行，而且是印刷在黑色凸版，而不是灰色排版上。当然字体更小的重要原因在于作者写的书更长了。

尽管如此，这个系列如今塑造得比以前更成功了。35年前，它似乎已经停摆。25年前，它差点就被清盘。15年前，许多人认为它已经失去势头了。然而它幸存下来了，甚至还收复了失地。不仅出版加快了，而且精装版的印刷量已经从1995年的1500册上升到了今天的3000册，这些在几年内仍销售一空。如果说这种适度的增长是某个人的功劳的话，那这个人是自1989年起一直担任该系列编辑的迈尔斯·阿奇博尔德。他在1992年开设在富勒姆宫路的柯林斯办公室的一楼工作。他的办公室内摆满了该公司出版的博物学和参考书籍，著名的野外考察指南和袖珍“珍宝”指南也在其列。其中最突出的是一长列有着闪闪发光的吉尔默封面的《新博物学家》丛书。它们正对着其办公桌，而他显然为之骄傲。迈尔斯认为未来相当光明。在过去14年里，他的目标一直是“重建该系列的声誉”。

“我觉得我们现在正在恰当的主题上创作恰当的书籍。我们和编委会之间能更好地相互理解，该系列的管理才更加得当。我们已经有了非常广泛的接触，这有助于我们找到合适的作者。”不过寻找知识渊博，而且文笔也好的人似乎比以往任何时候都要难。随着科学在技术和智力上的要求变得前所未有的高，一流的传播者和宣传者的需求量也变得前所未有的大。当然，这样的人是存在的，但是他们并不一定为《新博物学家》微观发展的前景感到兴奋。如今要为该系列执笔，你必须是真的想写。

尽管书籍销售的方式日新月异，但不幸的是除了实地考察指南和电视续集，现实让收藏深奥的博物学书籍变得不切实际。高街产业链的利润空间太大了，因而不能去除库存那些销量低的书籍；下单时往往要关注的是书籍能否快速销售。我们的传统选择——独立书店，往往受到空间的限制，并且在那里书商同样不得不谨慎挑选。你在二手书店找到《新博物学家》丛书的可能性更大，或者在二等商店找那些不幸剩下的平装本。只有在大学和专业书店，它们才仍被摆放在显眼的位置上。幸运的是“《新博物学家》的目标客户非常善于发现他们是外部零售商”，迈尔斯如此说道。很多书，尤其是精装书，是利用出版物要得很急时会有的小传单上的订货单，通过直邮进行销售。柯林斯《新博物学家》收到超过 2 000 个客户的邮寄订单。像《英国广播公司野生动物》这样的杂志上登载的广告吸引了更多消费者。遗憾的是，公司有时会忘记发传单。而包装，根据我的经验来看，绝不是防撞击的，而且读者必须全额支付。越来越多的收藏家开始转向像亚马逊这样的在线服务，例如设法降低了高达建议零售价的三分之一的价格。其实，向《新博物学家》丛书的核心读者销售其精装本相对而言比较容易，较难的是如何吸引更多的读者，这一点已经由平装本一贯令人失望的销量所证实。人们希望能在大学方面的课程上找到活跃的市场，就像丰塔纳平装本在 20 世纪 60 年代和 20 世纪 70 年代初成功做到的那样。也许它们太过昂贵，或许它们的失败是因为野外学习自然科学的热潮的衰退以及分子生物学、应用科学的兴盛。也许这样的书在如今的市场上需要大力推动。正因为如此，太多《新博物学家》平装本在两年多之后还没有售出。

价格上涨到 40 英镑怎么样呢？迈尔斯否认价格上涨是为了补贴平装本的价格。为了负担生产成本，布面装订的质量、大量的插图、漂亮的封面，涨价势在必行。他认为这物有所值。他指出，价格的上涨大致与通货膨胀相符：20 年前，邮票的价格约为 12 便士，一品脱啤酒刚好价格在 1 英镑以上，这时丛书的价格为 20 英镑不到。1988 年，书的价格涨到了 30 英镑，而 1996 年则是 35 英镑。1945 年，书的价格是 16 先令（这被认为很昂贵），当时邮票的价格是 1 便士或者半便士，1 罐啤酒是 1 先令。他有一个观点，我不清楚他关于读者会完全乐意花 40 英镑来买书的假设是否正确。但令人欣慰的是不久人们就会认识到无论书的价格是多少，都值得你为它付出两倍之多的价钱。

就像他们说的那样，好消息是该系列迎来了自 1945 年以来最大的进步。《新博物学家》将会推出彩色版！这一直是我们许多人长久以来的梦想。最近的一些主题，例如"授粉""地衣"在色彩鲜明又不失真之下看着会很可爱。一些主要插图越来越过时的颜色分离长久以来一直是弱点，尤其是在设计师坚持在大片的白色地方安排图片时，就像集邮簿一样（集邮簿上的图片安排，作者很少或者根本就没有发言权，只能暗暗咬牙）。此外，如今大多数的半色调是由彩色透明片制成的，其结果往往非常令人失望（《自然保护》的糟糕印刷时，我是否有想撕裂衣服的无助感？我是否有把我的斗篷盖在脸上？我记不得了，但我敢肯定非此即彼）。全彩色印刷可能要求在海外印刷书籍。在 2003 年 4 月举办的编委会会议上，迈尔斯提出"决定第 100 本书籍用彩印，以此为将来的风格定下基调。"不过事实上，彩色印刷的使用可能更早一些，早在 2004 年出版的《诺森伯兰》时就考虑用彩色印刷了。

这阵子支持该系列的是什么？我一直认为它给柯林斯出版社带来的声望、荣耀是推动其前进的动力。因此我对迈尔斯的答复有点吃惊。当然，在比利·柯林斯还活着的时候，可能是那样的。这个公司是家族企业，他能够想怎么做就怎么做。1977 年，他去世后，柯林斯公司陷入了金融危机。迈尔斯说"我们不得不做出'经济决策'"。《新博物学家》不再热销。克里斯平·费舍尔满怀对其父亲遗愿的忠诚，被任命为博物学编辑，竭尽所能地去挽救这一系列。虽然他大部分促销

威廉·斯特恩(1911—2001),植物学家、藏书家和历史学家,新版《植物插图的艺术》合著者(1994年于古董收藏俱乐部)

的想法都不怎么成功,但他帮忙将公司拉离了尴尬之境。得益于廉价的印刷成本以及柯林斯被吞并到庞大的默多克出版帝国之中,使得该系列以非常缓慢的速度再度回升。在那个帝国之内,《新博物学家》系列很有价值,但实体小。它之所以维持了下去,因为作为合作出版人的迈尔斯希望将它保持下去,就是这么简单。只要该系列不让公司亏损,那么便没有停版的压力。他甚至能阻止该系列为了追求对外销售而'国际化'(老生常谈):"就我个人而言,这是关于英国博物学的,并且将始终如此"(博物学背景下的英国,指的是大不列颠群岛,包括爱尔兰)。

即使在60年之后,近100本书(外加22部专著)之中,《新博物学家》关于英国博物学的调查仍未真正齐全。有些主题,如苔藓和苔类植物、沼泽、蛞蝓和蜗牛、河流和天然林地,似乎永远诱人,遥不可及(虽然现在《苔藓》已经写过了,而且看起来很有前途)。迈尔斯模糊地谈论了关于英国乌鸦的博物学:我自己的梦想是池塘、水坑和小水洼里的小生命。即将面世的著作主题有"园林博物学""英国猎鸟""英国野禽""植物瘿""锡利群岛""海藻"以及一本囊括气候变化影响的新书。换了新名字的书包括《真菌》《蜻蜓》《达特姆尔高原》。很难预测他们之中谁最终会完成漫长而缓慢的比赛。但现在完成程度不同的书籍队列使得出版商似乎完全能够实现其每年两本新书的目标。就像他们说的一样,那很不错。

至于在我们达到第100本时就停止的谣言,迈尔斯告诉我说,他们在考虑达到1000本时才会停止。

著述《新博物学家》

1995年4月24日，为了庆祝《新博物学家》系列出版长达半个世纪，柯林斯家族在其庞大的写字楼大堂举办了一个派对。有演讲、有鲜花，还有印刷和艺术品展览，其中有一些原版书籍的封面是由克利福德和罗斯玛丽·埃利斯所设计。香槟横流，交谈不断。当你发现几乎所有的人都相互认识的时候，你认识到博物学的世界仍是那么的小。我数了一下聚在一起的学者之中至少有十几位都是《新博物学家》的作者：威利·斯汀，他虽然一头蓬松白发，但喜气洋洋，容光焕发；理查德·菲特，其著作《伦敦博物学》在第14军团进入曼德勒那一天出版；还有比尔·康德利，他在我紧张地告诉他我正期待他的下一部作品之时哈哈大笑。戴维·阿滕伯勒做了精彩的演讲，他甚至让我给他签名，虽然我希望让他帮忙拍摄我的生活，可他被某个保镖引走了，时间也过去了。成为大家关注的中心是非常愉快的，这一晚过去得太快了。

大多数出现在聚会上的人要么著过书，要么出版过书。他们看着都非常开心，但在某些方面，博物学作家（以及出版商）日子过得艰难。因为认真的博物学读者并不多，所以博物学作者赚不到多少钱，除非你碰巧已经是电视明星（在这种情况下，你写什么，写得怎么样都无关紧要），或者你写的是拥有潜在的国际销售价值的实地考察指南，或是迎合大众市场的关于鸟类的书籍。那些创作《新博物学家》系列书籍的人当然不是为了钱而写书的。但写书需要花费很长的时间，并且需要大量的思考与准备。那么这是怎么回事，60年里几乎总有非常多的作者来维持该系列？

该系列最近的笔者年纪比前代要大。据我计算，与该系列整体作者平均在45岁发表其著作相比，1993年之后的作者平均是在55岁时出版其著作。近期最年轻的作家是迈克尔·马杰鲁斯（当时40岁），随后是戴维·赖克（当时43岁）和我（当时44岁）。年龄最大的是诺埃尔·罗伯逊，在收到他的书的版面校样几天之后,就辞世了,享年 76 岁。自 1973 年起,所有的作者都是男性。该系列中的女性作家很少(准确地说,主流系列和所有合著者只有四位,创作或是合作创作专著只有五位)。因此,这些书是从其事业中期到后期,甚至是退休时期的视角撰写的。他们不仅在作品中展现了大量的个人经历,还有对某一主题的文献回顾。他们似乎都喜欢教学,无论是哪种方式的教学,并且渴望推广对他们而言意义颇深的主题。我或多或少地怀疑,有些主题在写的时候自觉或不自觉地考虑到了它的直接读者,如他的学生,进行实地考察或野生动物活动的人以及动物保护志愿者。他们在写自己学生时代时想写的那种书。热情几乎是所有书籍的共同特征,就如背后人们的联络一样。另一个必不可少的特征就是奉献,因为只有真正乐于奉献的人,才会在今天的市场情形下撰写一部《新博物学家》(50 年前的动机可能更高一些)。对雄心是否在其中扮演着重要作用,我持怀疑态度,文学抱负除外。就职业发展而言,花费在创作一本《新博物学家》书籍上的时间无疑可以有更好的用途。此外,大多数作者已经经历了困难之时,但骄傲必定是很重要的一个动因。大多数人仍将应邀为历史那么悠久,声名远播的系列写书视作一种荣誉。表达敬意可能也是原因之一,我知道奥利弗・吉尔伯特和德里克・拉特克利夫,他们很高兴能够公开地向其博物学导师表达敬意。我想你们正在阅读的这本书可以被视为对活着的以及已经逝世的伟人的崇拜。整体而言,或许正是热情、责任和荣誉这几者的结合推动着该系列的向前发展。它如今运作得与 1945 年时一样好。

编委会在寻找作者,特别是合适的作者,并说服他们写书时发挥着关键作用。他们中的五个人,连同发行人迈尔斯・阿奇博尔德以及总编辑大约每年会见两次,面见地点通常是在剑桥,有三个人碰巧居住于此(并非巧合)。为了回报小版税,传统意义上编辑对丛书而言扮演着教母的角色,他们鼓励作家,温和积极(但必要之时要坚定)地评论作者的手稿,并且尽可能地提供帮助。莎拉・科贝特通常监督的是昆虫学的主题,德里克・拉特克利夫的是高地或者自然保护,马克斯・沃尔特斯负责的部分与植物学相关,而理查德・韦斯特和戴维・斯特里特分担的则是与动物相关的书籍以及与生态学相关的范围。但这是可以变化的。例如,作为苔藓学家，德里克·拉特克利夫负责即将出版的苔藓和苔类。

每次会议时间大多花在回顾每个即将出版的主题的进度上，这样会有很多主题：最近的一场编委会上回顾了34本书，每一本准备出版的书通常都会有一系列各个准备状态的主题，从简单的大纲到几近完成的手稿。编辑们也会借此机会提出新的主题，并围着桌子对其进行讨论。会议记录要对做出的决定进行记录："追寻"新的主题，接近首选作者，"提醒"其他过期的稿件。为了避免主题之间有太多重叠，必须指明方向，例如，彼得·海沃德的书《海滨》就很谨慎地着墨于海藻之上，因为已经有一本关于海藻的书在筹备之中了。同样，《真菌》也必须绕过植物病害和地衣。编委会没能做好的是出书速度。该系列应该是每年出版两个新主题，这反过来取决于作者是否会如期完成书稿(这是未知数)。虽然有些主题会跌出榜单，但大部分被委托创作的主题最终都会顺利完成。这是场漫长而缓慢的比赛，途中有着各种各样的障碍，但主要的竞争者最终会取得胜利。21世纪的作家往往最终都能完成其作品。

最近三册与植物有关的书籍——《授粉博物志》《植物病害》和《地衣》，为该系列创作提供了这类书籍的写作方法。所有这些书都是半专业性的，而且倾向于大学或者实地研究课程的定位。我觉得这三部书都需要好的插图，也收到了好的插图，使之更加符合博物学主流读者的口味。但每本书又都有其各自的特征。《授粉博物志》原本是打算做成古典学者普罗克特和彼得·约所著的《花的授粉》的修订版，该书于1973年出版，在该系列位居第54位。但是，正如笔者很快就意识到的那样，在那之后该主题的增长真的需要一本新书，或者至少是嫁接到精心处理的枝干上的新文章。英国博物学的一个潜

《授粉博物志》的封面

在的问题是有关授粉的科学文献世界各地都有，而其更多的是在美国或澳大利亚完成，而不是在英国完成的。但其大部分工作为英国的花与昆虫之间如何相互利用提供了新的见解。授粉往往决定了花的形状、颜色和气味，也是一些昆虫决定群居在一起的原因所在。因此，只要它们能够阐明普遍原理，这些实例并不一定都必须来自英国。为了让书跟得上发展并且提供更宽广的视角，原始的合著者迈克尔·普罗克特和彼得·约与第三位成员安德鲁·拉克一起起草这本书。安德鲁·拉克为了他在约名下的博士论文学习过矢车菊的授粉。

鉴于这个主题的性质，这本书微型印刷的参考文献长达36页以及合著作者的性质，这本书并不在那些在异常潮湿的夏季匆忙完成的书之列。在给我的信里面，安德鲁·拉克回忆了"彼得和迈克尔开始是如何让我就要修改、删减的地方提出建议，我确实也这样做了，怎么让我四处移动事物"。然后，他接着说道："我必须得添加我的章节，而他们就改写他们的章节，虽然那时我们在任何事情上有过相互商议。这花了很长的时间，但到即将结束之时，特别是迈克尔正在兴头上的时候，他曾在10月30号晚上打电话给我，跟我就几个晦涩之处讨论了1个小时……我觉得至少有一回是我拿起电话，在他什么话都没说的时候，就直接说'你好，迈克尔'的！这本书似乎非常成功，这大部分要归功于迈克尔的图片，大家都觉得这本书非常不错——并非自夸，我听到有人称它为'授粉圣经'。"

唉，还有就是没有三个"授粉者"在一起的照片。"我们聚在一起只是为了讨论与书籍相关的事情，往往只有我们两个人。"

作为回顾，《授粉博物志》是以科学的语言来写的，即使条理清晰，阐述详尽，这本书也不容易读懂，再加上柯林斯出版社的印刷十分密集，看起来更加费力。它主要是为优等生、大学生以及爱好科学的博物学家们准备的。然而，我可以证明，它是一本可以查找东西的好书。在我为一档电视节目(我在里面是所谓的"专家")揭秘花的香味时，我并不需要深究。它是那些会让人在乡村甚至公园里漫步的时候体会到新的乐趣的书籍之一。

《植物病害》是他们合著的另一部作品，它能让你比以前更加仔细地观察植物。它诞生于马克斯·沃尔特斯的理念。该系列中，这位"伟大的老人"写过《野生植物与园林植物》,尝试消除“人为隔离”,即把野生植物和所有生长于园林之中的植物分成两类。野生植物和园林植物共有的一点是,它们会得一样的病。大卫·英格拉姆是位杰出的剑桥大学植物病理学家,马克斯劝说他出一本关于绿色植物和奸诈而多变的溃疡、天灾、枯萎和腐烂之间永久的战争的书。英格拉姆找来了他的老朋友和导师诺埃尔·罗伯逊作为合著者。与普罗克特、彼得·约和拉克合著《授粉博物志》一样,他们各自写自己的章节,“因为我们都想向另外一个人展示自己的能力,然后互相交换,统一风格。”衔接似乎并没有很突兀,甚至也不是很明显。植物病理学的问题在于,它在结构上和过程中使用的术语很容易被外行忽视,这甚至比授粉生物学更加严重。但是,这本书的章节标题十分有吸引力:“叶苗蜷缩病、疮斑病、叶斑和锈病”“黑暗与神秘的黑穗病和腥黑穗病”“推倒大树”。该系列需要这样的书,如果标题不可避免地更具挑战性的话,它往往也是既具可读性,也不会过于简化。过去,业余博物学家研究过植物上的微真菌,也确实发现了它们大多都生存于野花上。《布罗兹湖区》的作者特德·埃利斯是一位杰出的野外微真菌学家。他已故的儿子马丁和他的妻子帕梅拉一起创作了《陆生植

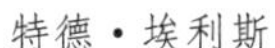

特德·埃利斯　　马丁

物上的微真菌》，内容是关于鉴定的标准工作。

相比之下，《地衣》读起来比较有趣，即使我们大多数人都不熟悉书中那些只有拉丁名字的种类。其中一个原因可能是这本书只有一位作者，但最主要的原因是这位作者是奥利弗·吉尔伯特。奥利弗是一位天才的作家，一个神秘主题的卓越普及者，他发明了“冒险地衣学”的新科学，或者可以称之为一个运动？他和一些充满热情的朋友喜欢去英国的偏远地区探索，如山顶、小岛、悬崖边上的树林等等；也喜欢去一些不那么传统的栖息地，如高速公路车祸现场下面的滴灌带，圣基尔达岛上飞机坠落的残骸，甚至是一些树下的宠物狗区！奥利弗·吉尔伯特的这本书采用了基于栖息地和风景，而非生物分类学的新方法。他甚至成功地进行了一次被一位评论家形容为“令人神经紧张的出行”探索。这些充满热情的地衣学家在寻找、记录和发现新物种方面的成就是当代博物学的亮点之一。《地衣》的布局也令人印象深刻：奥利弗告诉我，他刻意插入了图片，让你避免连续几页都是密密麻麻的文字(如果是全彩的，那该有多好！)。如果编辑和出版商把他在每一章后面写的插曲也加上去的话，这本书可能会更好。寻找地衣的过程代表着：在偏远地区一起工作的友谊和乐趣；用冻僵的手指头奋力记笔记；不小心让最好的标本掉进了早餐盘；被直升机丢在本尼维斯山之巅，像云海之上太阳照射的岩石一样。我很乐意把奥利弗的其中一段“插曲”录入本书，然后你们会知道自己错过了什么。

奥利弗·吉尔伯特，“冒险地衣学”的开拓者，《地衣》(2000)作者

如果有过面对面的讨论，或许“插曲”就被保留下来了。在写《新博物学家》的时候，出于需要，我或多或少地要与伦敦的柯林斯办公室人员沟通，尤其是我的编辑伊莎贝尔·斯梅尔斯，而这种接触不仅有助于确保这本书正确的

方向，还能保证编辑和我一样参与到这本书之中。这是种奇怪的安慰感。在写《自然保护》的时候，我没有了这种安慰：我们没有在富勒姆的小酒馆一起吃午餐，我偶尔提出问题，回答却是犹豫而拖拉的。当然，真正的纽带在于作者和科技编辑之间，但真正具有价值和积极意义的却是，出版商参与了这个项目，这让这个过程更加精彩：像婴儿的成长，而不像一些书籍如油漆罐一般滚动在流水线上的生产过程。

我想奥利弗·吉尔伯特也有这样的感觉。他告诉我，他对没有和出版商或编委会直接联系很失望："一切都是通过邮件或者电话完成的。他们甚至让我把完成的手稿邮寄过去。"然而，这次奥利弗坚持了自己的立场。"我的编辑在两年内换了两次，我下定决心要见他一面。我说我会亲自带着手写稿过去，想着我们或许能愉快地共进午餐……事实上，我们两个人吃了三明治和瓶装水的工作午餐。"

唉，我们已经很久没有像以前那样见面了，那时候朱利安·赫胥黎或者詹姆士·费舍尔在旅行者俱乐部和作者一起吃吃喝喝，或者当弗雷泽·达林听到他远在斯特朗廷的农场小屋传来敲门声的时候，为威廉·柯林斯本人打开门。

"地方著作"(外加一些动物)

最新的《新博物学家》系列包括了不下 5 本有关地方的图书，无论是整个国家(爱尔兰)，县(莱克兰，即现代的坎布里亚郡和诺森伯兰郡)，还是国家公园(布罗兹湿地国家公园、罗蒙塞德湖)。覆盖坎布里亚郡和诺森伯兰郡大部分地区的四个国家公园被加入这一系列，表明该系列坚持了早期的政策，将他们每一个都录入特别的图书。实际上，这似乎是个巧合：系列中的这些图书正好是关于那些对广泛读者具有吸引力的地方。毫无疑问，近期罗蒙湖和特罗萨克斯成为苏格兰的第一个国家公园，又为该系列增加了一册关于罗蒙塞德湖的图书。但该系列紧接着又加入了加洛韦和苏格兰边境、锡利群岛，以及更遥远的布列克兰、怀谷和高尔，这里面没有一个是国家公园。"地方图书"在该系列中的比例已略有增加，从1985—1995 年的四分之一(12 本中有 3 本)，上升到 1995—2005 年的三分之一

(15本中有5本)。但是总体来说,地方图书明显增加,从大约五分之一上升到三分之一,尽管在第14册到第25册,第28册到第43册以及第54册到第63册之间根本没有地方图书出版。

大卫·卡伯特的代表作《爱尔兰》(1999)是近年来最显著也最长的作品之一。这是第一本全面记录爱尔兰50多年博物史的图书,或许只有大卫·卡伯特才能写得出来。他把这么大的地方浓缩在一本书里,强调爱尔兰的水域、石灰岩路面、幼虫、烂泥、湖泊的独特与不同,也记录了各种特殊的植物和动物,如圣·大波尔克的石南和基拉尼的蛞蝓。本着19世纪伟大的调查精神,他开始去爱尔兰的山区边缘探索,并通过湖区、沼泽、河谷和农场向大海慢慢移动。尽管这本书用事实说话,科学严谨,但其可读性始终很强。大卫·卡伯特是位鸟类学家,他在爱尔兰国家企划局作为保护科学的负责人已有20多年的经验,他对户外生活充满热爱,偏爱古典自然历史的书籍和手稿,对这一系列图书来说是合适人选。这本书的起源可以追溯到40年前,卡伯特从罗斯莱尔渡口进入爱尔兰,看到一只灰鸦"找垃圾",他开始想为什么英国的乌鸦大多是黑色,而爱尔兰的乌鸦是灰色;罗伯特·吉尔默将灰鸦作为封面是正确的。《爱尔兰》是其中一本需要长期缓慢创作的图书。早在19世纪60年代,都柏林三一学院的大卫·韦伯教授推荐卡伯特的时候,他就已经被列入为可能成为作者的人选了。但他忙于事业,直到90年代中期才开始动笔。卡伯特写这本书必定进行了大量的阅读,除了他广泛的第一手经验,这本书还包括了近30页的参考书目和28页的索引。这一系列迎来了关键时刻,它摆脱了销售不佳的情况,很快就再版了。大卫·卡伯特现在正在写《英国野禽》,这又是一本因为作者太忙而迟迟没有开始动笔的图书。

《爱尔兰》的封面

《布罗兹湿地》(2001)是另一本有趣而创新的书。对于作者来说,其中的一个问题是关于这个主题的图书已经有两大本,其中一本就在该系列之中。特德·埃利斯那本出版于 1965 年的书十分出名,书里描述了布罗兹湿地国家公园的景观历史和野生动物,但并没有提到水质的下降以及娱乐和保护之间的紧张关系。马丁·乔治接着更加详细地描述了这种冲突以及布罗德兰更广泛的社会历史。但成品对《新博物学家》系列来说太长,它在 1992 年于其他地方出版。因此,新书的作者布莱恩·莫斯需要选取其他人没有涉及的方面。正如他所说的那样,早期的地方图书系列“可以把人写成好奇的农村居民。”我一定要写人类,他们是生存环境中强大而有竞争力的种类,他们既是富有创造力,也是极具破坏力的改造者……我试过向读者描述他们真正看到的东西”。换句话说,博物学绝不是脱离现实生活的,它不像以前的图书那样描述另一世界的鸟类、植物和昆虫的生活。这本《布罗兹湿地》如实公正地呈现了人类的生活以及野生动物如何适应,或者被迫淘汰。由此,一本全新的而忠于事实的书诞生了,它记录了布罗兹湿地的社会和生态历史进程,虽然也出现错误和莫斯称之为鸵鸟式的因商业造成的目光短浅情形。而在诺维奇的东安格利亚大学,莫斯提出了“生物控制”或者说“生态管理”的理念,也就是除掉那些大量繁殖的浮游生物,以免它们破坏布罗兹湿地的环境。藻类被食的情况可以通过疏散鱼类这一顶级掠食者,或者让水蚤等浮游动物留在没有鱼的河岸以及支流形成的防护区内来减少。这些措施,加上疏浚富含磷酸盐的淤泥,在小规模内取得了很好的效果,尤其是这里的水可以被分离出来,但 1989 年莫斯离开东安格利亚时,大多数湖泊仍阴暗无草。布罗兹湿地现在被奉为“拯救灵魂的地方”,而莫斯只是淡淡地评论说:“也许吧。”

令人好奇的是,《布罗兹湿地》并没有成为一本“不受欢迎”的书。根据莫斯的解释,该区域现在的负责人,也就是第四部分写的“官员、游客、牧师和智者”,延续了前人对千年以来人类生命之水的探索,从第一部分的“猎人、海盗、沼泽地居民、僧人”到第三部分为了娱乐的“枪手、帆船运动员、小船桨手、博物学家(言外之意是“博物学家”并没有失去“官员”这一读者)。未来不一定会那么糟糕,由最新的两版惊人的,几乎是超现实的彩印可以看出,它们显示了布罗德兰的未来,那就是

布赖恩·莫斯,淡水生态学家,《布罗兹湿地》(2001)作者

信仰的时代和“希望的春天”,有着木驳船、水牛和宽阔开放的空间。他们提到这本书充满创造性的后记,莫斯只好努力保留,为此他假装从现在开始的50年都在写书,回想过去一个世纪的经历。在这种情况下,长期以来对布罗兹湿地的伟大探索又重新开始,从而告别了1906—2025年间因官员相继抵抗“不可避免的、必然的”东西而出现的停滞状况。你不必接受所有的预测,但这是一本经过深思熟虑,以清晰活泼的风格记录旅途的图书。

《布罗兹湿地》和《莱克兰》竟然在18个月内相继出版,这又是一次该系列不时得到的意外收获。布罗兹湿地和湖区是英格兰三大天然湖泊中的两个(第三个是不太知名的西米德兰湖,柴郡坐落在他们的中心,风景正如《乡村教区》一书中描绘的那样)。和布莱恩·莫斯一样,德里克·拉特克利夫不得不努力创作出另一本《新博物学家》系列的图书,这次是继威廉·哈利迪·皮尔索尔和威尼弗雷德·彭宁顿合著《湖区》(1973)之后。《莱克兰》以两种方式阐述了一个不同的观点。这本书拓展了主题的宽度,覆盖到整个坎布里亚郡,因而包括了其海岸河口、低地农场、边际荒原、北奔宁荒山以及山区腹地。和《布罗兹湿地》一样,这本书的作者所记录的都是亲自涉足过的地方,并且耗费了整整数日来观察游隼和乌鸦的窝巢,或者给鲜花和蕨类植物拍照。像气候和地质这类的主题,因为在以往书籍中已经有过详细的记载,本书就可以省去了。类似《爱尔兰》,《莱克兰》是基于栖息地的。此外,两者还有一个相似点:开头的一整章是关于湖泊地区博物学家,结尾的一整章是关于“保护的问题和方法”。拉特克利夫在卡莱尔附近长大,如他所说:“莱克兰是我小时候蹂脚的地方。他在1989年退休后才能经常回到那里。因此,这本书加入了强烈的“当时和现在”对比的元素，虽然有时候不可避免地会令人沮丧，但它总是有趣的。还有一种感觉就是，在一位安安静静却知识丰富、观察力敏锐(有人可能还有过目不忘的能力)的大师的陪伴下，读者惬意漫步在山谷，一起走过长长的路途。德里克·拉特克利夫密切关注这本书的出版过程，书中采用鲜明的半色调和较大的字体，保证了这本书较高的水准。

就在我写这本书时(2004 年 4 月)，安格斯·伦恩诺不久之后也开始写《诺森伯兰》。它和坎布里亚郡是英格兰北部两个紧靠在一起的郡；如果进行得顺利，它们很快会被德里克·拉特克利夫列入其关于加洛韦和边界的新书之中。除了大不列颠群岛，苏格兰也常常被《新博物学家》丛书忽视。由达林和博伊德共同调查而创作出来的《苏格兰高地和群岛》一书，几乎和该系列一样长。最后，在 2001 年，约翰·米切尔的《罗蒙塞德湖》加入了这一系列，在那个迷人的地方，他是长年居住在那里的大自然看守员(或许叫作大自然的形象大使更好)。米切尔和他的编辑德里克·拉特克利夫不得不为这本书而努力。虽然罗蒙湖邻近格拉斯哥，并且拥有 200 万居民，但是其他编辑认为这本书太过专业。约翰·米切尔是一位敏锐而有趣的作家，他热衷于钻研那些被人称为“不被考虑的小事”(正如历史学家西蒙·沙玛所指出的，细节影响整体)。我住在苏格兰时，找到了一些米切尔关于维多利亚时期莫法特的蕨类植物的文章，文章里也谈到邦尼堤岸的动物，如果我没记错的话，其中包括袋鼠。作为一名全才的博物学家，他非常了解苏格兰码头，就像了解他的麻鸭和苍鹭一样；也喜欢研究该地区过去的人文：玉米和石头做成的东西，烧出木炭的树木，以及居住在湖中岛屿的古老群体。同样重要的是，他能很好地平衡自

约翰·米切尔，《罗蒙塞德湖》作者

己现在的各种职业——农民、饲养员、林业工作者、渔夫以及各种身份的“工作人员”。幸运的是,《罗蒙塞德湖》一书正好碰上了苏格兰第一座国家公园的开幕。经过“长期奋斗”,最终达到目标的过程在书的最后一部分“保护:过去、现在和未来”中作了描述。

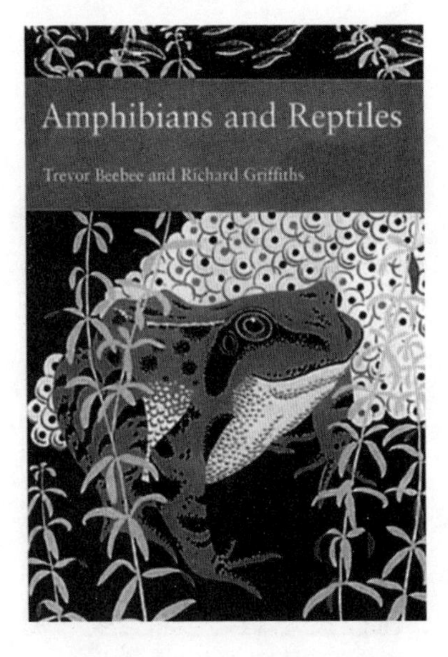

《飞蛾、两栖动物和爬行动物》的封面

除了上述地方图书。我们还有四本关于动物和无脊椎动物的新书,它们的书名十分简短:《蝙蝠》《海滨》《飞蛾、两栖动物和爬行动物》(书名简短是指在包装和封面上。在扉页上,《海滨》就成了《海滨博物史》。哪一个是正式书名目前还不清楚)。唯一全新的主题是蝙蝠。当里欧·哈里森·马修斯写《英国哺乳动物》时,确实很少有人了解蝙蝠的自然史,而当地三分之一的哺乳动物恰好是蝙蝠。这一系列需要一本关于蝙蝠的图书。早在1959年,编辑已经把它列为一个可能的主题,但当时很少有动物学家专门研究蝙蝠。10年后,埃里克·霍斯金遇到了罗伯特·斯特宾——他坚持认为,如果用比瑟罗特那些无与伦比的照片来阐述,蝙蝠这一主题足够写出一本好书。然而交易调查显示,人们对蝙蝠图书的需求不大,所以这个想法被搁置了。到了20世纪80年代中期,蝙蝠的数量急剧上升,这主要是因为法律保护和它们“荣誉之鸟”的地位。当地的蝙蝠研究者纷纷记录其数量和分布,并告诉住户如何照顾蝙蝠,或者在不伤害它们的情况下赶走它们。《新博物学家》系列的工作人员联系了两到三个作者,并和其中之一签订了合同,但什么结果也没有。最后找到了约翰·阿特宁阿姆,他是“生物力学”的权威,这一学科研究的是动物移动的方式,尤其是蝙蝠的飞行。通过在家观察和设计蝙蝠洞,他十分了解蝙蝠的博物史和保护工作。由于埃里克·霍斯金提出了作家和摄影师合作的概念,阿特宁阿姆得以采用弗兰克·格林纳威拍摄的飞行中和休息中的蝙蝠,那些都是高水准的照片(以及汤姆·麦克瓦特的一些手绘图)。这本书是近年来篇幅较短的一本,"在一个结合机能和进化的情形下",我们既总体研究蝙蝠生物学,也逐个细细琢磨。如同《新博物学家》中的其他图书一样,读者需要集中精力,但如果阅读过程太枯燥,他们也可以暂时停下来看看图片,这本书中的文字和图片保持了良好的平衡。

爬行动物和两栖动物,或者说最新典型的两栖爬行动物,在《新博物学家》系列中占了足够的分量。现在有三本与之相关的书,将近 800 页,每个本地物种大约占 75 页。第一本是马尔科姆·史密斯于 1948 年出版的书,该书本应是一本专著,但最后被加入到主流系列之中。当时,关于"两栖爬行动物"的研究全是基于骨骼、解剖,就算动物幸运的话,也是在水族馆内。野外调查最终有了成效,两栖爬行动物虽然很小,但十分受人喜爱,已经赢得了跟随者的信任和热诚。《两栖爬行动物 2》,或者更恰当地被称为《英国的爬行动物和两栖动物》,其作者是德里克·弗雷泽,该书出版于 1983 年,比起史密斯的书,它更像综述(史密斯的综述很少),书中包括许多关于生态和行为的新近研究报告,包括令人困惑的杂种"池蛙"以及最近发现的物种。这是一本命运多舛的书,因为技术原因被搁置了一年,但出版后很快就绝版了,没有再版。几年前,柯林斯出版社的编辑罗伯特·麦克唐纳指出:"作为一个一般性的问题,我确信替换较旧的图书的想法并不明智,这几乎是理所当然的。《新博物学家》丛书的成本上升且销售量下降,使得我们要相当小心地决定图书的主题……也许这仅仅是偶尔的低落。

麦克唐纳的建议显然没有得到重视,在如今不同的商业环境中,可能他自己也会考虑再三。把一些陈旧经典的图书换成现代最新的图书,这可以被看作是对这一系列充满信心的标志。至于替换哪些图书其实主要依靠机会和机遇。例如,《飞蛾》的出现,是因为迈克尔·马杰鲁斯能够并且愿意创作一本新书,和艾德蒙·布里斯科·福特的精神一样,但是他"更多地关注飞蛾在生物世界的位置……研究他们的行为、生态与进化"。同样,彼得·海沃德带给我们的是一本全新的《海滨》,而不是替代查尔斯·莫里斯·杨格 1949 年出版的书,它在另一时间点提出了另一种观点。海沃德性格谦虚,希望他的书是对杨格的书的补充而不是取代杨格的书。我突然想到,它同时也对海沃德自己的《柯林斯海滨指南》进行很好的补充,有着生物学背景,还有一系列精美照片。

回顾《两栖爬行动物 3》,也许会觉得《两栖爬行动物 2》没有写到点子上,大卫·斯特里特询问他在苏塞克斯大学的同事特雷弗·毕比是否愿意写一本新书。毕比是现代爬虫学领域里最出名的人之一;他还撰写了一系列关于池塘和两栖类动物的通俗读物以及关于黄条蟾蜍的专题论文。他也是一位博物学家,完全拥有詹姆斯·费舍尔式的精神,在书中融入了科学研究中最新成果,同时具有扎实的实地考察和保护的功底,研究这些动物需要大量的挖掘以及在灌木丛中寻找,尤其是在冬天。毕比邀请了理查德·格里菲思和另外一位同事一起来分担这个重任,但第三位后来退出了。他们解释,或者说是警告:英国的"两栖爬行动物"研究并不是为了他们自己,而是作为"研究行为,特别是性选择、体温调节和群落生态学"的"典型有机体"。微小的两栖爬行动物,是世界上最小的动物之一,也是世界上被研究最多的对象。新书综述了新近的科学文献,没有重复太多以前的东西。不过有人想知道,其中的一些书会不会变得有点太过科学性。"两栖爬行动物"尤其受到大力热捧,追随者们采取了各种各样的活动,从维护花园的青蛙池塘到抢救或"重新引入"有冠毛的蝾螈和沙蜥。总之它们进入了公众视野,为更多的人知晓。这一广泛的"文化"方面的主题是适合这一系列的主题吗?1945 年研究自然史十分流行的方法是完全科学性的,现在是时候改进吗?但如果是时候的话,要去哪里找作者?在我们生活的世界,到处都是视野狭窄的专家,而鲜少有才华横溢的人,既拥有知识的宽度和深度,也能用有趣可读的英语将其传达给读者。如果有的话,你怎么说服他们写这样一本既没有大众市场,也不是一本基础的学术教材,而只是介于两者之间的书籍?让人奇异的是,加入《新博物学家》系列的图书本身就足够好。

作者说……

你正在阅读的书写起来很容易:在有机会写之前,我就已经想写了。我非常想写，因此花了生命中的半年时间，我本可以赚钱谋生的。这感觉就是命运决定的，好像我在这件事上没得选。如果说在这几个月内，我感受到的是纯粹的乐趣，那肯定不是真的，因为任何一部著作的创作都是苦差事，写作过程非常枯燥。但是，这本书的研究方式主要是访谈或者在一堆铺满灰尘的论文里面查找筛选，整个过程不可否认地令人着迷。能够与那些成就了《新博物学家》的人碰面或者是联系实在是作者享有的一种特权。而对当时的背景进行调查并记录历史给人一种特别的满足感。

这是冒险的最好时机了。50 年后，该系列似乎停滞不前了，我想知道是否我写的东西是它的追悼词。然而，由于其本身的存在，《新博物学家》让人对这一系列的图书产生了新的兴趣，有人告诉我，它还创造了新的活力。几年后《爱尔兰》一书的成功，使我们的编辑能够增加印刷量，并且可以更有效地解决这一系列的问题。

《自然保护》的封面

对于写这本书的过程，我最多的记忆就是在外面晒太阳，1994 年暖和的夏天，阳光十分诱人。每天我尽可能早地开始写(其实也不是那么的早)，大概四点停笔，然后经常会打羽毛球，并且吃喝一顿。这些事情有趣吗？我有两个截止日期：一个是官方的，在 9 月底，以便出版商在庆祝活动中为这本书宣传。这个时间很紧，但另一个截止日期更紧，因为我算了算，在 6 月或 7 月预支的钱就会花光了。我靠拿佣金来挣钱，在到期之前都是用自己的收入，总的来说，这是一个不错的过程。

在接受出版商的邀请写《自然保护》之前，我犹豫了较长时间，因为这本书是继达德利 · 斯坦普的书之后，他的书在他去世后的 1969 年才出版，十分珍贵。显然，我是被《新博物学家》本身的力量驱使的，虽然我曾多年在一些自然保护机构工作过,但我既不是发起者,也不是像达德利·斯坦普一样的决策者。

事实上,我在自然保护委员会里作为一个科学公务员的职业生涯是十分不成功的。在另一方面,我似乎很了解它,当然并非存心如此:在保护自然的人群里,我没有和任何人结盟,这也是颇不寻常的。我的工作只是通知事情,写年度报告,我想改变这样沉闷的生活。最后,我觉得机会错过了就不会再来,所以接受了。也许我能够应对《新博物学家》的挑战,在6个月内快速把它写完。对此我没有任何选择。当你把写作当成谋生方式,你最不想在空闲时间做的事情就是写作了。所以再一次地,写作过程变得像另一段分秒必争的旅程。为了不挨饿,我做了足量的额外工作,最终把它完成。

比起《新博物学家》,这本书当然更难写作。《新博物学家》的主题范围窄小而内容深奥,就像一口井,我能愉快地沉迷于细节,而《自然保护》的主题广泛而空洞,它在哪里结束?一位园丁使用堆肥或者比较"环保的"除草剂,他就认为自己是在保护自然。政府过去常说建设更多的道路对环境有益。近日,《英国自然》让我们大吃一惊,它告诉我们,在某些情况下,建房也对野生动物有益。这么多人!这么多保护!(如果是拉丁文,听起来会更好)。我想,如果我专注于一个有趣的问题:这种保护是否也对野生动物有益?那么或许能够避免很多对定义毫无意义的研究。你可能会认为它已经很明显了,但你肯定想不到,关于各种政策对野外生物影响的信息少之又少。即使是自然保护区也不一定能成功;如果在你搭起栅栏后,一半的野生生物逃离出去,那就彻底不成功了。

我承认,还有很多难题。在研究《新博物学家》的过程中,我涉猎了很多论文,除了藏书爱好者,大家都会觉得这很枯燥。但是比起那些没什么效果的自然保护运动方面的文学作品,那根本不算什么。拯救自然世界似乎全靠没有丝毫乐趣可言的微观调控"策略",从针对最不起眼的苔藓或蜗牛而制定的"行动计划",到一些信心十足而不现实的书籍,期望着在"联合思维"的帮助下,重新设计整个景象。然而,他们让人感觉到的不是大家都知道且热爱的乡村,而是一块画板,上面的人形忙于各种活动和调整。难道这是达德利·斯坦普、马克斯·尼科尔森以及英国科学自然保护所有先驱者想要的结果吗?

我认为一个简单的综述不能在自然保护上发挥作用。我没有试图覆盖所有东西,而是选定主题,对与之相关的东西自由地提出自己的观点。我尽自己所能,不仅仅告诉读者这样的事情已经发生了,还解释了它发生的原因。我也努力给读者足够的空间去思考。这本书的篇幅和《新博物学家》一样长,所花的时间也几乎相同,但是付出的努力却是双倍的。如果再做一次,我会完全自愿地付出更多努力。但在保护物种和栖息地方面,我们生活在一个等级制的国家里。

这本书是献给战后自然保护卓越人物德里克·拉特克利夫的,但我想他不会很喜欢这本书。他和其他一些人一样,觉得这太过悲观:“你的苹果太多长虫了”。在写它的时候,我很清楚自己不会去讨好每一个人,尤其是那些奉献出自己的职业生涯而试图挽救自然世界的人。尽管如此,我认为这本书有它的优点:节奏轻快而活泼(或许有点太快,有些地方我本该暂停的),分析和判断在我看来十分到位,达到了其他图书没有达到的水平。它得到了评论,而且反响很好,我想,不管怎么说它都不算一本坏书。如果你发现它的结论有点悲观,我只能说,在我看来自然保护本就不成功。在赚钱和造福未来的永恒较量中,供应和金钱通常会是赢家,因而有了英格兰农村地区干涸的河流和遍地的房屋。说实话,我认为很多保护活动都是在浪费时间。这种运动已经完全成为一个创造就业机会的产业。当然,我无意否认这样一个事实:自然保护已经取得了很大的成就,如果没有它,世界会变得糟糕。

一本书的故事

在这个系列中,几乎没有哪本书籍能比莱斯利·布朗的《英国猛禽》拥有更多材料来源。这不仅因为他是一位多产而风趣的作者,他还详细地交代了他在1974年是如何来写《观鸟手册》这本书的。在写《新博物学家》时,我找不到任何复印件(在牛津大学图书馆也找不到),因为这个原因,我几乎不怎么看好莱斯利·布朗和他那本重要的好书。几年以后,我的朋友鲍勃·伯罗发现了一本图书

《英国猛禽》的封面

的复印件中有布朗的文章,他好心地当成礼物送给我。下面的部分就是为了弥补我当时的错误,同时还会揭示更多关于这本特殊的《新博物学家》丛书写作的过程。

《英国猛禽》在1976年首次出版,是自20世纪50年代以来《新博物学家》系列最畅销的图书。1976—1982年,这本书印制了大约2万册,其中包括提供给"读者联盟"读书俱乐部的5500册。第一版的9000册在几个月之内销售一空,同年就再版了。这本书甚至获得了出版前在当时领先的博物史期刊《动物》上连载的殊荣。也许它的成功并不奇怪,猛禽在鸟类中永远是受欢迎的,因为它是凶猛与美丽并存的动物,是野性与自由强有力的标志。然而很少有人试着去整体研究猛禽,反而是对个别物种进行深度描述;除了莱斯利·布朗出版于1976年的书,只有《变化环境中的猛禽》(2003)这样做了,这本书是五位编辑和四十多位作者一起完成的;与之相比,莱斯利·布朗的书只是个人的见解。这是那本书可读性高的主要原因。猛禽在很多方面都是一个棘手的主题。即使是在20世纪70年代,科学文献也非常多。每个物种都有相应的专家,关于它们的一切都被出版是不可能的。例如,基于多年的探索对红鸢和白尾鹞做出的长期研究并没有被写入书中。至于蜂鹰,它们确实很少被写进论文;

莱斯利·布朗(1917—1980)卓越的鹰类观察家,畅销书《英国猛禽》(1976)作者

研究这种稀少鸟类的专家们保持着一种保密性的共济会式承诺(或许这一切又回到了在《布伦登追捕》扫荡蜂鹰巢的著名情节)。除此之外,猛禽还是一个异常敏感话题。很少有鸟类如此公然毫不畏惧地与人类竞争。虽然动物都受法律保护,但众所周知,猛禽仍然受到迫害。

保护者认为,造成荒野中松鸡稀少的罪魁祸首是白尾鹞;鸽子迷对游隼并不那么友好;有些人甚至呼吁杀掉地面的松雀鹰,因为他们吃了太多的园林鸣禽。任何人写英国的猛禽,都不得不在科学争议的背景和高涨的热情下这样做,即使是鸟类学家也一样。

《新博物学家》的编辑们对如何解决猛禽这一问题也没有确切的办法。为保持该系列的生态精神,他们原本打算创作一系列基于栖息地研究鸟类的图书:已经出版有《海鸟》和《鸟类与人》(这是专门针对农田和城镇的),接着是各个地方的鸟类:林地鸟类(布鲁斯·坎贝尔,随后的斯图尔特·亚普),海滨鸟类(埃里克·恩尼恩),荒野鸟类(詹姆斯·费舍尔)以及沼泽和淡水鸟类(霍梅斯)。个别种类会被录入《新博物学家》专著系列,到了 1953 年,游隼(乔克·沃波尔·邦德和詹姆斯·弗格森·利斯)以及金鹰(西顿·戈登)被列入其中。实际上,猛禽完全成了漏网之鱼。问题是,跋涉到山中寻找鹰和游隼及其巢穴的人,并不总是那种既有野外观察的能力又有科学洞察力的自然科学家。乔克·沃波尔·邦德曾十分怀疑地问詹姆斯·费舍尔:“是爬岩能手吗?”费舍尔直截了当地回击邦德,说他的文学风格会让它们成为所有人的笑柄。

1970 年,在商业上并不成功的《新博物学家》丛书接近尾声时,詹姆斯·费舍尔去世,该系列也失去了其主要的倡导者。为了代替它,柯林斯出版社的自然史编辑迈克尔·沃尔特,计划出版一个关于鸟类的主流系列图书,以相关鸟群如雀类、山雀、鸫类、涉禽等为基础。他已经和伊恩·牛顿签约,这位作者撰写关于雀类的图书。不过,新的决定要想受益,作者就得写出一本真正的好书,并且是关于最具吸引力的鸟类——猛禽的,更何况,该系列迄今几乎没有涉及这一主题。迈克尔·沃尔特心目中已经有了合适的作者人选。作为一位研究猛禽的权威,莱斯利·布朗在世界范围内名望很高,除了在著名杂志上发表过多篇论文,他还写出了受到外界高度赞扬的《世界上的鹰类》(1968)一书。他也是英国金鹰的权威,并且和亚当·沃森就鹰的分布和食物供应的关系一起写了一篇权威的论文。他最近还为柯林斯出版社写了一本关于非洲猛禽的书。唯一的问题是,布朗生活在肯尼亚,在该国1963年独立之前,他曾是殖民政府的高级农学家。此后他一直是东非土地利用和保护事项的独立顾问,但是他用了越来越多的时间来研究和记录鸟类。布朗对英国鸟类甚至是金鹰的知识是朝夕积累来的。另一方面,他是一流的交流者。作为作家,他的语言快速流畅,有主见;作为健谈的人,他说话生动,一旦开始就停不下来。他的吃苦耐劳、不知疲倦以及容易动怒,是众所周知的。他把科学和准确的观察同不减的热情融合在一起,这是十分罕见的能力。他许多关于红鹤、鹈鹕和非洲雄鹰的研究都是在偏远乡村的艰苦条件下完成的。它们虽然是在像《鹮》一样的学术期刊上出版的,但是十分具有可读性。1967年,英国广播公司制作了一部关于他的电影,名为"卓越的观鸟者",展示了其观鸟之路:他追寻埃塞俄比亚鹈鹕的迁徙路线,爬上一片瀑布去接近红翅椋鸟的巢,一整天都在苏格兰小山上寻找鹰类,长途跋涉导致他高烧。

经过编委会的同意,迈克尔·沃尔特写信给布朗,问他是否愿意为《新博物学家》系列撰写一本书。这个提议吸引了布朗,尽管他指出英国还有其他人觉得自己也有能力做到,他仍然及时回复说很乐意这样做。受邀为这样一个著名的系列写书,布朗当然深感荣幸,但这也唤醒了他心里"偷猎者"的一面。他是一个敏锐的业余野鸡偷猎者,并且喜欢在猛禽的眼皮底下偷野鸡。正如他在《英国猛禽》的序言中写道:

> 我推测,一些英国鸟类学家或许很想去研究特殊的野公鸡,(但是)由于其他更重要的任务,没能抽出时间和精力来正式做这件事。因此,这个任务落在了我的头上,在英国专家的眼皮底下,我爬过围栏,带着隐藏的武器,开始偷猎鸟类。那些熟悉我的人也只会看到我已经形成习惯,无法抗拒。然而,当他们看到我研究鸟类,他们都会鼓励我去完成这一违法任务,如果我动摇了,他们纷纷请我吃肉喝酒,提供食宿,这样我

可能会做得更好(布朗,1976)。

布朗答应之后,他收到一份合同,里面规定他要在1971年底完成这本书,此外,他还获得了足够多的旅行费用,让他能够短暂地停留在英国。时间安排并不乐观。没过多久,布朗就发现任务量超出他的预期。他在1970年秋季去了英国,这让他有时间在牛津爱德华·格雷研究所的图书馆里借阅《鸟类研究》《英国鸟类史》和其他期刊,正如他预料的,这些期刊里很明显没有涉及一些物种。他知道,由于还有大量材料尚未出版,所以需要再次回到英国,完成这本书的日期要推迟一年。

布朗在1972年春天写下他的第二次访问,为《观鸟者手册》(1974)写了一篇极为详细的文章,题目是《猛禽奥德赛》。当然,奥德赛是一个漫游的故事,是一段充满曲折和冒险的旅程。布朗计划穿越全国进行专家访谈,以及查证各种报告和其他未公开的数据,同时尽可能多地观察猛禽,从德文郡的秃鹰到奥克尼的白尾鹞,从威尔士的鸢类到东安格利亚的白头鹞。不幸的是,那年的春天是记忆中最为潮湿的。布朗写道,他的汽车旅途是一段"颠簸的前行"。他喜欢把刚刚学到的东西及时写下来,如果可能的话,他会给相关专家看了之后再接着写。因此,在一个很潮湿的日子里,他可能好几个小时都待在狭窄的小汽车或者朋友空着的房间里,用他的便携式打字机(一个相当不可靠的机器)敲出一份报告来。冒险旅行开始于埃克塞特,布朗在那里花了几天研读彼得·戴尔评价很高的关于达特穆尔秃鹰的博士论文。布朗一路往东,先去了特林的英国鸟类研究信托公司图书馆,在那里提取迁徙和巢穴记录的数据,还去了桑迪的皇家鸟类保护协会图书馆,然后才在看守人伯特·阿克塞尔的帮助下,前往敏思梅尔观察一种真正的猛禽:一种有两任妻子的白头鹞。在一个阳光明媚的日子,布朗拜访了他的老朋友,因《红尾鸲》出名的约翰·巴克斯顿。他们讨论鹞类,花了一整天的时间用假饵钓鲑鱼。他抓住了三条鲑鱼,其中一条很大,有0.68千克重,"这是我少有也是最热爱的乐趣之一"。他从那里转向北边,去见正在邓弗里斯研究松雀鹰的伊恩·牛顿(《雀》)和在斯佩塞的道格拉斯·维尔谈论秃鹰、雕、游隼和灰背隼,以及在加登湖

(带些嘲笑地)查阅皇家鸟类保护协会关于鱼鹰的混乱记录。而在斯佩塞,布朗借机再次去看了他在 1945 年发现的一个鹰巢,现在那里有一只小鹰在狼吞虎咽地吃东西,一只松鸡、一只野兔和一只有着亮橙色脚蹼的野公鸭。但是他并不看好金鹰的未来:"猎场看守人及其雇主都对这一命题不抱希望,不管是在 1972 年还是 1872 年",他得出这一结论。布朗花了一两天的时间,在偏僻的萨瑟兰峡谷内观察一只老鹰试图拓宽自己的筑巢领地的过程,从而获得了珍贵的信息。随后他坐上去奥克尼的船,和沉默寡言的埃迪·鲍尔弗一起,花了三天时间在小山上寻找白尾鹞。他也找过一个公用电话亭,在 1937 年一个极度寒冷的夜晚,他和两个鸟迷想着里面会相对暖和一些,于是在那里度过了一晚,但是他最终没有找到。

布朗返回南部,绕道去威尔士找鸢类("我看见过 7 个,约占全国总数的 10%")。还去了新弗里斯特和柯林·塔布斯(《新弗里斯特》)一起讨论秃鹰。夏季的第一个热天,在理查德·菲特尔(《伦敦博物学》)的陪伴下,他很幸运地目睹了一对蜂鹰独特的空中表演,它们反复地竖起自己的翅膀,却不会掉下来。最后,布朗来到了特林,住在好客的克里斯·米德家中,在那里他完成了这本书的很大一部分,"从早上 7 点到晚上 7 点"整天工作。"我在一天快结束的时候想偷懒,(但是)总觉得必须完成有关个别种类的所有章节,之后才能前往肯尼亚,在那里我可以完成剩余的部分……我把修改后的章节送给一些专家过目,除了少数几位,他们都提出了有用的批评。他一如既往补充道:"那些没有提出批评的人,当然也让我认识到自己的错误引证。"

布朗对英国的观鸟现状持批判态度。大多数观鸟者不是仔细观察以了解鸟类的行为,而是在浪费精力从一个地方冲到另一个地方,只是为了记录其他的稀有鸟类,"不但没有留下有用的东西,反而因为践踏庄稼,引起农民和其他人的不满"。布朗在肯尼亚的家中完成了这本书,他于 1972 年底把手稿发送至柯林斯出版社,迈克尔·沃尔特发现,它不仅是"最脏兮兮的手稿",而且是"一本长得吓人的书",里面全是表格和参考资料。同时,布朗回忆了整个经历后,发誓永远不会再尝试写以鸟类为主题的"任何像《新博物学家》系列"的书,除非在某些条件下,比如说在英国研究所里工作,以及享有很高的工资待遇,但这些条件都是不太可能的。“此次冒险旅行最终得到的结果，并不像我自己或者其他人预期的那么好，但我认为这是公平的，大多数审阅过这本书的专家都这么说。无论是好是坏，它已经完成了……”

不幸的是，这本书的出版并不顺利。布朗那“脏兮兮”的手稿三年之后才得以变成图书，令人沮丧的延迟激怒了他，尤其是他计算过，自己在这本书上已经花了2500英镑。其中当然有沟通上的问题，一位旅居外国的作者经常作为一位农业顾问行走在东非地区，也曾在某一时期被盗贼偷走了所有有价值的笔记本。但是延迟的主要原因似乎在于迈克尔·沃尔特斯认为这本书太长，包含的数据太多，在出版成为《新博物学家》系列图书之前，需要大量的删减。布朗最不能容忍的是，签约写索引的人不干了，就在他动身前往埃塞俄比亚准备待上几个星期的时候，他被告知要自己写索引。布朗坚持认为，他的序言里应该揭示他写书的真正日期——1972年。他指出，蒙塔古鹞这种猛禽自那时起就绝种了！他的编辑肯尼斯·梅兰比让他再考虑一下，因为文本已经被修改了很多，此外，布朗的日期是1972年，而出版的日期是1976年4月，时间上的差异会让人觉得这本书已经过时，对它产生偏见。最终，布朗让步了，但是这次经历显然在他的灵魂上留下了烙印。他决心不再写书，“我只是不能忍受以这样的方式与出版商打交道”。无论是柯林斯出版商，还是另一位做法错误的出版商——布朗的朋友杰弗里·波斯沃尔(波斯沃尔，1982年)记得这位出版商花了四个小时对主题进行枯燥的长篇大论，布朗肯定已经把某些图书出版商加入了“讨厌鬼”之列，他的名单里一般还有“爱炫耀的地主，拖拉的公务员以及傻瓜”。

冒险旅行到那时还没有完全结束。许多对鸟类感兴趣的公众热切期待着《英国猛禽》这本书，它得到了一致好评。这本书既有对主题的深入研究，写作风格十分可读，也融入了个人感触，尤其是当布朗描述像金鹰这种他非常熟悉的鸟类的时候。他仔细考虑过的判断十分到位，从有些地方不难看出，作者本人锐利、探究、危险的目光中就有猛禽的影子！受到更多批评的是这本书的呈现样式。为了把这么长的书(布朗最终用他的方式避免了删减)限制在400页以内，文本采用了微印，一页有50行文字。这本书没有彩版，而且缺乏文本插图，这让它贴上了学术性图书的标签。再者,这本书是在通货膨胀非常严重的时期出版的,它最初在1982年的价格本来就不低,是6英镑,后来上升到十分不合理的11.50英镑。尽管由克利福德和罗斯玛丽·埃利斯一起设计的封面备受好评,但是它在西班牙再版时,为了节约,印刷采用了劣质的纸张和黯淡的颜色。当然,这本书卖得很好,实际上是非常好,人们甚至预定了即将出版的有关英国画眉和英国山雀的大型读书俱乐部版本。第一版的印刷量十分保守,刚刚超过5000册,很快就销售一空。加上再版,读书俱乐部版本以及由塔普灵格尔出版社印刷的少量美版,这本书的总销量达到2万册。25年之后,尽管这本书在各方面都显然有些过时,但它仍然是关于英国猛禽最典型最受欢迎的图书。

《英国猛禽》出版的时候,莱斯利·布朗住院了,因为患上了"糟糕但还不算太严重的"冠心病。他期待着与他竞争的鸟类学者对他的书做出"糟糕、刻薄而不带诽谤性质"的评论,让他感到高兴的是,就整体而言,他们同意这是"一本该死的好书"。第二次再版时,布朗加上了两页注释(包括他固执地提及在1972年完成了手稿)。注释中还表达了对德斯蒙德·内瑟索尔·汤普森的歉意,因为布朗无意中把他说成了鸟蛋收藏者。布朗和他的出版商之间频繁通信,有时候很幽默,但最常见的是愤怒。在20世纪70年代末,布朗的健康状况越来越糟,他把部分原因归咎于书籍和出版商,但是这并没有阻止他投入到另一个巨大的文学工程里去——多卷《非洲鸟类》。他于1980年8月因心脏病发作去世,享年63岁。死前的几个月,他回到了自己心爱的斯佩塞,再次看了金鹰。回去的原因之一,是他打算修改《英国猛禽》。他在写给迈克尔·沃尔特的最后一封信中说道:"我更喜欢自己修改它,而不愿看到别人这样做,尽管因为一些无法控制的原因,我可能没有能力做到。如果这样的话,这本书就不会那么重要了"。

《新博物学家》系列一直都具备良好的判断力,或许还拥有极好的运气,把合适的主题交给合适的作者来写。莱斯利·布朗和《英国猛禽》就是一个很好的例子。很明显,不管从经验还是资格来说,还有其他人可以胜任这份工作,但是很少有人能够与布朗这位业余爱好者的洞察力和责任感相提并论。正如布朗自己在《遇见自然》一书中描述他的冒险旅程:

一个人学会了越多，就会有越多东西需要学习，一点新知识总是会带出另一点……任何人都可以发现新东西；它不需要博士学位，甚至不需要任何学位，只需要一双敏锐的眼睛和耳朵以及探究的精神。科学地讲，近年来一些最为杰出的博物学家大都是业余爱好者。虽然大部分自然历史文献的日期到它出现就截止了，它仍然应该出版，因为这是一个跳板，其他人或许能从这里更加深入地探索全新未知的大海。

1995—2005年《新博物学家》封面

如今，《新博物学家》系列的书迷提起罗伯特·吉尔默时，语气里充满崇敬，就和说到那些像克利福德和罗斯玛丽·埃利斯等杰出的前辈们一样。在描述其设计的词语当中，我听过"甜美的"，"有触感的"，甚至是"感官的"。截至2004年底，整整有24个设计，从《英国猛禽》到《诺森伯兰》，跨越了近20年。单独来看他们已经足够让人喜欢了，若把它们放在一起，在任何人的书架上都是最引人注目的。吉尔默只使用三种颜色，加上黑色，他的设计精致到足以满足博物学家，他用图形以足够清晰和大胆的方式来展现自然的颜色和形状。好的例子包括《布罗兹湿地》封面上摇曳的芦苇，它们以有规律的形式呈现，还有同一个封面上的麻鸭羽毛，设计十分大胆，两者都使用了浮雕。或者使用巧妙的点刻体现出《地衣》封面上古老石头的质感。《植物病害》封面上的常春藤叶，它们轮廓鲜明，表面平整，很适合平版印刷。我们都有自己的最爱。《湖泊地区》和《赫布里底群岛》封面上的鸟和冷色调非常讨人喜欢，但对我来说，精华在于蕨类植物的半抽象设计，其纹理和形式让我非常满意。哦，当然，我也非常喜欢他为我设计的两个封面！

罗伯特(我不能叫他吉尔默)是一位多才多艺而又成功的鸟类艺术家和图书插画家。在克利福德·埃利斯死后，有人让他接着设计《新博物学家》系列图书的封面，在他之前，克利福德·埃利斯与他的妻子罗斯玛丽40多年以来为该系列设

罗伯特·吉尔默在他的近海岸克莱工作室

计出了许多创新多彩的平版印刷封面。当时的编辑克里斯平·费舍尔给了他最大可能的空间来为每一本书设计。他唯一的要求是,标题和椭圆上要有“NN”(《新博物学家》)的标志。幸运的是,罗伯特完全不需要改变基本的设计。不太幸运的是,除了《英国猛禽》以外,他设计的封面仅限于精装“收藏版”。平装本的设计以彩色照片为基础,并不那么特别,这样应该会吸引更多的买书者。吉尔默和埃利斯设计的封面差别主要在于方法的不同。埃利斯夫妇的设计特色是用纯色形成模糊的效果,极少使用线条。吉尔默较多地使用线条,把各种色块重叠起来形成特别的色彩和色调。例如,最简单的是把黄色印在蓝色上就形成了绿色。虽然没有比埃利斯夫妇使用更多的照片,但是他的方法确实可以使设计更加精致,特色在于各种鸟类、动物、昆虫和花朵或多或少地使用了逼真的色彩和布置。与往常一样,他们的生产和印刷采用了最新的工艺和方法。《新博物学家》系列封面的设计没有使用电脑,这在如今图书出版界是十分少见的。

自从1985年罗伯特把自己的作品以色块或“分色”的形式提供给印刷商,其中每一种印刷颜色都呈现为白底上的黑色。只有当封面被印刷出来,颜色才会显现出来,合在一起组成一幅图。为此,设计者通常会画出色块组成的详细草图,即将发行的图书的宣传单和广告上使用的正是这种草图,而不是印出来的封面(我自己的《自然保护》就是一个例子)。设计者第一次真正看到的设计印刷样式,其实是一种被称为克罗马林的试印样张,它是通过喷墨激光产生的。这让他在印刷之前的最后一刻也能对色彩做出调整。技术同样有助于这项任务,有一个装置可以为颜色编号,使得印刷商可以把色调精确地调到所需程度。封面本身采用的是平版印刷术,纸张经过旋转滚轴时,油墨就可以加进去。这种印刷机现今成为博物馆中的展品,并主要用于再现艺术作品。从1985年到1996年,封面是在雷丁的雷达威亚出版社印刷的,在那以后是由诺威奇的撒克逊印刷有限公司印刷的。幸运的是,两者都非常靠近罗伯特·吉尔默的住所,方便他对每一次印刷进行监督,确保色调的正确组合。封面上自然的颜色来源于对潘通配色系统中大量色调进行的精确挑选。近来这一过程变得更加重要,自从罗伯特开始使用淡色,技艺精湛的一层层小点只有在强大的镜头下才能看见,他的四种基本颜色衍生了更广泛的颜色和色调。

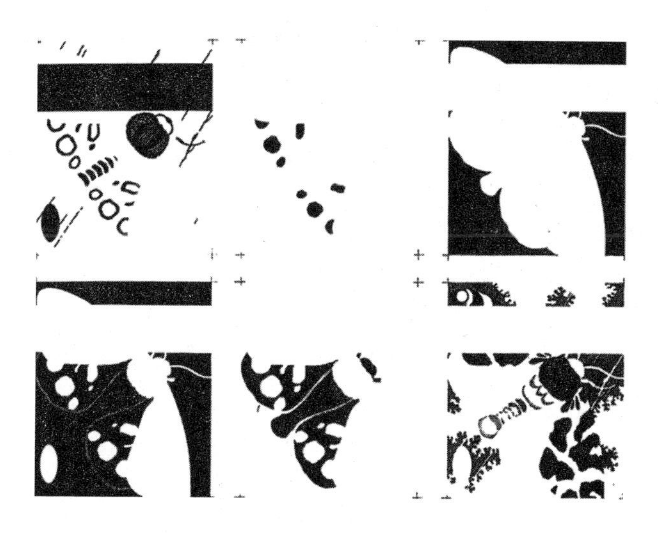

这6幅作品组成了印刷《飞蛾》封面的四张图:30%的淡黑色印在黄色上,形成了暗绿色背景。80%的红色和黄色混合形成了橙色。黑色翅膀斑点中心的深灰色是80%的黑色。实心黑色和两种淡黑色组合在一个图版中,红色也是和80%的淡红色组合在一起。

吉尔默的封面混合了各种有趣的设计理念,既有像《新弗里斯特》和《湖泊地区》一样的自然景象,也有像《蕨类植物》和《植物病害》一样的绘画。《授粉博物志》的封面可以说是向克利福德和罗斯玛丽·埃利斯的致敬,他们使用了类似的蜜蜂和毛地黄作为《大黄蜂》的主题。《布罗兹湿地》书脊上鲜艳的色彩像是单色的流水,此后封面甚至在往故事讲述的方向发展。这些想法是怎么出现的呢?一般文本差不多完成了,或者至少写好了草稿,封面的设计在出版日期的前几个月就会开始。设计者通常会收到出版商送来的图书大纲以及介绍和章节样本。

图书封装在图片里面:《植物病害》和《布罗兹湿地》封面

这让他对这本书有一个大概的了解,因而画出的无数草图中或许会出现一个合适的设计。设计者和作家通常会有一些讨论。双方聊一聊,经常可以在合适的主题上达成一致,而且还可以确保作者喜欢所选的设计。例如《湖泊地区》这本书,德里克·拉特克利夫给罗伯特送去了一份合适的主题清单,其中包括各种鸟类,昆虫和植物,还有一张从猎鹰峭壁上看到的德文特湖上的景色的彩色幻灯片。完成的封面上有一只显眼的游隼,为了指代猎鹰峭壁,但也可能是对拉特克利夫的赞美,因为他以这种不同寻常的鸟类为主题,写出了一本颇负盛名的书。至于我自己的书《自然保护》,原设计是简单的背景之上有着大不列颠群岛重叠的轮廓。我并不太喜欢这个设计,而让我高兴的是,罗伯特把成书的封面换成了一道亮丽的风景,从建筑、野生动植物和远山提供的各种线索来看,我们一致认为它是萨默塞特西部的某个地方!在某些情况下,封面的设计其实基于一个真实的地方。威福顿的教堂和罗伯特在北诺福克海岸住处旁边的村庄是《英国蝙蝠》的背景,而古老的石头和宾汉修道院的坟墓是《地衣》的装饰。顺便提一下,罗伯特根据作者的要求,在后面的设计中往一块石头上增添了一些酷似地衣的飞蛾。你发现了吗?(我是没有)《罗蒙塞德湖》的封面展现了盛夏傍晚的阳光照在本洛蒙德山上的景象。《授粉》的封面上有只辨识度很高的大黄蜂。至于《植物病害》,作者提到了常春藤靶斑病,这启发了罗伯特去查看仅离家门几步之远的墙上生长的常春藤,几乎立即发现了它。其他设计需要花费较长的时间。《两栖动物和爬行动物》和《淡水鱼类》的第一版封面上分别是几种两栖动物和玩耍的鱼类,罗伯特放弃了它们。另一方面,《飞蛾》的封面根本不需要修改。

《湖泊地区》的封面

花园灯蛾的色彩非常大胆，对于平版印刷来说是如此完美，实际上是它自己选择了自己。

《诺森伯兰》的封面设计用了更长的时间，一方面是因为画家(见后文)不得不采用新的设计方法，另一方面是因为书中与鸟类相关的东西没有达到人们的预期。罗伯特原本有一个设计，上面的鸟十分显眼，包括书脊上的一只乌鸫，还有一只绒鸭(林第斯法恩圣库思伯特的标志)。为了让封面更加贴近安格斯·伦恩的文本，设计中的一些鸟被去掉了。罗伯特用白色线条描绘了诺森伯兰郡的轮廓，一位编辑惊喜地误以为那是闪电——那肯定是一场巨大的雷暴雨，但也可能诺森伯兰郡的天气就是那样。

《诺森伯兰》：精装封面是在浮雕的基础上再生的，经过了丝网印刷这一过程

至于《海滨》，罗伯特·吉尔默被要求设计出一个封面，将"海滨"清晰而不含糊地呈现给读者，但不能落入俗套。他首先用铅笔画海星、螃蟹、帽贝和其他海滨生物的草图，将不同元素融合到一个协调的设计中去。藤壶尤其适合使用油毡浮雕，因为它们的外壳轮廓鲜明，带有刻纹，腮帮一张一合。但是最值得一提的特色在于，用同心的白色线条来表示水波，就像是观察者凝视微型的岩石潭时，用手指扰乱了水面的平静。这个封面与 1949 年由埃利斯夫妇设计的《海滨》封面形成了可能最为强烈的对比，之前的设计太过阴暗，上面是一只被太阳暴晒，半边埋在沙子里的螃蟹爪子。

随着时间的推移，画家的技艺已经变得更复杂，要求更高，这无疑会对现状带来挑战，但是也反映了罗伯特更多作品的发展。其中一个创新就是淡色的使用，它最先用于《爱尔兰》的封面，能够创造出微妙的色彩变化以及更多的颜色。至于

《飞蛾》,如果用放大镜看,明显可以看出连橄榄绿的背景都是把黄色印在细密的黑色小点上形成的淡色。淡色需要艺术名家所具备的某种程度上的准确性。设计最近的几个封面时,他画了多达九幅图,组成了印刷的四个图版。

另一个变化是,作品中使用了油毡浮雕来描画大胆而富有表现力的线条,充满个性。油毡浮雕是由一个锥子般的工具戳进油布形成凸起的设计,因而可以进行印刷。它们首次是出现在《布罗兹湿地》的封面上,左边甜美的色彩与右边单调的色彩形成了对比,这一效果在很大程度上归功于这一技术。《自然保护》和《海滨》的黑墨图版都是浮雕。

《海滨》:精装封面是基于油毡浮雕的,采用了平版印刷

未来浮雕可能成为整个设计的基础,正如在《诺森伯兰》上那样。2004 年,出版商让罗伯特·吉尔默设计出完整的全彩图版,以便印刷商将挑选和打印一并完成,而不是用一些独立的绘图来制作图版。如果书籍要按照当前的计划进行彩印,这就很有必要了。彩印基本上必须在海外完成,因为封面和书籍一起印刷会带来商业利益。罗伯特是一位经验丰富的印刷匠,他打算更多地使用油毡浮雕这种本身也可以成为好的艺术品的材料。他希望把原来手动印刷带来的良好效果转移到印刷封面上面。然而,制作出一块杂乱雕刻的漆布需要许多技巧(和时间)。再者,对于缺乏技巧的观察家,详细的图表就像汉普顿迷宫。细微的差错难以改正。另一个问题在于,虽然在可以预见的将来应该不成问题,但是工艺技巧已经被电脑技术取代,越来越少的艺术家精通像浮雕一类的传统技术。在我看来,《新博物学家》对收藏者的吸引力很大程度在于其封面之上,所以封面并不适合带来经济效益和根本改变。

《海滨》的黑色封面

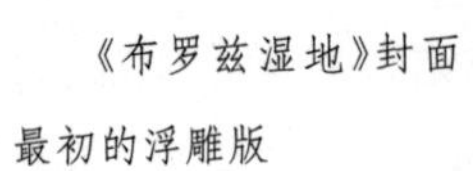

《布罗兹湿地》封面

最初的浮雕版

尽管大家十分注意封面的设计，但还是有一些细微的技术性欠缺。罗伯特向我指出他制作的《自然保护》一书封面上面的其中一个错误。在镀铜大蝴蝶的身体下面，应该是绿色的灌木篱墙，而不是蓝色的。他遗漏了黄色板块的一个小部份。因为这本书恰好是我写的，我必须检查封面无数遍，确保没有任何错误(你呢?)。回想起来，还有改善的空间。罗伯特不满意《湖泊地区》一书上悬崖的色调，认为在主要的岩石表面上使用稍暗的颜色更能与前景中的峭壁形成反差。《地衣》一书的书次号颜色异常，如果标题上方的开窗换成灰色天空的色调这一错误就可以避免。

更让收藏者气愤的是，有的封面设计比书脊短，所以左边会露出很不好看的白色边缘，尤其是在封面滑动的情况下。虽然罗伯特努力避免此类事情的发生，但是在印刷之前，书的准确尺寸很难测量。为了解决这个问题，埃利斯夫妇在背面涂上颜色。但是罗伯特・吉尔默的工作更加细致和复杂，这一方法并不适用。更严重的是，油墨会随着时间褪色或者变色，如果置于阳光直射的地方则会更快。碰巧的是，最感色的标题常常是最有价值的。褪色的书脊会让书籍不同程度地贬值，就算不是几百，也有几英镑！我和如今的印刷商谈及此事，他们告诉我，使用易褪色的油墨是因为印刷需要十分准确的色调。也就是说，印刷商从丰富多彩的油墨颜色之中选择，而它们绝大多数不是用防褪色的材料制成的。使用半色挑选方法的好处在于，它只需要四种基本印刷颜色：黑色、洋红色、青色和黄色。所以印刷封面可以使用不褪色的油墨，就像埃利斯早期的封面一样。但是留给收藏者的难题是怎样处理73～94号。其价值越高，就越应该被隐藏。有人设计出了可以过滤掉紫外线的透明包装吗？应不应该马上制作出几个激光副本，把原件交付银行的保险库？或者说，书的投资价值是非物质的，就像一辆车，你可以接受它们会随着时间贬值的事实。答案或许取决于你最开始买书的原因。

参考文献

A note on written sources

I decided against using references or footnotes in this book for two main reasons. The first is that books in the New Naturalist series more scholarly than this one, have not done so. But mainly it is because so much of this book is based on unpublished files and papers not easily available to the reader, who would not, therefore, be in a position to verify what I have said. The main sources for unpublished or elusive material is as follows:

1. The New Naturalist archive held at the printing department of HarperCollins in Glasgow, and the current files in its natural history section in London. The files cover nearly every book in the series, but they have been severely 'gutted' and much of interest has probably been destroyed, especially before 1960. These files now deal mainly with the book's printing history, but contain extraneous correspondence between authors and editors.

2. The minutes of the New Naturalist Board. A full set of Board minutes exist from 1951 to date in the HarperCollins archive. A full run from about 1955 to 1970 also exists among the private papers of James Fisher, now in the care of the Natural History Museum. Attempts have been made to trace any earlier Board minutes but none have been found, though very likely some record was kept at the time.

3. Private papers of Sir Alister Hardy and E.B. Ford (Bodleian Library, Oxford); Sir Maurice Yonge and James Fisher (Natural History Museum); and Clifford Ellis (private collection). Between them these collections yielded much of interest, particularly on the early years of the series. I have also been shown private correspondence relating to several other authors.

Published memoirs and obituaries exist in varying degrees of detail for the majority of deceased New Naturalist authors. Those found at any reference library will be the relevant volumes of the *Dictionary of National Biography, Who was Who* and *The Times Obituaries*. The most detailed and interesting are the Biographical Memoirs of deceased Fellows of the Royal Society, available as off-prints from the Society. The authors and editors listed are: H.J. Fleure, A.D. Imms, Sir Alister Hardy, Sir Julian Huxley, Roy Markham, L. Harrison Matthews, W.H. Pearsall, Sir John Russell, Niko Tinbergen, W.B. Turrill, Sir Edward Salisbury, K.M. Smith, C.B. Williams, S.W. Wooldridge and Sir Maurice Yonge. A Memoir of E.B. Ford is in preparation. Obituaries of most of the deceased ornithological authors are in the relevant volumes of *British Birds* and *Ibis* (notably Armstrong, A.W. Boyd, Buxton, Brown, Campbell, Fisher, Hosking, Murton, Nethersole-Thompson, Stuart Smith and Tinbergen). Obituaries in *Watsonia* include Gilmour, Lousley, Prime and Summerhayes. I list the most detailed memoirs in the selected bibliography that follows.

Allen, D.E. 1976. *The Naturalist in Britain. A Social History*. Allen Lane, London.

Allen, D.E. 1986. *The Botanists*. St Paul's Bibliographies, Winchester.

Armstrong, E.A. 1940. *Birds of the Grey Wind*. Oxford University Press.

Baker, J.R. 1976. Julian Sorrel Huxley 1887-1975. *Biographical Memoirs of Fellows of the Royal Society 22*: 207-238.

Bath Academy of Art. 1989. *Corsham. A Celebration. The Bath Academy of Art 1946-1972.* Michael Parkin Gallery, London, 1989. (Contains an account of the career of Clifford and Rosemary Ellis).

Beaufoy, S. 1947. *Butterfly Lives*. Collins, London.

Blunt, W. 2nd ed. 1971. *The Complete Naturalist – A Life of Linnaeus*. Collins, London.

Blunt, W. 1983. *Married to a Single Life*. Collins, London. (Autobiography).

Blunt, W. 1986. *Slow on the Feather*. Collins, London. (2nd volume of autobiography).

Blunt, W. & Stearn, W.T. 1994. *The Art of Botanical Illustration*. New edition revised and enlarged. Antique Collectors' Club in association with The Royal Botanic Gardens, Kew. (contains introduction by Stearn about Wilfred Blunt).

Boyd, A.W. 1946. *The Country Diary of a Cheshire Man*. Collins, London.

Boyd, J. Morton. ed. 1979. *The Natural Environment of the Outer Hebrides*. Royal Society of Edinburgh.

Boyd, J. Morton & Bowes, D.R. 1983. *The Natural Environment of the Inner Hebrides*. Royal Society of Edinburgh.

Boyd, J. Morton. 1986. Fraser Darling's Islands. Edinburgh University Press. (a part biography of Darling).

Boyd, J. Morton. 1992. *Fraser Darling in Africa: A Rhino in the Whistling Thorn*. Edinburgh University Press.

Brown, L. 1974. A bird of prey odyssey. In: *The Bird-Watcher's Book*, ed. J. Gooders. David & Charles, Newton Abbot.

Campbell, B. 1979. *Birdwatcher at Large*. Dent, London.

Chisholm, A. 1972. Kenneth Mellanby. The extreme English Moderate. *In*: *Philosophies of the Earth. Conversations with ecologists*. Chiswick & Jackson, London. 76-87.

Clapham, A.R. 1971. William Harold Pearsall 1891-1964. *Biographical Memoirs of Fellows of the Royal Society 17*: 511-540.

Clapham, A.R. 1980. Edward James Salisbury 1886-1978. *Biographical Memoirs of Fellows of the Royal Society 26*: 503-541.

Collins, W.A.R. 1946. The New Naturalist series. A major publishing project. *The Bookseller*, 18 April 1946: 588-592.

Corbet, P. 1962. *A Biology of Dragonflies*. Witherby, London.

Crowcroft, P. 1991. *Elton's ecologists. A history of the Bureau of Animal Population*. Chicago University Press.

Darling, F. Fraser. 1937. *A Herd of Red Deer*. Oxford University Press.

Darling, F. Fraser. 1940. *Island Years*, George Bell, London.

Darling, F. Fraser. 1955. *West Highland Survey: an essay in human ecology*. Oxford University Press.

Darling, F. Fraser. 1970. *Wilderness and Plenty*. BBC Reith Lectures 1969.

Department of Health for Scotland. 1947. *National Parks and the Conservation of Nature in Scotland*. Report by the Scottish National Parks Committee and Scottish Wild Life Conservation Committee, Cmnd. 7235. HMSO, Edinburgh.

Dewsbury, D.A. ed. 1985. *Leaders in the study of animal behaviour*. Bucknell University Press, Lewisburg. [Contains autobiographical chapter by Niko Tinbergen].

Dony, J.G. 1977. J. Edward Lousley (1907-1976). *Watsonia 11*: 282-286.

Elliott, J.M. & Humpesch, U.H. 1985. Dr T.T. Macan 1910-1985: a short biography. *Archiv. f. Hydrobiologie*, Bd. 104: 1-12.

Elmes, G.W. & Stradling, D.J. 1991. Michael Vaughan Brian (1919-1990). *Insect Soc. 38*: 331-332.

Elsden, S.R. 1982. Roy Markham 1916-1979. *Biographical Memoirs of Fellows of the Royal Society 28*: 319-345.

Fisher, J. 1940. *Watching Birds*. Penguin Books, Harmondsworth. New ed. 1974, revised by Jim Flegg and illustrated by Crispin Fisher. T. & A.D. Poyser, Berkhamsted.

Fisher, J. 1966. *The Shell Bird Book*. Ebury Press and Michael Joseph, London.

Freethy, R. 1983. Collins New Naturalist. In the Beginning. *Country-side*, autumn 1983, 183-189.

Garnett, A. 1970. Herbert John Fleure 1877-1969. *Biographical Memoirs of Fellows of the Royal Society 16*: 253-278.

Gilmour, J. 1944. *British Botanists*. Britain in Pictures. Collins, London.

Goldsmith, E. 1978. What makes Kenny [Kenneth Mellanby] run? *New Ecologist* May-June 1978: 77-81.

Gooders, J. ed. 1974. *The Birdwatcher's Book.* David & Charles, Newton Abbot. (contains an account of the writing of NN *British Birds of Prey* by Leslie Brown).

Goodier, R. ed. 1974. *The Natural Environment of Shetland.* NCC, Edinburgh.

Goodier, R. ed. 1975. *The Natural Environment of Orkney.* NCC, Edinburgh.

Hamilton, W.D. 1994. On first looking into a British treasure. W.D. Hamilton celebrates the Collins New Naturalist series. *Times Litt. Supp.* 12 August: 13-14.

Hardy, A.C. 1967. *Great Waters. A voyage of natural history to study whales, plankton and the waters of the Southern Ocean in the old Royal Research Ship 'Discovery'.* Collins, London.

Hardy, A.C. 1965. *The Living Stream: a restatement of evolution theory and its relation to the spirit of man.* Collins, London.

Hardy, A.C. 1966. *The Divine Flame: an essay towards a natural history of religion.* Collins, London.

Harrison, R. 1987. Leonard Harrison Matthews 1901-1986. *Biographical Memoirs of Fellows of the Royal Society 33*: 413-442.

Hayter-Hames, J. 1991. *Madame Dragonfly. The life and times of Cynthia Longfield.* Pentland Press, Durham.

Hinde, R.A. 1990. Nikolaas Tinbergen 1907-1988. *Biographical Memoirs of Fellows of the Royal Society* **36**: 549-565.

Hooper, J. 2002. *Of Moths and Men. Intrigue, Tragedy and the Peppered Moth.* Fourth Estate, London.

Hosking, E. 1970. *An Eye for a Bird.* (autobiography) Hutchinson, London.

Huxley, J.S. ed. 1940. *The New Systematics.* Clarendon Press, Oxford.

Huxley, J.S. 1942. *Evolution: the modern synthesis.* Allen & Unwin, London.

Huxley, J.S. 1970. *Memories.* Allen & Unwin, London. [Disappointingly little on the New Naturalists].

Huxley, J.S. 1973. *Memories II.* Allen & Unwin, London.

Imms, A.D. 1925. *A General Textbook of Entomology.* Methuen, London.

Kassanis, B. 1982. Kenneth Manley Smith 1892-1981. *Biographical Memoirs of Fellows of the Royal Society 28*: 451-477.

Keir, D. 1952. *The House of Collins. The story of a Scottish family of publishers from 1789 to the present day.* Collins, London.

Lipscomb, J. & David, R.W. eds. 1981. *John Raven by his friends.* Privately printed.

Locket, G.H. & Millidge, A.F. 1979. William Syer Bristowe 1901-1979. *Bull. British arachnological Society 4*(8): 361-365.

Marren, P. 1999. *The Observer's Book of Observer's Books.* Peregrine Books, Leeds.

Marren, P. 2003. *The Observer's Book of Wayside and Woodland.* Peregrine Books, Leeds.

Marshall, N.B. 1986. Alister Clavering Hardy 1896-1985. *Biographical Memoirs of Fellows of the Royal Society 32*: 223-273.

Matthews, L. Harrison. 1951. *Wandering Albatross. Adventures among the albatrosses and petrels in the Southern Ocean.* MacGibbon & Kee, London.

Matthews, L. Harrison. 1977. *Penguin: adventures among the birds, beasts and whalers of the far South.* Peter Owen, London.

Mellanby, K. 1976. *Talpa the Mole.* Collins, London.

Ministry of Town and Country Planning. 1947. *Conservation of Nature in England and Wales.* Report of the Wild Life Conservation Special Committee (England and Wales), Cmnd. 7122. HMSO, London.

Moore, N.W. 1987. *The Bird of Time. The science and politics of nature conservation.* Cambridge University Press.

Morton, B. 1992. Charles Maurice Yonge 1899-1986. *Biographical Memoirs of Fellows of the Royal Society 38*: 379-412.

Mountfort, G. 1991. *Memories of Three Lives.* Merlin Books, Braunton.

Nature Conservation in Britain. 1943. *Report by the Nature Reserves Investigation Committee.* Society for the Promotion of Nature Reserves, London.

Nethersole-Thompson, D. 1971. *Highland Birds.* Highlands and Islands Development Board, Inverness.

Nethersole-Thompson, D. & Watson, A. 1974. *The Cairngorms. Their Natural History and Scenery.* Collins, London.

Nethersole-Thompson, D. & Nethersole-Thompson, M. 1986. Waders: their breeding, haunts and watchers. T. & A.D. Poyser, Calton. (contains biographical preface by D. N-T.'s sons).

Nethersole-Thompson, D. 1992. *In Search of Breeding Birds. Early essays by Desmond Nethersole-Thompson reprinted from the Oologist's Record.* Peregrine Books.

Nicholson, E.M. 1957. *Britain's Nature Reserves.* Country Life, London.

Nicholson, E.M. 1970. *The Environmental Revolution. A Guide to the New Masters of the World.* Hodder & Stoughton, London.

Nicholson, E.M. 1993. Ecology and

conservation: our Pilgrim's Progress. *In*: F.B. Goldsmith & A. Warren eds. *Conservation in Progress*. Wiley & Sons, London, 3-14.

Oldham, T. 1989. The New Naturalist Series. *Books, Maps and Prints*, May 1989: 37-40.

Osborne, R.H., Barnes, F.A. & Doornkamp, J.C. eds. 1970. *Geographical essays in honour of K.C. Edwards*. Dept. of Geography, University of Nottingham. (includes a biographical introduction).

Pearsall, W.H. 1917-1918. The aquatic and marsh vegetation of Esthwaite Water. *J. Ecol 5*: 180-202; *6*: 53.

Peterson, R.T. & Fisher, J. 1956. *Wild America. The record of a 30,000 mile journey around the North American continent by an American naturalist and his British colleague.* Collins, London.

Raven, J. 1971. *The Botanist's Garden*. Collins, London.

Raven, S. 1982. *Shadows on the Grass*. Blond & Briggs, London (for portrait of John Raven).

Rothschild, M. 1991. *Butterfly Cooing Like a Dove*. ('an autobiographical anthology') Doubleday, London.

Russell, E.J. 1956. *The Land Called Me*. (autobiography). Allen & Unwin, London.

Russell, F.S. & Yonge, C.E. 1928. *The Seas. Our knowledge of life in the sea and how it is gained.* Warne, London.

Salisbury, E.J. 1935. The Living Garden. G. Bell & Sons, London.

Salisbury, E.J. 1952. *Downs and Dunes. Their plant life and its environment.* G. Bell & Sons, London.

Scott, P. & Fisher, J. 1953. *A Thousand Geese*. Collins, London.

Sheail, J. 1976. *Nature in Trust. The history of nature conservation in Britain*. Blackie, Glasgow.

Sheail, J. 1985. *Pesticides and Nature Conservation. The British Experience 1950-1975.* Clarendon Press, Oxford.

Sheail, J. 1987. *Seventy-five years in ecology. The British Ecological Society*. Blackwell Scientific Publications, Oxford.

Shorten, M. & Barkalow, F. 1973. *The World of the Grey Squirrel*. Yale University Press.

Simms, E. 1976. *Birds of the Air. The autobiography of a naturalist and broadcaster.* Hutchinson, London.

Smith, M. 1947. *A Physician at the Court of Siam*. Country Life, London.

Stearn, W.T. 1981. *The Natural History Museum at South Kensington*. British Museum (Natural History), London.

Steers, J.A. 1946. *The Coastline of England and Wales*. Cambridge University Press.

Stone, E. 1988. Ted Ellis. *The People's Naturalist*. Jarrold, Norwich.

Summers-Smith, J.D. 1988. *The Sparrows: A Study of the Genus* Passer. T. & A.D. Poyser, Calton.

Summers-Smith, J.D. 1992. *In Search of Sparrows*. T. & A.D. Poyser, London.

Sweeting, G.S. ed. 1958. *The Geologist's Association 1858-1958: A history of the first hundred years*. Colchester.

Tabor, R. 1992. Urban Trailblazer. Richard Fitter in conversation with Roger Tabor. *Country-side*, 27-31.

Taylor, J.H. 1964. Sidney William Wooldridge 1900-1963. *Biographical Memoirs of Fellows of the Royal Society 10*: 371-388.

Tenison, W.P.C., Bellairs, A. d'A. & others. 1959. Obituary. Dr Malcolm Arthur Smith. *British Journal of Herpetology 2*: 135-148; 186-187.

Thornton, H.G. 1966. Edward John Russell 1872-1965. *Biographical Memoirs of Fellows of the Royal Society 12*: 457-477.

Tinbergen, N. 1958. *Curious Naturalists*. Country Life, London.

Walters, S.M. 1989. Obituary of John Scott Lennox Gilmour. *Plant Syst. Evol. 167*: 93-95.

Walters, S.M. 1992. W.T. Stearn: the complete naturalist. *Bot. Journal Linnaean Soc. 109*: 437-442.

Wigglesworth, V.B. 1949. Augustus Daniel Imms 1880-1949. *Biographical Memoirs of Fellows of the Royal Society 6*: 463-470.

Wigglesworth, V.B. 1982. Carrington Bonser Williams 1889-1981. *Biographical Memoirs of Fellows of the Royal Society 28*: 667-684.

Williams, C.B. 1930. *The Migration of Butterflies*. Oliver & Boyd, Edinburgh.

Williams, C.B. 1964. *Patterns in the Balance of Nature*. Academic Press, London.

Wilson, D. 1988. *Rothschild. A study of wealth and power*. Andre Deutsch, London.

Wilson, D.P. 1935. *Life of the Shore and Shallow Sea*. Ivor Nicholson & Watson.

Worthington, E.B. 1983. *The Ecological Century. A personal appraisal.* Clarendon Press, Oxford.

Yonge, C.M. & Thompson, T. 1930. *A Year on the Great Barrier Reef*. Putnam & Co., London.

Yonge, C.M. 1976. *Living Marine Molluscs*. Collins, London.

图书在版编目（CIP）数据

新博物学家 /［英］彼得·马伦著；周琼译．—武汉：湖北科学技术出版社，2017.1

（新博物学译丛）

ISBN 978-7-5352-9313-8

Ⅰ．①新…　Ⅱ．①彼…　②周…　Ⅲ．①博物学-英国　Ⅳ．①N915.61

中国版本图书馆 CIP 数据核字（2017）第 012001 号

编　　著　［英］彼得·马伦　著　周　琼　译

总 策 划　何　龙　何少华

执行策划　彭永东　刘　辉

责任编辑　曾　菡

装帧设计　胡　博

封面绘图　林　轩

出版发行　湖北科学技术出版社

地　　址　武汉市雄楚大街 268 号

（湖北出版文化城 B 座 13－14 层）

邮　　编　430070

电　　话　027－87679468

网　　址　http://www.hbstp.com.cn

印　　刷　湖北恒泰印务有限公司　　邮编　430223

开　　本　700×1000　1/16　　印张　21.5

版　　次　2017 年 5 月第 1 版　2017 年 5 月第 1 次印刷

字　　数　420 千字

定　　价　88.00 元

图书在版编目（CIP）数据